普通高等教育教材 生物工程 生物技术系列

现代生物工程与技术概论

张永奎 兰先秋 主编

化学工业出版社

·北京·

本书按照工业生产过程的逻辑，对生物工程与技术各学科按上游生物技术基础、中游工业生物过程和下游生物工业加工过程进行阐述。重点对基因工程、动物细胞培养、植物细胞培养、微生物发酵、酶/蛋白质、蛋白质工程、生物工业下游加工过程等各主要方向和环节，进行了全面、简要的介绍。同时，较全面介绍了生物工程与技术在各领域中的应用。

　　本书作为高等院校生物工程、生物技术和生物制药相关专业师生教学用书和参考书，也可供生物工程、生物技术和制药领域的技术和管理人员阅读参考。

图书在版编目（CIP）数据

现代生物工程与技术概论/张永奎，兰先秋主编. —北京：化学工业出版社，2011.7（2022.7重印）
普通高等教育教材
ISBN 978-7-122-11262-0

Ⅰ．现…　Ⅱ．①张…②兰…　Ⅲ．生物工程-高等学校-教材　Ⅳ．Q81

中国版本图书馆 CIP 数据核字（2011）第 088400 号

责任编辑：何　丽　　　　　　　　　文字编辑：周　偶
责任校对：王素芹　　　　　　　　　装帧设计：刘丽华

出版发行：化学工业出版社（北京市东城区青年湖南街 13 号　邮政编码 100011）
印　　装：涿州市般润文化传播有限公司
787mm×1092mm　1/16　印张 14½　字数 376 千字　　2022 年 7 月北京第 1 版第 6 次印刷

购书咨询：010-64518888　　　　　　　售后服务：010-64518899
网　　址：http://www.cip.com.cn
凡购买本书，如有缺损质量问题，本社销售中心负责调换。

定　　价：39.00 元

现代生物工程与技术是 20 世纪 70 年代初发展起来的新兴综合性应用学科。它不仅结合了微生物学、细胞生物学、遗传学、生物化学、生物学等传统基础学科的相关理论和技术，而且结合了分子生物学、基因工程、蛋白质工程等现代生物学理论与技术及其他相关的工程学原理和技术，以及其他的现代化工程技术手段，如计算机、自动控制、精密机械制造、大型设备制造和新型材料等的最新研究进展和成果等。因此，现代生物工程技术是涉及多学科、多领域的交叉性专业，不仅包括了多类基础学科、技术学科和应用学科，更涉及生物技术的产业化加工过程，包括生物过程的上、中、下游加工过程，生物工程设备及过程控制等。目前，生物工程技术在医疗卫生、日常生活、农林业、畜牧业、化工、能源和环保、新材料、国防军事等领域具有广泛的应用和重要作用。

21 世纪是生命科学的世纪。生物工程与技术已成为国际前沿高新技术关键性组成部分之一，并成为世界经济实现可持续发展的重要基石，成为 21 世纪世界经济的三大支柱产业之一。它的发展将逐步解决粮食紧缺、能源匮乏等世界四大难题，极大程度地改变世界，造福人类。为适应这一巨大转变，教育部在大学本科专业目录中新增了一级学科（生物工程专业）。教育部 2010 年在天津大学正式启动了"卓越工程师教育培养计划"。近年来，全国不少高校陆续在全校范围内开设生物工程或生物技术方面的文化素质公共课。为满足我国生物工程与技术领域专业人才培养的需要，以及使更多的读者能较全面、正确地认识生物工程与技术的重要作用和基本内容，我们撰写了《现代生物工程与技术概论》这本书，并力求使本书具有如下特点。

1. 强调基本原理、方法以及基本过程

本书紧紧围绕现代生物工程与技术的基本理论、原理，技术与生产过程的研究开发和应用等进行编写，重点突出生物工程学科和专业的工程技术学科的特点。全书根据各部分内容的特性，将生物工程学科所包含的基因工程、酶/蛋白质工程、细胞工程、发酵工程和生化分离工程等基本内容，重新构建分成上、中、下游三大部分，即：上游为生物工程与技术基础，重点介绍细胞、基因、蛋白质的基本知识及其工程技术基础；中游为工业生物过程，重点介绍生化产品的工业生产；下游为生化分离工程，介绍生化产品的分离纯化。

2. 注意介绍学科的新发展，体现内容的先进性

生物工程与技术是多学科相互渗透发展形成的一门交叉性应用学科，集中体现了当代生命科学、生物技术、生物化学以及相关工程技术等的新进展，是 21 世纪发展最快的领域之一。本书力求将目前所取得的最新成就及未来技术和工程的发展趋势等有关新进展在章节内容中反映出来，保持内容的新颖性和先进性。

3. 内容重点突出、通俗易学

本书从工程化思路入手，将生物工程所包含的基因工程、酶/蛋白质工程、细胞工程、发酵工程和生化分离工程五块基本内容，按照技术与工程有机结合的实际操作流程的思路进

行编排和组织。内容安排上突出强化了上游的生物工程与技术基础、中游的工业生物过程和下游的生化分离工程，在每章节后都举出常见应用实例，并在全书最后一章列出已实现大规模工业化的生物工程与技术的应用，力图强化工程化概念，指出用生物工程分析问题、解决问题的思路。

另外，本书内容安排和组织上紧扣工科文化素质教育，全书内容主要以基础理论和常见操作为主，实现内容的浅显易懂。

4. 注重启发式教学，便于学生自学

教材的内容丰富，但课内学时可能较少。为了适合教学需要和便于自学，本书各章均附有思考题，便于启发思路、引导自学，供读者巩固和加深学习选用。

本教材可作为高等院校生物工程、生物技术、生物制药、生物、制药类，以及化工、环境类等与生物相关或相近专业的本科生、大专生作为教材或教学参考书，也适合在生物领域从事经营管理、生产和质量管理、研究开发等人员作为参考书。本书获得四川大学 2008 年度出版基金项目资助。

全书共五章，由张永奎、兰先秋主编。各章撰写人员为：第一章，张永奎，李永红；第二章，李立芹，罗培高；第三章，兰先秋；第四章，宋航；第五章，李小芳，马金华。本书在编写中引用了一些文献，由于篇幅有限，本书仅列出其中的一部分，在此谨向著作权者表示诚挚的感谢。

在本书编写过程中，得到了张义文、刘倩倩等的大力协助，吴丁丁参与了本书的部分作图及文稿编排，在此一并表示诚挚的感谢。

由于编者的学识和水平所限，书中疏漏及不妥之处在所难免，敬请广大同行和读者多提出宝贵意见。

编者

2011 年 3 月

目录

第1章

绪论

20世纪中后期，随着分子生物学领域取得一系列突破性的成就，生物学在自然科学中的地位发生了革命性的变化，一跃成为当今世界自然科学界最重要、发展最快的学科之一。生物工程已经成为国际前沿高新技术关键性组成部分之一，生物工程产业将成为21世纪世界经济中不可或缺的支柱产业之一。因此，世界各国，不论是发达国家，还是发展中国家都把生物工程列为21世纪科技和产业发展的重点。由于基因重组技术的发展日新月异，加之人类基因组计划的推动，全球生物工程产业迅速崛起，带动了医学、农业、畜牧、化工、能源和环保等大批产业的技术革新和飞速发展。

我国政府多次强调了生物工程技术的重要性，如在国家"十一五"计划推进工业结构优化升级中，将"生物产业"列为未来迎头赶上世界发达国家的重点高技术产业，重点培育和发展生物农业、生物医药、生物能源和生物环保等领域。在国家"十二五"计划培育发展战略性新兴产业、推动重点领域跨越发展中指出"生物产业"将重点发展生物医药、生物医学工程产品、生物农业、生物制造及培育壮大海洋生物医药。在加快发展现代农业规划中指出加快农业生物育种创新和推广应用，开发具有重要应用价值和自主知识产权的生物新品种，做大做强现代种业。新能源产业将重点发展包括生物质能在内的一系列新能源。因此，生物工程作为我国优先发展的高新技术产业，将得到快速健康发展，前途十分光明。

1.1 生物工程含义

生物工程是生物学和工程学的交叉学科，是运用现代生物科学的理论和工程化的手段，按照人类的需要改造和设计生物的结构和功能，经济、大规模地生产人类所需要的物质和产品的技术和工业过程。

生物学通常通过在尽可能小的尺度上的研究来还原整个系统，如功能基因组学等。工程学则是利用组件的概念来设计构建新的设备、方法和技术。生物工程一方面将工程学的法则和技术应用于生物物质，如分子生物学、生物化学、微生物学、药理学、蛋白化学、细胞学、免疫学、神经生物学及神经科学，以人工再现生物的整个生命进程或者生命进程中的一部分；另一方面，通过化学工程的方法和手段，对生物体或其产物进行加工，以实现食品、药品、饲料等生物制品的快速高效生产。本书尝试从传统化学工程的角度对生物工程进行诠释和讲解。

1.2 生物工程概述

生物工程是一门新兴学科。长期以来，由于受技术手段的限制，生物学一直没能与工程学紧密结合，转化为生产力，因此发展缓慢。直到 20 世纪，生物学和工程技术才开始相互渗透，兴起了抗生素、酒精、有机酸等发酵工业。20 世纪中后期，分子生物学的崛起，使得生物工程一跃成为学术界和产业界的新宠。生物工程（bioengineering）这个词也直至 1954 年才出现。虽然生物工程已用于处理信息，生产各种产品，提供能量和食物，帮助维持或提高人类健康和环境，但是快速、可靠建立生物系统的能力仍落后于机械和电气系统的建立。

生物工程是一门交叉学科，所覆盖的领域非常广泛。它不仅结合了微生物学、细胞生物学、遗传学、生物化学、生物学等传统基础学科的相关理论和技术，而且结合了现代分子生物学、基因工程、蛋白质工程、生物信息学等，以及现代化工程技术手段，包括计算机、自动控制、精密机械制造、大型设备制造和新型材料等的最新研究进展和成果。因此，高技术、高投入以及高利润是生物工程产业的显著特点。在与生物工程相关的众多学科中，生物学、化学和工程学是关系最为紧密的三门基础学科。

化学工程是最早与生物学相结合的工程学科。20 世纪 40 年代，化学工程与生物学的结合促进了抗生素工业的诞生。生物工程研究对象包括生物体及其参与的化学反应过程。在活的生物体中，由于生长和代谢同时存在着成千上万的酶促化学反应，构成一个极其复杂的反应网络，而且受到良好的调节和控制，使组织或细胞中代谢中间产物及终产物都维持在适当的生理浓度，以满足细胞生长和适应外界环境变化的需要。生物科学通过深入研究细胞中的代谢途径、代谢产物，发现其中具有重要应用前景的化合物，如医药、诊断试剂、精细化学品及生物催化剂（酶）等，然后通过打破细胞中已有的调节和控制机制，使细胞具有过量积累目标产物的能力。整个过程同化学工程过程极其相似，同样是反应物在催化剂作用下反应，然后分离产物，只是化学反应物、化学催化剂变成了生物体、生物催化剂，反应过程更为复杂，反应条件更为温和及环保。

生物工程的任务就是研究开发最适合的工艺路线和设备，为细胞的生长和目标产物的积累创造最好的条件，实现工业化生产以满足社会需要。但是两者并不是截然分开，而是有机地结合在一起。为实现这些目标，生物工程师要么通过模仿生物系统，要么通过改造或控制生物系统，阻止、控制或者是放大生物系统内的某一化学过程。在一种生物技术产品研究和开发的开始阶段，生物工程科学家就应该参加到生物科学家的研究工作中，充分参与意见和研究方案设计；同样，即使在生物技术产品已经开发成功，投入工业化生产后，为了不断地提高生产效率，生物科学家仍将在细胞改造及高产细胞株选育等方面发挥重要作用。例如，在基因工程产物的研究开发中，早在载体构建时就会邀请工程科学家的参与，共同设计目标产物的诱导表达方法、产物的表达方式（细胞内、周质体或释放到胞外）及宿主细胞选择等，这些因素将直接影响大规模生产时培养基设计、生物反应器选择、细胞培养策略、产物分离提纯及生产成本等；在工业化生产后，生物科学家仍将根据生产实践中反馈的意见，不断地对载体、宿主细胞等进行改进，不断提高表达水平、降低生产成本。

现在，生物工程学科不再局限于细胞培养及其代谢产物的生产，已推广到利用细胞或组织甚至动植物本身作为反应器，最终产物达到一定的社会目标，如直接用于疾病治疗和环境保护等。利用细胞产生的酶或酶系来实现生物转化也已经获得了广泛应用。

1.3 生物工程的研究内容

生物工程包括六大工程：基因工程、蛋白质工程、酶工程、细胞工程、发酵工程和生化分离工程。基因工程是指操纵生物体遗传物质的方式，改造和设计生物结构和功能的技术。蛋白质工程则是通过修饰或改变蛋白质分子的某些基团和结构以生产满足人类某些特殊需要的蛋白质活性物质的技术。细胞工程是通过在细胞水平上重组细胞的结构和内含物，以改造生物的结构和功能的技术。生化分离工程是指生物产品分离和提纯的技术。基因工程和细胞工程是现代生物工程的核心。酶工程和发酵工程这两种传统技术，因为有基因工程和细胞工程为其注入新的活力，也发挥更加重要的作用。

总的来说，基因工程、蛋白质工程、酶工程和细胞工程的作用是将常规菌（或动、植物细胞株）作为特定遗传物质受体，通过体外操作，使它们获得外来基因，制造出能表达特殊性状的新物种或能表达某种产物的工程菌或工程细胞或具有特定催化能力的生物催化剂。发酵工程和生化分离工程的作用是为这一有巨大潜在价值的新物种或者工程菌或工程细胞创造良好的条件，进行大规模的培养发酵，然后分离提取所需要的生物产品。这六大工程的关系如图1-1所示，基因工程、蛋白质工程、酶工程和细胞工程为发酵工程提供反应所需的工程菌或工程细胞或者生物催化剂，然后经过生化分离工程分离提纯所需化学品。因此，本书按照工业生产过程的逻辑，将生物工程各学科划为上游生物技术基础、下游工业生物过程和生物工业加工过程。

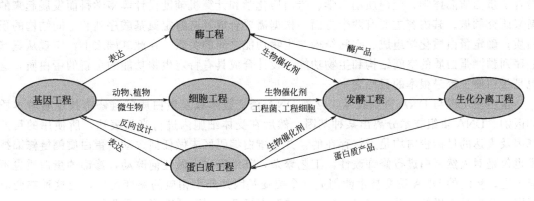

图1-1　生物工程各学科间的关系

1.3.1 基因工程

基因工程兴起于20世纪70年代，第一批重组DNA分子诞生于1972年，紧接着，第一个转基因细菌和第一个转基因动物先后诞生。基因工程使得人们可以克服物种间的遗传障碍，定向培养出自然界所没有的新的生命形态。

基因工程即重组DNA技术，是应用人工方法，把一种或多种生物体（供体）的遗传基因分离出来，与载体在体外进行拼接组装，再转入新的生物体内（受体），从而改变它们的遗传品性，生产出所期望的产物或者创造出具有新遗传性状的生物类型的技术。因此，供体、受体和载体是基因工程的三大要素。

基因工程一般包括以下步骤：首先分离出符合特定要求的目的基因片段；将目的基因与

质粒或病毒 DNA 连接成重组 DNA；将重组 DNA 导入某种细胞；最后选择出能够表达目的基因的细胞。

如今，基因工程已经发展成为一项比较成熟的技术，在从细菌到家畜（除人类以外）几乎所有生物类型上做了实验，并取得了成功。1978 年，Genentech 公司开发出利用重组大肠杆菌合成人胰岛素的生产工艺，从而揭开基因工程产业化的序幕。高效表达可分泌型的淀粉酶、纤维素酶、脂肪酶以及蛋白酶等制剂的重组微生物已应用在食品制造、纺织印染、皮革加工和日用品生产等方面。基因工程改造的微生物也已经应用在了石油开采、纤维素分解和废物处理等方面。基因工程技术使得许多植物具有了抗病虫害和抗除草剂的能力，在美国，大约有一半的大豆和 1/4 的玉米都是转基因的。

基因工程的本质是按照人们的设计蓝图，将生物体内控制性状的基因进行优化重组，并使其稳定遗传和表达。这一技术超越了生物学中种属界限的限制，简化了生物物种的进化程序，大大加快了物种的进化速度。基因工程研究的逐渐深入，不仅使人们能够大规模生产生物分子，获得越来越多的生物的基因信息，同时使生物学家能够在分子水平上干预生物的遗传特性，构建设计新的生物物种。

1.3.2 蛋白质工程

蛋白质工程是指在基因工程的基础上，结合蛋白质结晶学、计算机辅助设计和蛋白质化学等多学科的基础知识，通过对基因的人工定向改造等手段对蛋白质进行修饰、改造和拼接，以生产出能满足人类需要的新型蛋白质的技术。因此蛋白质工程也被称为第二代基因工程。

蛋白质工程是在基因重组技术、生物化学、分子生物学、分子遗传学等学科基础之上，融合了蛋白质晶体学、蛋白质动力学、蛋白质化学和计算机辅助设计等多学科而发展起来的新兴研究领域。其内容主要有两个方面：根据需要合成具有特定氨基酸序列和空间结构的蛋白质；确定蛋白质化学组成、空间结构与生物功能之间的关系。在此基础之上，实现从氨基酸序列预测蛋白质的空间结构和生物功能，设计合成具有特定生物功能的全新的蛋白质，这也是蛋白质工程最根本的目标之一。

蛋白质工程与 DNA 重组技术、常规 DNA 诱变技术以及蛋白质侧链修饰技术有着本质的区别。DNA 重组技术分离出某种基因，然后在受体细胞内进行高效表达，所使用的目的基因及表达的目标蛋白均是天然存在的，并且蛋白编码区未做任何改动。蛋白质侧链修饰技术也仅是对天然蛋白进行修饰改性，工艺繁杂，其编码也未做任何改动，修饰的蛋白质也不能再生。传统的 DNA 诱变技术能创造一个突变基因并产生相应的突变蛋白，但这种突变对基因的改变是随机的，基因定点发生改变的频率极低，因而诱变蛋白重复性差。

1.3.3 酶工程

酶是由生物体产生的具有催化活性的蛋白质、核酸或其复合体，它们可特定地催化某个化学反应而自身不发生反应，且具有反应效率高、选择性高、反应条件温和、反应过程能耗低和反应容易控制等特点，这些特点使得酶催化反应相对于传统的化学反应具有较大的优越性。

酶工程是研究酶的生产、分离、提纯技术及利用酶作为生物催化剂，实现生物转化，合成各种产物或达到人类所需社会目标的工程学科。因此，酶工程一方面是利用酶、细胞器或者细胞的特异催化功能，借助生物反应器和工艺过程来生产人类所需产品的一项技术。另一方面，酶工程是指以人们所需的酶为目标，利用各种生产、分离和提纯技术以及通过蛋白质工程和基因工程进行修饰来获取所需的酶。酶工程的主要研究内容包括：微生物发酵产酶，动植物细胞培养产酶，酶的提取和分离纯化，酶的分子修饰，酶、细胞和原生质体的固定化，酶的非水相催化，酶的反应器和酶的应用。虽然已知有的酶其化学本质不是蛋白质而是核酸，但目前的酶工程主要是指化学本质为蛋白质的酶。

不同用途的酶来源不同。用于医药或诊断的酶试剂一般来自动物；用于食品工业的酶来自于植物和部分微生物；而工业用酶一般都来源于微生物。不是所有的酶都必须达到很高的纯度才能应用，根据酶的应用对象可以采用不同纯度的酶。科学研究、医药及诊断试剂用酶必须有很高的纯度；用于食品工业的酶需要考虑其安全性；工业生产及环境保护用酶则必须有较高的活性和选择性，对纯度的要求不是那么严格，有时甚至能用全细胞来代替提纯的酶。

酶工程科学研究的任务是经过预先设计，通过人工操作，获得人们所需酶，充分利用酶作为催化剂的特性和优点，尽可能避免它们的缺点，最大限度地提高酶催化反应的效率，拓展它们的应用领域。例如，将原本在水相中进行的酶催化反应转移到有机相中进行，改进反应选择性提高转化率，通过酶的固定化，提高酶的稳定性和实现酶的重复或连续使用，利用酶催化反应的立体专一性来合成手性化合物等。除了单一酶催化的反应外，多酶催化的反应系统也正日益引起人们的重视。近年来，核酸和人工合成仿生酶也引起了人们的兴趣。随着人类基因组计划的完成及许多重要动植物和微生物基因组的测序完成，将有越来越多的酶被鉴定，酶的许多特殊功能将被发现和研究。蛋白质工程则为酶的性质改造及赋予酶新的功能提供了有力的工具。酶工程将在未来发挥越来越重要的作用。

1.3.4　细胞工程

细胞工程是指应用细胞生物学和分子生物学的方法，通过类似于工程学的步骤，在细胞整体水平或细胞器水平上，按照人的意愿来改变细胞内的遗传物质以获得新型生物或特种细胞产品的一门综合性科学技术。

细胞是构成包括人类、动物、植物和微生物在内的所有生物个体的基本单元，细胞的重要生理功能已经得到充分的认识。细胞最显著的特点是：吸收环境中的营养物质，通过细胞内无数由酶催化并得到良好组织和调节的酶促反应，在复制细胞本身的同时，向环境释放代谢产物。各类细胞在自然界的元素循环及生态系统平衡中发挥着独特作用，为人类提供了丰富的生活必需品和良好的生存环境。

一般认为，细胞工程是指以细胞为基本单位，在体外条件下培养、繁殖，或人为地使细胞某些生物学特征按人们的意愿发生改变，从而达到改良生物品种和创造新品种，加速繁殖动、植物个体，或获得某种有用物质的过程。实际上，细胞工程是以细胞或其组成部分构成的组织、器官等为对象进行操作，最终获得人们所需要的组织、细胞或个体。通过细胞工程，人们可以不经过基因工程，直接对生物进行改造。所以细胞工程应包括动植物细胞的体外培养技术、细胞融合技术（也称细胞杂交技术）、细胞器移植技术等。

通过生物科学家与工程科学家长期研究和通力合作，人们已经掌握了筛选、诱变、杂交、原生质体融合及基因重组等改造细胞的手段，并且已经获得许多具有重要经济价值和社会意义的产物。例如，从微生物细胞培养得到了抗生素、氨基酸、有机酸、酶制剂及单细胞蛋白（SCP）等；从植物细胞培养得到了紫杉醇、紫草宁等；从动物细胞培养得到了促红细胞生成素（EPO）、生长因子及单克隆抗体等。而现在所研究的细胞还只是生物圈中很小一部分，细胞多样性为细胞工程的发展提供了坚实的物质基础；快速筛选技术、基因组学及基因重组技术、蛋白质进化技术等为细胞工程的发展提供了有力的工具；发酵工程和生物分离技术的进步则是提高细胞培养和目标产物回收过程效率的可靠保障。

1.3.5　发酵工程

发酵是人类历史上最早掌握的生物技术，指通过反应器的设计和新型发酵工艺的建立，对获得的工程菌或微生物细胞进行扩大培养生产，最终从发酵液或细胞中分离提取所需生物产品的过程。

每种细胞都有其特殊的营养要求和生长-增殖-死亡规律。细胞代谢所产生的目标产物种类繁多、性质各异，有些积累在细胞内、有些分泌到细胞外，有些产物的合成与细胞生长同步、有些不同步。发酵工程的任务就是尽可能地满足和优化细胞的生长条件，以最低的原料和动力消耗生产出尽可能多的目标产物。

严格地说，发酵工程是以细胞为催化剂的化学反应工程。与普通化学反应过程不同的是：在化学反应器中，往往只进行一种主反应和若干种副反应，催化剂一般是无机物，在反应过程中，催化剂只会逐级丧失催化活性；而在发酵罐中，无数个反应在细胞内外同时进行，与产物合成有关的反应只占其中很小的一部分，作为催化剂的细胞数量在培养过程中将发生很大的变比，在指数生长期内细胞呈指数增加。

发酵工程是典型的多相、多尺度问题。细胞本身是固相，有时细胞利用的营养物质也以固相的形式存在；所有细胞都必须在有水的环境中才能生存。绝大部分工业发酵过程都采用液体深层发酵的方法。有些细胞的营养物质是难溶于水的有机溶剂，还可能形成双液相；动物、植物及大多数微生物细胞都必须生活在有氧的环境中，发酵过程必须通入空气以满足细胞生长时氧的需求；即使是厌氧生长的微生物，它们在代谢过程中也会释放出二氧化碳、氢气及甲烷等气相产物。细胞内外的生物化学反应属于微观尺度，它们的反应速率属于本征动力学的研究范畴；细胞本身的生长-增殖-死亡规律则属于宏观动力学的范畴。而且即使在纯种培养时也存在着细胞个体的差异。生物反应器（发酵罐）属于宏观尺度，反应器中的剪应力、传质、传热及混合都会影响细胞的生长及生物化学反应。对这种复杂的多相、多尺度的发酵工程问题，虽然已经进行了大量的研究工作，并在工业实践中得到了应用，但是仍处于半理论、半经验的水平上，要从理论上预测发酵工程还需要继续努力。

发酵工程一般都采用纯种培养，防止其他细胞或噬菌体的污染是发酵成功的关键。因此，在发酵开始前，需要对设备、管道等进行充分灭菌，发酵过程中也需要对空气及补充的原料灭菌，以保持纯种培养的顺利进行；细胞又具有易变异的特点，在每次细胞分裂时都可能产生遗传突变，而发酵过程所用的细胞往往是通过遗传改造的，很容易产生回复突变，降低甚至丧失其高水平合成目标产物的能力。正是出于上述原因，发酵过程的主要操作方式采用间歇发酵或流加发酵，很少采用连续操作方式。

任何需要通过细胞培养获得的生物技术产品都离不开发酵工程的支持，发酵工程的技术进步将促进生物技术和生物工程的发展。

1.3.6　生化分离工程

生化分离工程是生物技术的下游加工——即从发酵液或酶反应液或动植物细胞培养液中分离、纯化生物产品的过程，主要包括了生物产品分离过程的原理和方法，它是生物技术转化为生产力必不可缺的重要环节，其技术进步对于保持和提高在生物技术领域内的经济竞争力至关重要。

生物产品包括传统生物技术产品（如发酵生产的有机酸、氨基酸、抗生素）和现代生物技术产品（如重组 DNA 技术生产的医用多肽和蛋白质）。这些生物产品不同于一般的化学品生产，具有其自身的特点：生物产品在发酵液或培养液中的浓度通常很低，如青霉素仅为

4.2%，动物细胞培养液中产物含量在 $5\sim50\mu g/mL$；由于生物代谢的复杂性，发酵液或培养液的成分复杂，各种组分的总数相当大；生化产物的稳定性差，同时对 pH、温度等比较敏感；生化产品相当一部分应用于医药和食品行业，经生化分离工程处理后的最终产品质量要求高。正是由于处理量大，而产量相对较小，处理对象的复杂性和最终产品的高要求，使得生化分离过程部分费用在整个产品成本中占到 $40\%\sim80\%$，开发新的生化分离过程是提高效益或减少投资的重要途径。

由于基因工程技术的发展，下游生化分离技术也得到了大量的投入和快速的发展，目前达到工业应用水平的技术主要有：絮凝、离心、过滤等的回收技术；细胞破碎技术；初步纯化技术，如蛋白质的各种沉淀法、膜分离法等；高度纯化技术，如离子交换树脂、凝胶色谱技术等；成品加工技术，如干燥和结晶技术等。

1.4 生物工程的发展历史

生物技术历史悠久，相传 8000 年前苏米尔人已掌握啤酒酿制，6000 年前埃及人已能制作面包，5000 多年前中国已掌握酿酒技术。然而长期以来，生物学一直发展缓慢，没能与工程技术迅速而紧密地结合。19 世纪末，发现发酵过程是微生物的作用结果，此后陆续出现了乳酸、酒精、酵母、丙酮等的纯种微生物发酵工业。至此，真正意义上以微生物发酵过程为代表的生物工程才真正产生。

到 20 世纪中叶，生物学和工程技术开始相互渗透，兴起了抗生素、有机酸等近代发酵工业。1943 年开发出青霉素沉浸培养工艺，不久链霉素、金霉素等相继问世。这一时期生化产品类型增多，技术要求较高，基本上是大规模好氧发酵。这个时期，生物工程这个词也首次由英国科学家 HeinzWolff 首次提出，第一个生物工程专业也在密西西比州立大学于1967 年设立。

生物科学的发展依赖于物理学、化学等学科的发展。这些学科的发展为生物科学提供有效、灵敏的观察、检测和分析手段，使人类能在分子水平、亚细胞水平、细胞水平、组织水平、器官水平、系统和个体水平各个层次上探索生命的奥妙。20 世纪后叶，分子生物学领域取得了一系列突破性的成就，使生物学在自然科学中的地位发生了革命性的变化，一跃成为当今世界自然科学的热点和重点，成为最重要的、发展最快的学科之一。1953 年，DNA双螺旋结构被发现。20 世纪 60～70 年代在细胞中发现和分离到的 DNA 限制性内切酶、连接酶、聚合酶和逆转录酶，则为生物工程准备了一系列对基因进行人工分子剪裁、连接和复制的分子工具。1973 年，美国斯坦福大学的科学家 Herbert Boyer 和 Stanley Cohe，将大肠杆菌的抗四环素的质粒 pSC101 和抗新霉素及抗磺胺的质粒 R6-3，在体外用限制性内切酶 $EcoR\,I$ 切割后，连接成新的重组质粒，然后转化到大肠杆菌中。结果在含四环素和新霉素的平板培养基上，长出了既抗四环素又抗新霉素的重组大肠杆菌。这一实验结果宣告了人类已不仅能在细胞和亚细胞水平上，而且也能在分子水平上直接操纵生命，生物工程从此进入了一个蓬勃发展的新纪元。

DNA 重组等先进技术已成为现代生物工程的核心。一方面为生命科学注入了新的活力，它所提供的实验方法和手段极大促进了传统生物科学的发展；另一方面生物工程已广泛应用于食品、农业、医疗和环保等领域，为这些行业带来了新的技术革命。学科迅猛发展，各国政府竞相制定了发展规划，实行优惠政策，投入巨额资金；各国学术界、工业界和金融界紧密结合，形成了一种新兴的高科技产业，掀起了一股并购和重组热潮。以 Genentech 公司为代表的一批基因工程公司和企业，如雨后春笋般宣告成立；以人胰岛素为代表的一大批基因工程药物，不断被批准上市，而且商品化的速度明显加快，投放市场的新产品迅速增加。目前正在开发或已经开始生产的 DNA 重组技术产品有：干扰素、胰岛素、生长激素、淋巴细胞活素、血纤维蛋白溶解剂、胸腺素、促红细胞生长素、乙型肝炎疫苗、单细胞蛋白、生物杀虫剂、生物杀菌剂等。其中最具代表性的是转基因动物与克隆动物的出现。以重组 DNA 和基因克隆为标志的生物技术革命，是人类历史上的第四次技术革命。这一次革命更为重大的意义在于：人类不但可以改造客观世界，提高人类的生活质量，还可以改造人类自身。

1.5 生物工程与社会经济的发展

生物工程是 21 世纪三大支柱产业之一，具有很大的发展潜力。在当前社会中，生物工程已经在人类健康、农业、资源和能源、环境保护等多个领域为人类解决了很多难题。在未来的发展中，必将为人类的生存发展做出更多的贡献。

1.5.1 人类健康

在当前的社会中，由于环境污染及农药等多种因素的影响，食品中往往会含有一些污染物残留，这些残留的污染物会再次传递给人和其他生物，严重威胁人类的健康。绿色食品的出现给解决这一问题带来了曙光。在绿色食品的生产中，需要使用无污染的农药、肥料、种子和土壤，其中很多是用生物工程技术的方法解决的。

药物的生产与人类健康息息相关。传统制药方法对环境污染较大，如将生物工程技术应用于制药中可明显缓解这一问题。生物药品根据其用途不同可分为三大类，即基因工程药物、生物诊断试剂和生物疫苗。应用生物工程技术制药可以生产出很多新的药物，对目前已经发现的各种严重危害人体健康的疾病有明显的疗效。生物工程制药的发展，将会对人们健康水平的提高有很大的帮助。

1.5.2 农业

农业是国民经济的基础，农业的持续发展是整个国民经济长期、稳定、协调发展的决定因素，它关系到建设、改革和社会安定的全局。

目前，已有占世界耕地总面积 46%、总人口 24%的工业化国家先后实现了由传统农业向现代农业的历史性转变，从而使劳动生产率和农业综合生产能力大幅度提高。但自 20 世纪 70 年代以来，随着人口激增，导致食物需求已超过谷物增长的速度；农业能耗过多，投入效益逐年下降，成本提高，加剧了能源危机；水资源紧缺，土地资源退化，导致植被破坏。对于农业面临的严峻形势，人们找到了解决办法，越来越多的农业生产领域应用了现代科技成果，特别是生物工程技术成果，极大地推动了农业的发展。

通过生物工程技术在农业领域的应用，至 1998 年 1 月底，在美国已有 30 例转基因植物被批准进行商业化生产。这些商业化的转基因植物有抗螟虫玉米，抗甲虫马铃薯，抗除草剂玉米、棉花、油菜和大豆，抗病毒西葫芦和番木瓜，雄性不育的菊苣以及成熟延迟的番茄等。美国转基因植物的商业化速度超过预测的增长速度。1996 年美国 Monsanto 公司推广的抗虫棉在美国本土已试种 $80194 \times 10^4 hm^2$，占植棉总面积的 13%，1997 年增长到 17%。

我国是个农业大国，并于 2001 年出台了《农业转基因生物安全管理条例》，生物工程技术在农业上得到了广泛应用。"863" 计划实施以来，经过 20 多年不懈努力，我国的农业生物技术在发展中国家中处于领先地位，某些领域已进入国际先进水平，比较典型的就是我国的抗虫棉。中国农业科学院科技工作者完成的国产抗虫棉研究成果，是继美国之后第二个培养成功的具有自主知识产权的抗虫棉，在我国农业生产上已得到大面积推广和应用，而且在生态环境、社会效益、经济效益方面取得了非常好的效果。另外，中国农业科学院生物技术研究所取得了利用玉米进行植酸酶生产的重要成果，技术达到国际领先水平。我国生产的植酸酶是第二代具有自主知识产权的产品，它不仅保持了第一代产品的最大特点，促进单位植物的生长性能，同时减少了磷的排放，对环境极为有利、友好，且成本低廉。

1.5.3 资源和能源

资源和能源是人类发展的基础，也是一个国家能否实现可持续发展的物质基础。当前社会中，随着人类生活水平的提高，资源和能源的消耗大大增加，传统能源越来越不能满足人们的需要。发展新型生物可再生资源和能源成为了人类社会能否继续发展的关键。

中国矿产资源的一大特点是低品位贫矿及复杂难处理矿多。例如，占黄金储量 22% 的金矿伴生矿是高砷难处理矿，常规冶炼技术成本高，缺乏市场竞争力。现代生物冶金技术通过利用以矿物为能源物质的微生物氧化分解矿物，使金属元素成为金属离子进入溶液，进一步分离提取就可以获得所需的金属。这种方法具有生产流程短、成本低、环境友好、低污染等优点，已经成为世界上非铁金属矿物加工的前沿技术。美国 30%、世界 25% 的铜产量都已经采用了浸出（细菌）-萃取-电积工艺生产。生物冶金的另一可能途径为利用微生物富集金属离子，某些微生物具有选择性地累积或吸附金属离子的能力，利用这些性质，将来甚至可能从海水中获得人们所需要的金属。

木质纤维素是世界上产量最大的可再生生物质资源，包括农作物秸秆和木材加工工业废料等。纤维素资源最佳利用途径是利用纤维素酶将纤维素水解为葡萄糖，再利用微生物发酵将葡萄糖转化为各种大宗化工产品和精细化学品，其中最受人们关注的是燃料酒精和乳酸。在汽油中添加酒精不但可以降低汽油消耗，降低二氧化碳和氮氧化物的排放量，而且能够提高汽油的辛烷值，改善汽油的燃烧性能。以乳酸为原料生产的聚乳酸是一种新型高分子材料，具有与聚酯树脂类似的优良性能，而且可以生物降解，已经在生物医学材料及包装材料中开始应用，因此有人预计，乳酸将成为 21 世纪的大宗化学品之一。从木质纤维素资源经微生物生物转化生产新一代清洁能源——氢气也已经成为科学家关注的重点。

藻类、生物乙醇等多种生物能源的出现，缓解了现今社会中人类所面临的化石能源危机。同时，发展可再生的生物能源，也将使人类社会实现真正的平稳、健康和可持续的发展，推动人类社会的进步。

1.5.4 环境保护

当前社会中，环境问题日益突出。生物工程技术在治理污染、环境生物监测、工业清洁生产、工业废弃物、城市生活垃圾的处理、有毒有害物质的无害化处理等方面发挥着重要的作用。生物工程技术在处理环境污染物时与传统方法相比具有速度快、消耗低、效率高、成本低、反应条件温和以及无二次污染等显著优点。

生物工程技术处理环境问题并不是停留在理论上的，人们已经将生物工程技术应用于多个环保领域中。好氧法、厌氧生物法、生物发酵法处理污水的生物净化技术已经趋于成熟，并在生产实际中得到了应用。利用生物工程技术筛选分离得到的具有降解塑料能力的微生物改善了人类对白色污染的处理方法。另外，在受污染土壤的修复方面，生物工程技术所培养的微生物也起到了巨大的作用。

1.5.5 合成生物学

合成生物学是以工程学理论为指导，设计和合成各种复杂生物功能模块、系统甚至人工生命体，并应用于特定化学物生产、生物材料制造、基因治疗、组织工程等的一门综合学科。它涉及微生物学、分子生物学、系统生物学、遗传学、材料科学以及计算机科学等多个学科，代表了生物系统设计的新趋势。

与传统生物学通过解剖生命体以研究其内在构造的办法不同的是，合成生物学的研究方向完全相反，它是从最基本的要素开始一步步建立零部件，以一些特性良好的通用部件为起点，这些通用部件简单、稳定，要么由天然成分衍变过来，要么就是完全人工设计。

当前合成生物学的研究主要是设计具有一定功能的基因模块，这些模块没有独立完成其功能的能力，必须借助于宿主细胞来实现。目前已经在功能回路设计、细菌胶卷、药物合成、环境保护及临床治疗等方面有一些研究进展。科学家的这些研究，旨在通过操控微生物，从而找出制造药物、塑料甚至能源替代品的更经济有效的新方法。

虽然现在还不能证实合成的基因组是否可以是真正代替自然状态下的基因组，但是这项工作已经为定制细菌使其更有效地生成药物、生物油料和其他对人类有用的分子铺平了道路，并认为这是"生物工程领域的里程碑"。2010 年 5 月 20 日，《科学》杂志公布了文特尔的最新成果：他在实验室中通过化学合成"丝状支原体丝状亚种"的 DNA，并将其植入去除了遗传物质的山羊支原体体内，创造出世界上首个"人造单细胞生物"。这个被命名为"辛西娅"（Synthia）的生物立即给公众带来了惊叹、争议和恐慌，这是新兴的合成生物学领域所取得的最新成就。

1.5.6 化工领域

生物工程在化学工业方面的应用前景十分广阔，它不仅可提供大量廉价的原料和产品，同时将引起传统化学工业的工艺改革，出现许多省能源、少污染的新工艺。目前应用生物工程技术生产的化工原料除乙醇、丁醇、丙酮、醋酸、甲醇、异丙醇、甲乙酮等产品以外，利用固定化棒杆菌的生物反应器，由丙烯腈生产丙烯酰胺的工艺已获成功，由于在常温下反应，故产品回收率高，成本也低。

目前，作为化学工业支柱的石油化工，因其大多数反应都需要高温、高压环境，且在生产过程中，能源消耗多，三废产生多。将反应条件温和、经济效益好、环保性能优良的生物催化引入石油化工行业，将可以大大改善现在石油化工行业中所存在的问题。而且，由于微生物的代谢类型繁多，可以利用各种原料按照人们的需要，生产出各种各样的新化工产品，开辟化工原料生产的新途径。

1.6 生物工程发展展望

第一，生命基因组计划将广泛展开。完成主要微生物、经济植物、常见动物和全部农作物（包括新发现的）的基因图谱绘制。通过对基因图谱的研究，研制超级农业作物，解决全人类的吃饭问题，同时基本解决珍稀动植物保护问题。

第二，基因药物和疫苗研发将会突飞猛进。通过基因工程、发酵工程和生物工程下游技术的联合应用，研制高效低副作用的新型生物药剂。目前难以医治的疑难疾病将会通过对其疾病基因的研究，加快设计和筛选出治疗药物。

第三，微生物工程菌的构建技术更加成熟。通过基因工程技术可以构造出性能更加优良的微生物，使发酵工程水平和效益得到显著提高。进而带动农林牧业步入现代化，通过现代新型发酵产业的发展，实现农林牧业的"管道化"。

第四，生物材料产业兴起。广义的生物材料是指一切与生物体相关的应用性材料，按来源可分为天然生物材料和人工生物材料；与此同时材料学的发展使有些材料兼具天然和人工生物材料的特性。生物材料可以广泛应用于人工皮肤、伤口愈合、人体硬组织修复、药物释放和人工器官构建等方面，可为人类健康水平的提高做出巨大的贡献。

第五，生物芯片技术发展。生物芯片是指通过微加工和微电子技术在固相基质表面构建微型生物化学分析系统，以实现对细胞、蛋白质、核酸以及其他生物分子等进行准确、快速、高通量检测。芯片上集成了成千上万密集排列的分子微阵列，检测效率是传统检测手段的成百上千倍。生物芯片技术是集 20 世纪大规模集成电路之后的又一次具有深远意义的科技革命。生物芯片通常分为三类，即基因芯片、蛋白质芯片和芯片实验室。可以认为芯片实验室是生物芯片技术的最终目标。

第六，环境生物工程全面深入。预防和治理污染的生物工程技术将会更加成熟，环保产业会迅速成为新兴高效益产业，绿色食品、绿色包装、绿色肥料、绿色建材逐步得到推广和广泛应用，真正达到提高人类生活质量和生存环境的目的。

第七，生物新能源的开发。随着社会的发展，传统能源危机将会愈演愈烈，生物新能源以其良好的再生性和环境友好性，已经在逐步替代传统能源，成为人类在传统石油等不可再生能源枯竭后的最佳选择。

第八，人工合成生命开始。随着人类基因组图谱的利用、自体器官移植技术的成熟基因调控机理的解析，最简单生命体的设计和合成将可能成为现实。

生物产业作为一个具有很大发展潜力的产业，已经越来越得到国家的重视。如到 2009 年底为止，包括中央财政投入、地方财政投入、企业的配套投入在内，中央实施转基因专项投资规模已经达到 260 亿元；2010 年 7 月由国家发展和改革委员会牵头制定的《生物产业发展"十二五"规划》于 7 月底上报至国务院。所有这些为生物产业在未来的发展打下了政策基础。

1.7 怎样学好这门课程

作为公共课的现代生物工程与技术概论，学习方法非常重要，应注意做到以下几点。

① 课前预习教材，上课注意听讲。原本 10 余门课的内容，需要教师在讲授过程中，多归纳，抓重点，有详有略地进行讲授。从教材的编写到讲授，详略互有弥补。

② 重视概念的理解。任何一门新兴学科，首先是在一大堆新概念上建立起来的。生物工程与技术的新概念特别多，学生首先要弄清概念，知道什么是什么，什么叫什么以后，方可有进一步的理解。

③ 重视对研究方法的学习。不仅要知道原理，而且贵在知道如何做。在没有实验的学习过程中，通过了解前人的实验和发展过程，从中受到启发，再结合自己的专业，谋求今后在实践中的发挥。

思考题

1-1 为什么说生物工程产业将成为 21 世纪世界经济的一个不可或缺的支柱产业?

1-2 你认为生物工程对于解决人类面临的各种问题有何帮助? 试举例说明。

参考文献

[1] Riley M R. Introducing Journal of Biological Engineering. Journal of Biological Engineering, 2007, 1: 1.

[2] http://www.heinzwolff.co.uk/.

[3] Endy D. Foundations for engineering biology. Nature, 2005, 438: 449-453.

[4] Jackson D A, Symons R H, Berg P. Biochemical Method for Inserting New Genetic Information into DNA of Simian Virus 40: Circular SV40 DNA Molecules Containing Lambda Phage Genes and the Galactose Operon of *Escherichia coli*. *PNAS*, 1972, 69 (10): 2904-2909.

[5] 付勇. 核糖核酸酶的抗肿瘤研究进展. 国外医学·生理、病理科学与临床分册, 2003, 23 (1): 67-69.

[6] http://www.abe.msstate.edu/Welcome/history.php.

[7] Stanley N Cohen, Annie C Y Chang. Recircularization and Autonomous Replication of a Sheared R-Factor DNA Segment in Escherichia coli Transformants. PNAS, 1973, 70 (5): 1293-1297.

第2章

生物工程与技术基础

任何工程学科的发展都与相关基础及技术以及工业学科的发展有着密切联系。现代生物工程与技术是 20 世纪 70 年代初发展起来的新兴综合性应用学科，它不仅结合了微生物学、细胞生物学、遗传学、生物化学、生物学等传统基础学科的相关理论和技术，而且结合了现代分子生物学、基因工程、蛋白质工程等现代生物学理论与技术及其他相关的工程学原理和技术，以及其他的先进工业加工技术，而形成了今天以细胞工程、基因工程、酶工程、微生物工程和生物反应器工程为主的现代生物工程与技术体系。

所有的生物工程与技术过程离不开基础理论与技术的支持。本章重点介绍细胞、基因、蛋白质以及其与生物工程与技术有关的主要基础内容。

2.1 细胞及其工程技术基础

2.1.1 细胞基本知识

2.1.1.1 细胞是生命的基本单位

1839 年施旺和施莱登共同提出了著名细胞学说："一切动物、植物都是由细胞组成的，细胞是一切动植物的基本单位"。恩格斯把"细胞学说"与"能量转化、守恒定律"和"达尔文进化论"并列为 19 世纪自然科学的"三大发现"。众所周知，一切有机体都由细胞构成，细胞是构成有机体的基本单位。根据构成生命有机体的细胞数量，将生物分为单细胞生物和多细胞生物两大类。单细胞生物的有机体由一个细胞构成；多细胞生物的有机体根据其复杂程度由数百乃至数万、亿计的细胞构成。病毒比较特殊，是非细胞形态的生命体。有些比较低等的多细胞生物体，例如盘藻仅由 4～8 个或几十个相同的细胞组成，它们实际上处于单细胞与多细胞生物之间的过渡类型。高等动植物有机体由无数个功能与形态结构不同的细胞组成。如人的大脑约有 10^{12} 个细胞，1g 哺乳动物的肝组织有 2.5 亿～3.0 亿个细胞。人体内大约有 200 多种不同类型的细胞，但根据其分化程度又可分为 600 多种，它们的形态与功能各异，但都是由一个受精卵通过分裂与分化而来。所以，构成高等生物体的细胞虽然都是高度"社会化"的细胞，但是仍然保持着形态与结构的独立性。

2.1.1.2 生物及其细胞类型

细胞类型根据进化关系和结构的复杂程度可分为三种基本类型：①没有细胞结构的非细胞生物，如病毒；②由原核细胞构成的原核生物；③由真核细胞构成的真核生物。原核细胞最基本的特点是没有典型的细胞核，遗传物质DNA在细胞质中聚集成一个稠密区域，没有外膜包被，原核细胞的体积很小，直径由 $0.2\sim10\mu m$ 不等。真核细胞的种类繁多，原始的真核细胞 12 亿～16 亿年前在地球上出现，由原核生物演化而来，有真正的细胞核和细胞器，可分为多细胞真核生物与单细胞真核生物。病毒结构简单，寄生性严格，体积比细菌还小，没有细胞结构，只能在细胞中繁殖，由蛋白质和核酸组成。

2.1.1.3 细胞结构

细胞的结构复杂而精巧，各种结构组分间的协调与配合，使生命活动能够在快速变化的环境中高度有序地完成自我调控和各种生命活动。

真核生物的细胞主要由细胞膜、细胞质和细胞核构成，植物细胞还具有细胞壁。在细胞质中主要有如下细胞器，如内质网、线粒体、高尔基体、核糖体、溶酶体、中心体、叶绿体、液泡等。叶绿体、液泡是植物细胞所特有的，而中心体则是动物细胞特有的，见图 2-1，这就是动物细胞与植物细胞结构上的一些重要区别。细菌和真菌的细胞质包括细胞质基质和细胞器；细菌无成型细胞核，其细胞核是由遗传物质聚集形成的拟核，拟核没有核膜及核仁。细菌的细胞器只有核糖体一种，真菌的细胞器包括内质网、线粒体、高尔基体、核糖体、溶酶体等。

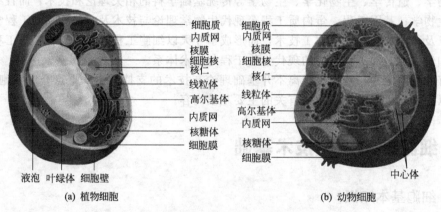

(a) 植物细胞   (b) 动物细胞

图 2-1　植物与动物细胞模式图

2.1.1.4 细胞物质组成

构成细胞的基本主要化学元素是碳、氢、氧、氮、磷、硫六种元素，还有钾、钠、氯、镁、钙、铁、铜、锌、硼、钼、碘、锰等微量元素。这些元素构成细胞结构与功能需要的多种无机化合物和有机化合物。无机物主要包括水和无机盐。在细胞中水含量最多，生物体内平均含水 $65\%\sim70\%$。由于一切生命活动都是在水中进行的，因此水对细胞至关重要，是生命的摇篮。无机盐类在生物体内通常以离子形式存在，它们既是生命物质的组成成分，也提供了生命物质所需的内部环境。细胞中无机盐的含量占其干重的 $2\%\sim5\%$。细胞中的有机化合物包括蛋白质、核酸、糖类和脂类等生物大分子，它们广泛参与生物体的新陈代谢、能量的储存和遗传变异等生命活动。

1) 蛋白质　蛋白质是维持细胞生命活动必不可少的生物大分子，占原生质干物质重的60%，含有碳、氢、氧、氮四种主要元素，有的还含有硫、铁、锌、磷等元素。蛋白质的分子量大，而且结构复杂，其基本单位是氨基酸，目前已发现有 20 多种氨基酸。蛋白质并不是以孤立的状态存在，它们和脂类结合后形成脂蛋白，和某些金属离子结合形成色素蛋白。这与它功能的多样性是一致的。氨基酸通过脱水缩合连成肽链。由一条或多条多肽链组成蛋白质，而且每一条多肽链氨基酸残基数目不等，排列顺序不同。

2) 核酸　核酸是生物的遗传物质，生物体内核酸常与蛋白质结合形成核蛋白。基本单位是核苷酸，核酸根据化学组成不同，可分为核糖核酸（简称 RNA）和脱氧核糖核酸（简称 DNA）。前者在蛋白质合成过程中起着重要作用，主要包括转移核糖核酸、信使核糖核酸和核糖体的核糖核酸。转移核糖核酸简称 tRNA，起着携带和转移活化氨基酸的作用；信使核糖核酸简称 mRNA，是合成蛋白质的模板；核糖体的核糖核酸，简称 rRNA，是细胞合成蛋白质的主要场所。脱氧核糖核酸（DNA）是储存、复制和传递遗传信息的主要物质基础。

3) 糖类　糖类主要由碳、氢、氧三种元素构成，是具有多羟基醛或多羟基酮的非芳香类分子特征物质的统称。是一切生命体维持生命活动所需能量的主要来源，在生命活动过程中起着重要的作用，动物细胞中最重要的多糖是糖原，植物中最重要的糖是淀粉和纤维素。依分子组成的复杂程度，可分为单糖、寡糖、多糖等。

4) 脂类　脂类是油、脂肪、类脂的总称。一般把常温下是液体的称作油，而把常温下是固体的称作脂肪。含有的化学元素主要是碳、氢、氧，部分还含有氮、磷等元素。脂肪是由甘油和脂肪酸组成的三酰甘油酯，其中甘油的分子结构简单，而脂肪酸的长短和种类多种多样。自然界有 40 多种脂肪酸，因此可形成多种脂肪酸甘油三酯。脂肪酸分三大类：饱和脂肪酸、单不饱和脂肪酸、多不饱和脂肪酸。脂肪酸一般由 4～24 个碳原子组成。

2.1.2　细胞培养的生理特性

细胞培养指在体外的适宜条件下，细胞能够进行生长、分裂、发育以及分化。目的是获得大量细胞及其代谢产物，但是不同类型的细胞在培养时其表现出的生理特性有所差异。

2.1.2.1　动物细胞培养的生理特性

动物细胞的分化发生在胚胎期，而且这种分化是固定一个方向，是不可逆转的。动物细胞按照分裂能力可以分为三大类：第一类是能保持继续分裂能力的细胞；第二类细胞群是永久失去分裂能力的细胞；第三类是静止细胞群，即所谓的 G_0 细胞。动物细胞在培养时有自己独特的生理特点。

① 分裂期受培养条件的影响如温度、酸度、培养基成分等，时间一般为 12～48h。

② 动物细胞由于没有细胞壁的保护，所以对周围环境十分敏感，培养基中离子浓度、微量元素、渗透压和酸度等因素都会影响其生长和繁殖。

③ 动物细胞离体培养时对培养基要求很高，不仅需要 12 种必需氨基酸、8 种以上维生素和葡萄糖，还需要多种贴壁因子和生长因子。

④ 大多数二倍体动物细胞生长时都贴附于基质上，伸展后才能生长繁殖，当细胞在基质上分裂增殖后，随着数目的增加逐渐汇合成片时，即细胞与周围细胞接触时，细胞就停止增殖，这称为接触抑制。

⑤ 正常二倍体细胞的寿命大约在 50 代左右，然后细胞就会逐渐死亡，如果在培养基中添加表皮生长因子或细胞经过一些人为处理后可转变成无限细胞系，这样细胞可无限生长，适合生产人们所需的代谢产物。

2.1.2.2 植物细胞培养的生理特性

植物细胞和动物细胞一样，可以在人工控制条件下，生长、繁殖和产生出人们需要的各种各样的产物。植物细胞在培养过程中的一些生理特性如下。

① 一般植物细胞的体积比较大，在培养过程中，细胞形态会随着培养时间的延长而改变，在培养的初期，细胞体积较大；进入旺盛生长期后，细胞体积变小，容易聚集成团；进入生长平衡期后，细胞伸长，体积变大。次级代谢产物的累积主要发生在这个时期。

② 植物细胞培养时对培养基的要求简单，不像动物细胞对营养要求复杂。但是大多数植物细胞在产生次级代谢物时，需要一定的光照强度和光照时间，并且不同的细胞需要不同波长的光。

③ 植物细胞的生长速度较慢，生产周期长。例如烟草细胞繁殖一代的时间为20h，但是大肠杆菌只需20min。

④ 植物细胞具有群体生长特性，所以在植物细胞培养时，接种后的细胞需要达到一定的生长密度，才有利于细胞大规模培养。

⑤ 植物细胞与动物细胞一样，对剪切力敏感，而且所有植物细胞都是好氧的，所以在培养过程中对通风和搅拌等方面要严加控制，以保持较低的溶氧水平。

2.1.2.3 微生物细胞培养的生理特性

微生物细胞虽然个体微小，但是在整个生命活动中同样经历生长、繁殖和衰老的过程。人们要想通过培养微生物细胞来获得一定产物，最好设法使群体中的所有细胞尽可能都处于同样细胞生长和分裂周期，这种培养方法称为同步培养。利用同步培养的相关技术使细胞群体处于分裂步调一致的状态，称为同步生长。这对于微生物细胞代谢产物的获得具有重要意义。目前获得同步生长细胞的方法有机械筛选法和环境诱导法。

① 机械筛选法：利用同步生长细胞的体积和大小的同一性，采用过滤法、膜洗脱收集法和密度梯度离心法来获得处于同一生长期的细胞。

② 环境诱导法：包括化学和物理诱导法。采用化学的方法例如用氯霉素抑制细胞蛋白质合成，用乙二胺四乙酸（EDTA）或离子载体处理酵母菌等可以获得同步生长的细胞。物理诱导法是指利用某些物理因子，使处于即将分裂的细胞的代谢活动受到抑制，从而使细胞在分裂阶段前停止，以求得以后分裂的同步。例如细菌芽孢诱导发芽，某些原生动物的短期热休克法都可以使细胞生长一致。

2.1.3 培养细胞的获取及改良

细胞获取是生物工程与技术操作中的关键环节，不同生物类型以及不同组织或器官的细胞，其生活能力、生长特性以及分化潜能都具有明显差异，因此应采用不同的获取方法和技术。

2.1.3.1 动物细胞的获取及改良

哺乳动物细胞通常是从具有特定功能的组织器官中分离得到，分为非致死（immortal）和致死（mortal）两大类。当动物细胞从体内转移至体外培养时，只有少数属于非致死的细胞，如癌细胞、表皮细胞及成纤维细胞等。非致死的细胞能在体外培养基中不断增殖，细胞数目以指数形式迅速增加，但当细胞密度达到一定程度时，细胞就停止分裂，不再生长。此时，如果将细胞按一定的比例分散到新鲜培养基中，则细胞又重新开始生长，这样细胞便会一代代地传下去，即细胞的连续传代。而对绝大多数细胞来说是致死的，它们虽然能在体外存活和增殖，但不能连续传代，往往分裂几代或几十代时就会死亡。但这类细胞经过基因修饰和杂交后，原本在体外不能增殖的某些细胞就能连续生长繁殖。一般，将从特定功能组织器官中分离后无法增殖或处于未稳定传代培养前的动物细胞称为原代（或初代）细胞，而将能稳定传代培养并能连续生长繁殖的细胞称为连续化细胞。

（1）原代细胞　原代细胞是直接从组织器官中分离得到的，原代细胞培养一般由组织器官解剖分离、解聚和离体细胞培养三个步骤组成。首先需要确定合适的细胞供体，它可以是成体动物的某一组织或器官，也可以是胚胎或受精卵。然后根据研究目的选择合适的解聚方法。解聚分机械法和消化法两种方法。

1）消化法　消化法是利用酶把剪成小块的组织进行分散，使之形成细胞团或单个细胞的方法。消化的作用是使细胞相互分开，清除细胞间质。常用有胰蛋白酶和胶原酶消化法。胰蛋白酶是从胰脏中提取的一种水解酶，适于细胞间质较少组织的消化。例如上皮、羊膜和胚胎等组织。胶原酶是从细菌中提取的，能够消化胶原成分，适用含较多胶原成分和结缔组织的组织。

2）机械法　机械法是通过适当的物理方法对动物组织进行解离和分散的方法。常用的方法有过筛法和针头抽吸法。过筛法是通过一系列大小不等的筛孔来过滤已解离的小块组织或单细胞的方法。如图 2-2 所示。针头抽吸法是用针头（吸管或移液器等）反复吹打组织的悬浮液，直到形成的小组织块或单细胞悬液通过适合大小的针头收集。

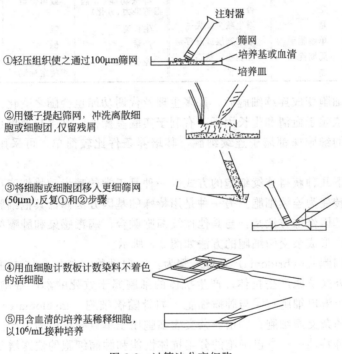

图 2-2　过筛法分离细胞

（2）连续化细胞

原代培养为细胞培养的第一步，原代细胞的生理及代谢特性差异非常大，属于不稳定细胞系。在多次传代培养（转种）后，原代培养逐渐形成具有相似生理及代谢特性的稳定细胞系，可供繁殖或多次的传代培养。一旦原代细胞进行了传代培养（亦称转种），便被称为细胞系（cell line）。细胞系中往往存在有若干表型（phenotype）相似或相异的细胞世系（lineage），若其中一世系经过选殖克隆（cloning）、物理性细胞分离或其他选择技术而在培养的细胞群体中辨识出其特殊表型性质，该细胞系便称为细胞株（cell strain）。表 2-1 列出了一些常用细胞系。若一细胞系在试管中转化（transform）后则会演变成连续细胞系

(continuous cell line)，若经进一步选择、克隆和定性，则称为连续细胞株。表 2-2 列出了有限细胞系与连续细胞系的性质比较。

表 2-1　常用细胞系

细胞系	形态	来源	物种	发育阶段	特　征
IMR-90	成纤维细胞	肺	人	胚胎	易受人类病毒感染、接触抑制
MRC-5	成纤维细胞	肺	人	胚胎	易受人类病毒感染、接触抑制
293	成纤维细胞	肾	人	胚胎	极易转染
BHK21-C13	成纤维细胞	肾	仓鼠 Syrian	新生仓鼠	可被多瘤转变
CHO-K1	成纤维细胞	卵巢	中国仓鼠	成年	简单染色体核型
B16	成纤维细胞	黑素瘤	小鼠	成年	黑素
C1300	神经元细胞	神经母细胞瘤	大鼠	成年	神经炎

表 2-2　有限细胞系与连续细胞系的性质比较

性质	有限细胞系	连续细胞系	性质	有限细胞系	连续细胞系
变形	正常	连续、生长控制改变、致肿瘤	选殖效率	低	高
			标记	组织特定	染色体、酶、抗原
贴壁性	是	否	特殊功能（如病毒感染力、分化）	或可保留	通常失去
接触抑制	是	否			
细胞密度限制	是	增生减少或失去	生长速率	慢	快
生长模式	单细胞层	单细胞层或悬浮液	产量	低	高
维持	周期性	可能稳定状态	控制参数	传代数、组织特定标记	染色特征
血清需求	高	低			

　　一旦将正常细胞变成连续细胞后，许多生理及代谢功能也会随之变化。例如，连续细胞比正常细胞更少依赖于血清和生长因子，有利于实验室操作，其生长速度也快得多。用于蛋白质大规模生产的细胞株都属于连续细胞，其培养条件比较简单，可采用方便的悬浮培养方式。

　　目前，有以下几种获得连续细胞的方式。一种是正常的啮齿动物细胞在体外培养过程中会通过环境适应转变为连续细胞。另一种是用特殊的基因方法修饰其他细胞。目前用于构建连续细胞的三种基因修饰方法是：与其他连续细胞融合、病毒感染和肿瘤细胞基因转导。其中与肿瘤细胞融合形成杂交瘤细胞的方法如图 2-3 所示。

　　形成杂交瘤细胞（hybridoma）具体步骤为：①向动物（如鼠）体内注射一定种类的抗原；②动物将对外来抗原产生抗体，产生抗体的细胞属于致死的淋巴细胞（lymphycytes）；③从血液中分离出淋巴细胞；④与肿瘤细胞［如骨髓瘤细胞（myeloma cells）］融合；⑤得到能够无限分裂的杂交瘤细胞；⑥培养杂交瘤细胞用于单克隆抗体的生产。杂交瘤细胞兼有两种母细胞的生理特性——淋巴细胞的分泌抗体性能和肿瘤细胞的快速增殖性能，因此经常成为产生重组蛋白的宿主细胞。

　　目前常见的哺乳动物细胞株有中国仓鼠卵巢（CHO）细胞和幼仓鼠肾（BHK）细胞、杂交瘤（hybridoma）细胞。中国仓鼠卵巢细胞是重组蛋白工业生产中使用最多的动物细胞株，它是通过病毒感染或肿瘤基因转导后形成的。不同基因修饰造成中国仓鼠卵巢细胞具有多种细胞表型，或用于生产单克隆抗体（高度特异的抗体），或用于生产促红细胞生成素（EPO）和凝血因子Ⅷ，或成为长期的疫苗生产细胞株等。

　　尽管如今动物细胞的分离、后续的基因修饰以及细胞培养都不存在无法克服的技术问题，但是由于一般重组动物细胞的培养稳定性及目的蛋白的分泌稳定性相当差，因此目前用于工业化生产的主要哺乳动物细胞株还仅局限于中国仓鼠卵巢细胞和幼仓鼠肾细胞。

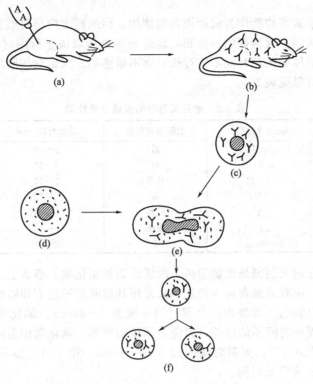

图 2-3 用于单克隆抗体生产的杂交瘤细胞株

2.1.3.2 植物细胞的获取及改良

（1）外植体的选择与预处理

外植体是指从植物体上取出的用于无菌培养或直接分离细胞的部分植物组织或器官。植物细胞培养成功的关键有两个重要因素：一个是培养基及培养条件；另一个是培养材料的来源，即外植体的来源。

目前，从植物体的各个部位都可以成功地获得植物细胞，如茎尖、茎段、髓细胞、皮层及微管组织、表皮及亚表皮组织、块茎的储藏薄壁组织、花瓣、根、叶、子叶、鳞茎、胚珠、子房、胚乳、花药等。但是，不同植物、不同器官的脱分化和再分化能力不同，分离细胞和原生质体的难易和效果也有很大差异，故在进行植物细胞培养时，必须选择生长正常、无病虫害的植株，从中选择适宜的组织器官作为外植体并进行彻底灭菌处理和其他处理，以达到较为理想的效果。

选择外植体时要综合考虑以下几个因素。①大小要适宜，不宜太小。外植体的组织块要达到 2 万个细胞（即 5～10mg）以上才容易成活。②同一植物不同部位的外植体，其细胞的分化能力、分化条件及分化类型有相当大的差别。③植物胚与幼龄组织器官比老化组织、器官更容易去分化，产生大量的愈伤组织。愈伤组织原意指植物因受创伤而在伤口附近产生的薄壁组织，现泛指经细胞与组织培养产生的可传代的未分化细胞团。④不同物种相同部位的外植体其细胞分化能力可能大不一样。

总之，外植体的选择，一般以幼嫩的组织或器官为宜。其次要注意，用于植物组织培养的外植体，要求必须是无杂菌的材料。如果不是取自种子库，而是来自温室或生长在大田植物的种子、幼苗、器官、组织等，由于其带有多种生长非常迅速的微生物，当与培养基接触时，微生物就会大量繁殖，从而抑制培养物的生长。因此培养前必须对外植体进行严格的灭菌处理。

目前有多种化学试剂均能作为表面灭菌剂使用。但原则上应尽可能选择那些灭菌后易于除去或容易分解的试剂。灭菌剂的选择和处理时间的长短取决于所用材料对试剂的敏感性。对灭菌剂敏感的外植体的灭菌时间不宜过长；而不敏感的，灭菌时间则应适当延长。经常使用的灭菌剂的灭菌效果见表2-3。

表2-3 常用灭菌剂的灭菌效果比较

灭菌剂	使用含量/%	去除难易程度	灭菌时间/min	效果
次氯酸钙	9～10	易	5～30	很好
次氯酸钠	0.5～5	易	5～30	很好
过氧化氢	3～12	最易	5～15	好
溴水	1～2	易	2～10	很好
硝酸银	1	较难	5～30	好
氯化汞	0.1～1	较难	2～10	最好
抗生素	4～50mg/L	中	30～60	较好

综合来看，最好的灭菌剂是次氯酸钙、次氯酸钠和氯化汞。事实上，次氯酸钙国内多用市售工业用漂白粉，因有效氯含量不稳定，故常用其过滤后的过饱和溶液。该溶液特别适用于草本植物和柔软组织的灭菌处理，灭菌时间一般为5～30min。氯化汞灭菌效果最好，但去除也最困难，且灭菌时间不能过长，以免杀死植物细胞。氯化汞作为休眠种子的灭菌剂最为理想，适用含量为0.1%，灭菌时间一般为2～10min，用于有较厚种皮的休眠种子灭菌时，可延长到20min或更长时间。

表2-4列出了不同植物组织（器官）的灭菌时间和步骤。每年的6～9月，气候温暖潮湿，是各种真菌繁殖高峰季节，因此在灭菌处理时更要特别严格，以尽可能降低微生物的污染机会。

表2-4 不同植物组织（器官）的灭菌时间和步骤

组织（器官）	灭菌步骤			备注
	灭菌前处理	灭菌	灭菌后处理	
种子	纯酒精中浸10min,再用无菌水漂洗	100g/L 次氯酸钙浸20～30min,再用 10g/L 溴水浸5min	无菌水洗3次,在无菌水中发芽;或无菌水洗5次,在湿无菌滤纸上发芽	用幼根或幼芽发生愈伤组织
果实	纯酒精漂洗	20g/L 次氯酸钠浸10min	无菌水反复冲洗,再剖除内部组织的种子	获得无菌苗
茎切段	自来水洗净,再用酒精漂洗	20g/L 次氯酸钠浸5～30min	无菌水洗3次	
储藏器官	自来水洗净	20g/L 次氯酸钠浸20～30min	无菌水洗3次,滤纸吸干	
叶片	自来水洗净,吸干,再用纯酒精漂洗	1g/L 氯化汞浸 1min 或20g/L次氯酸钠浸15～20min	无菌水反复冲洗,滤纸吸干	选取嫩叶、叶片平放在琼脂上

植物材料灭菌后，即可进行培养。接种的外植体的形状和大小要根据试验目的及具体情况而定。如果所用外植体细胞数多时，得到愈伤组织的机会必然也多。如要定量研究愈伤组织，则不仅外植体的大小要一致，而且其形状及组织部位也应基本类似。进行这类培养研究常常选用较大材料，如人参、胡萝卜或甜菜的储藏根，马铃薯的块茎等。

(2) 植物细胞的获取

1) 从外植体直接分离植物细胞 植物细胞可以直接从外植体中分离得到。从外植体直接分离植物细胞的方法通常有机械捣碎法和酶解法两种。

① 机械捣碎法。机械捣碎法分离植物细胞是先将叶片等外植体轻轻捣碎，然后通过过滤和离心分离细胞。该法具有以下优点：一是获得的植物细胞没有经过酶的作用，不会受到伤害；二是不需要经过质壁分离，有利于进行生理和生化研究。但是用机械捣碎法分离的植物细胞，由于受到机械的作用，细胞结构会受到一定的伤害，获得完整的细胞团或细胞数量少，其使用不普遍。目前主要用于从叶片组织中分离细胞。

② 酶解法。酶解法分离细胞是利用果胶酶、纤维素酶等处理，分离出具有代谢活性的细胞。该法不仅能降解中胶层，而且还能软化细胞壁。所以用酶解法分离细胞的时候，必须对细胞给予渗透压保护，如加适量甘露醇等。另外，在酶液中适当加入一些硫酸葡聚糖钾有利于提高细胞的得率。

2）通过愈伤组织诱导获取植物细胞 已有特定结构与功能的植物组织，在一定条件下，细胞改变原来的分化状态，失去原有的结构和功能，重新转化为具有分生能力的未分化细胞，这个过程称为脱分化。

植物各种器官的外植体在离体的条件下，细胞经过脱分化等一系列的过程，重新转变为未分化细胞，继而形成一种能迅速增殖的无特定结构和功能的薄壁细胞团，称为愈伤组织。在一个完整的植物中，每个分化细胞都是某个器官和组织中的一个成员，它只能在与其周围细胞相互协调和彼此制约当中，恰如其分地发挥整个植株所赋予它的一定的功能，而不具备施展其全能性的外部条件。但是，当这些细胞脱离母体以后，摆脱了原来遗传与生理上的制约，在一定的培养条件下，就会发生一种回复变化，从而失去分化状态，变为分生细胞，实现脱分化过程。然后这些脱分化细胞经过连续的有丝分裂形成愈伤组织。一般情况下，植物各器官和组织均有诱导产生愈伤组织的潜在可能性。

诱导获得的愈伤组织可以用镊子或小刀分割得到植物小细胞团，也可以将愈伤组织转移到液体培养基中，加入经过杀菌处理的玻璃珠，进行振荡培养，使愈伤组织分散成为小细胞团或单细胞，然后用适当孔径的不锈钢筛网过滤，除去大细胞团和残渣，得到一定体积的小细胞团或单细胞悬浮液。为了增强分散效果，必要时可以添加适量的果胶酶，使由果胶粘连在一起的细胞分开。

3）通过原生质体再生获取植物细胞 原生质体（protoplast）是除去细胞壁后得到的微球体。植物原生质体可从培养的植物单细胞、愈伤组织和植物的组织、器官中获得。从遗传稳定性来说，叶肉细胞是分离原生质体最为理想的材料，而以培养的细胞或者愈伤组织为来源的原生质体，由于受到培养条件和继代的影响，导致遗传和生理上发生了变异，因此它们不是理想的材料。原生质体的获得与培养有许多重要的意义。首先，植物原生质体仍保持着细胞的全能性，它在离体培养条件下能再生细胞壁，继续生长、分裂，形成愈伤组织，该愈伤组织经诱导分化后可再生成完整的植株；其次，是在同一时间内能得到大量遗传上同质的原生质体，为细胞生物学、发育生物学、细胞生理学，甚至病毒学建立了试验体系；再次，原生质体由于除去了细胞壁，在某种程度上克服了不亲和障碍，便于进行细胞杂交；最后，原生质体可以摄取外源细胞器、细菌、病毒、质粒以及各种 DNA 大分子，是进行遗传转化研究的理想工具。植物原生质体的培养和应用研究，都必须建立在其原生质体有效分离技术基础之上。自从 1960 年科钦（Cocking）首次用酶法制备番茄根原生质体获得成功之后，植物原生质体的研究才逐渐变得活跃起来，经许多研究者的不断努力，已建立起了酶解分离原生质体的基本程序。利用原生质体培养、融合、转化已经成为植物细胞改良创造作物新品种的新途径，并在改变植物遗传性的应用研究、基础研究中广泛应用。

植物原生质体的分离方法一般有机械分离法和酶解法两种，目前一般都采用酶解法分离原生质体。分离原生质体的第一步是使细胞产生质壁分离，第二步是切开细胞壁使原生质体释放出来，质壁分离的结果是原生质体剧烈收缩成一种球形。

供体材料经酶处理消化后，得到的是一种混合物，除了含有完整的未受损伤的原生质体外，还有未被消化的细胞、碎裂的原生质体、叶绿体、微管成分等，因而还必须把这些杂质去掉才能得到纯化的原生质体。

原生质体分离纯化后，经过计数和适当稀释，在一定条件下进行原生质体培养，使细胞壁再生，而形成单细胞悬浮液。

细胞壁再生后得到的植物单细胞，经过单细胞培养，长成细胞团，再经过继代培养，形成由原生质体形成的细胞系。

原生质体形成植物细胞的过程，可以采用固体培养，也可以采用液体静止培养。

（3）植物细胞的选育与改良

通过外植体直接分离、愈伤组织诱导或原生质体再生等方法获得的植物细胞，其特性往往有所差别，未能满足人们的使用要求，此外，植物细胞在经过多次培养以后，也往往会发生变异，失去原有的优良特性或者获得新的优良特性。为此，需要适时地对植物细胞进行选育与改良，从中选育出优良的植物细胞，使其特性得以保持或改良。

常用的植物细胞选育与改良方法主要有筛选、诱变、原生质体融合、基因重组等。

1）植物细胞的筛选　筛选是植物细胞选育与改良的基本方法。通过各种方法获取的植物细胞往往不均一，会显示出不同的特性，需要将具有优良特性的所需细胞选择出来。植物细胞在培养过程中会发生变异，也需要对植物细胞进行筛选，将有利的变异细胞选出，而把不利的变异细胞去除。通过诱变获得的突变体、通过原生质体融合获得的融合子和通过基因重组获得的工程细胞都必须经过筛选，将具有所需优良特性的细胞选择出来，进行细胞培养。

植物细胞筛选的方法很多。主要可以分为小细胞团筛选法和选择压力筛选法。

① 小细胞团筛选法。从外植体分离得到的植物细胞往往有不同的特性。细胞在培养条件下，会自发产生变异，形成具有不同性状的细胞。因此可以通过常规筛选方法，选择所需的优良细胞株。小细胞团筛选法是经常采用的常规筛选法，其基本过程是首先制备得到单细胞，然后在常规的培养基中经过单细胞培养，形成细胞团，通过观测细胞团的形态、颜色或者测定细胞代谢物的种类和含量，从而选出所需的细胞。

② 选择压力筛选法。选择压力筛选法是通过添加某些对不同的细胞有不同作用效果的物质，淘汰部分敏感细胞，而选择得到所需的细胞的选育方法。选择压力筛选法可以分为正选择和负选择两种。

正选择就是把受选择的细胞群体置于一定的选择压力之下，部分细胞在选择压力的作用下受到淘汰，而有一些耐受抗选择压力的细胞可以生长，从而选择得到所需的细胞。正选择适用于对抗性突变体的选择，如以 NaCl 为选择剂选择耐盐突变体，以除草剂为选择剂选择抗除草剂突变体等，都属于正选择。正选择可以一步完成，也可以分多步完成。一步正选择是指所用的选择压力足以一次性地去除对选择压力敏感的细胞，多步正选择则是分数次由低到高增加选择压逐步除去敏感细胞。一般认为，一步选择法有利于筛选单基因突变的细胞，而对于遗传背景不详且可能是多基因的突变或是细胞质基因突变，采用多步法效果较好。

负选择法也叫富集选择法。在植物细胞筛选中，常用致死富集法。但经过诱变剂处理后的细胞需要及时进行选择。在最低培养基上，与未突变的细胞相比，突变细胞往往会被淘汰，因此及时选择非常重要。在负选择实验中，选择的对象是在一定选择压的作用下不能生长的那些细胞，而能够生长的细胞会受到淘汰。负选择适用于对营养缺陷型突变体的选择。

也可以把离体选择方法分为直接选择法和间接选择法两种。所谓直接选择，就是在一项选择实验中，所用的选择剂正是以后在整体植株水平上突变表现型的作用对象，如以 NaCl 为选择剂选择耐盐突变体等，既是正选择，也属于直接选择。直接选择法主要用于抗性突变体的选择，用生长抑制剂如抗生素、代谢类似物、某些金属及非金属离子等，来分离培养植物细胞，从中选择对生长抑制剂具有抗性的突变细胞。这一方法的技术关键是对生长抑制剂浓度的选择。

2）植物细胞的诱变　诱变是指通过各种诱变剂的作用，使细胞发生变异的过程。诱变是获得优良植物细胞的有效方法之一。

常用的诱变剂可以分为物理诱变剂和化学诱变剂两类。各种诱变剂，尤其是化学诱变剂可较均匀地直接作用于细胞，引起培养细胞发生突变的概率较高。由于诱变剂作用于群体细胞，细胞数量较大，选择突变体的条件难以控制，大量的微小变异常被漏掉。但在培养条件下的细胞往往处于相对一致的小环境中，因此可以较容易地设计出有效的筛选突变体的方法。

物理诱变剂包括 X 射线、γ 射线、中子、α 粒子、β 粒子、紫外线等。紫外线的能量较低，不能引起被照射物质的离子化，因而称为非电离诱变因子；其余的物理诱变剂均能引起被照射物质的离子化，称为电离诱变因子。

采用物理诱变剂处理的方法有以下几种。一是外照射，即射线由被照射物质的外部透入内部诱发突变。这种方法比较简单安全，可进行大量处理。外照射又分为急照射和慢照射。前者指在较短时间内把全部剂量照完，后者指在较长时间内照射完全部剂量。二是内照射，即将放射源引入到植物组织或细胞内使其放出射线诱发突变。常用的有浸泡法、注射法和饲入法。内照射需要一定的防护设备，处理的材料在一定时间内仍带有放射性，应注意防止放射性污染。物理诱变剂处理可在一代中进行，也可在几个世代中连续进行。

化学诱变剂的种类较多，根据对 DNA 的作用特点，主要分为三大类，包括碱基类似物、烷化剂、叠氮化合物。此外一些抗生素也可以作为诱变剂。它们主要的作用方式有：①在DNA 复制时，诱发配对错误；②诱发染色体断裂；③改变 DNA 的化学结构。

在实际应用中，可以用单一因子进行诱变，也可以用两种或两种以上的诱变因子复合处理。诱变的基本过程一般包括单细胞制备、预培养、诱发突变、突变细胞株的选择等步骤。

2.1.3.3　微生物菌种的获取及改良

（1）工业微生物筛选一般要求

筛选是分离优良工业微生物首要步骤，包括自纯种或混合物中取得菌株，再检查有关反应或目的产物。有时亦可预先设计分离步骤，但必须有识别产生菌方法，否则仅能实行随机分离。但筛选目的除获得高产能力菌株外，还应改善其发酵特性，以利于实现工业生产及降低成本。故菌种需具有以下特性：①稳定而高产的遗传特性，菌种在斜面传代及扩大培养与发酵过程中，可能出现回复子，后者生长速度快而生产性能差，长期培养后，在菌体群体中占优势，致使生产能力下降，故应筛选出具有稳定高产能力的菌株；②抗噬菌体能力，发酵过程如遇某些噬菌体则危害生产，可利用噬菌体对宿主专一性的特点，筛选出抗噬菌体能力强的菌株，以期达到安全生产目的；③发酵过程泡沫少，发酵起始，泡沫与培养基有关，而发酵过程则完全取决于菌体特性，为提高发酵罐充满系数，增加产量，应尽可能选择产泡沫少的菌株；④需氧量低，为减少压缩空气供应量与降低搅拌速度，减少能耗，降低成本，应选择低需氧量菌株；⑤底物转化率高；⑥对培养基和前体耐受力强，培养基为菌体生长的营养，但超过一定量则干扰菌体代谢，前体可增加产物量，但对菌体有害，故应选择对培养基及前体耐受力强的菌株；⑦营养特性，发酵过程，通常要求用廉价原料为培养基，或用特定物质（如甲醇碳源）为其特定成分时，需专门设计适当分离培养基；⑧最适温度高，为降低发酵过程冷却费用，选择最适温度在 40℃ 以上菌株，因此应采用较高温度下分离的菌株；

⑨菌种既要有高的遗传稳定性，又要有基因操作的可修饰性；⑩产物易从发酵液中回收。

（2）获得目的菌种的途径

自然界的微生物是混杂生存的，要想从中分离出一种人们需要的微生物，必须针对其生物学特点设计合理分离方法，目前获得目的菌种的途径主要有三个。

① 从菌种保存机构的已知菌种中分离。已知菌种不一定完全符合生产要求，故需进行分离后改造。

② 从自然界分离筛选。自然界中微生物适应能力强，分布广泛。生活在不同生境微生物经过长期自然选择，形成了各自独特的代谢途径、调节机制及不同酶系，以利用周围各种物质合成氨基酸、核酸、抗生素等代谢产物，故野生型微生物群体是获得新菌种及优良菌种的无穷宝库，故从自然界选择菌种是条基本途径。新菌种分离筛选一般步骤如图 2-4 所示。

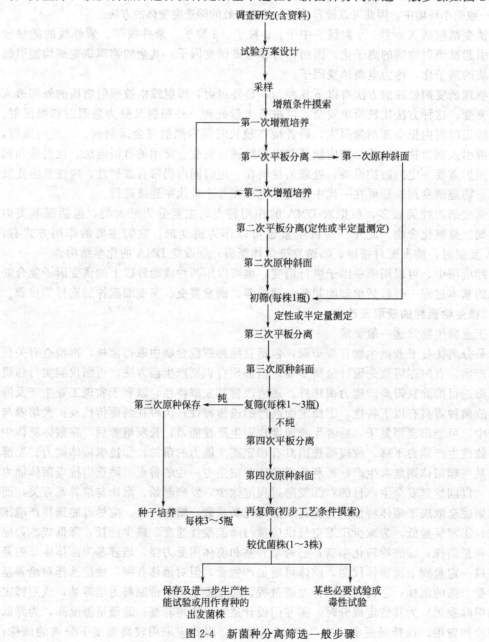

图 2-4　新菌种分离筛选一般步骤

③ 从生产过程中分离筛选。在菌种保存、扩大培养及发酵过程中，取发酵水平特高的批号进行分离，自发突变率一般 10^{-6} 左右，正突变率更低。生产过程主要是分离形态突变株，考察其生理特性，建立其形态与生产性能之间的关系。某些异核体微生物易发生分化，故从已形成孢子的同核体中分离筛选，有可能得到具有稳定遗传特性的菌株。

(3) 微生物菌种改良

菌种改良是促进发酵工业发展的关键技术。菌种选育方法很多，除自然选育及诱变育种等传统技术外，尚有转化、转导、原生质体融合、代谢调控及基因工程等现代育种技术。

1) 自然选育　生产过程中利用微生物自然突变而进行良种选育的过程叫自然选育。自然突变可产生有利突变和不利突变两种情况，后者表现出菌种衰退及产量下降，为确保生产水平，生产菌株使用一定时间后需进行纯化，淘汰衰退菌株，保存优良菌种，此即菌株自然分离。其过程是将菌种制成单孢子悬液，经适当稀释后，在固体平板培养基上进行培养和分离，即挑取部分单菌落进行生产能力测定，经反复筛选后，确定生产能力高的菌株代替原菌株。工业生产中，常从高产批号中取样进行单菌分离，选出较稳定菌株。

经诱变的突变株会继续发生变异，导致菌株不同类型比例的变化，传代过程则低单位菌株占优势，复试过程也出现不稳定情况，必须进行分离。故自然分离亦为诱变育种和杂交育种工作中不可缺少的重要技术。

自然选育方法简单易行，但效率低而进度慢，故与诱变育种交替使用，常可收到良好效果。

2) 诱变育种　本法是指人为地采用物理及化学方法使微生物基因产生突变的育种技术。诱变因素分物理、化学及生物学三类，见表 2-5。

表 2-5　常见诱变因素及其类别

物理作用	化学诱变剂			生物诱变剂
	碱基类似物	与碱基反应物	诱变剂插入	
紫外线	2-氨基嘌呤	硫酸二乙酯	吖啶类物质	噬菌体
快中子	5-氨尿嘧啶	甲基磺酸乙酯	ICR 类物质①	
λ 射线	5-溴尿嘧啶(5-Bu)	亚硝基胍		
γ 射线	8-氮鸟嘌呤	亚硝基甲基脲		
	8-氮鸟嘌呤(8-AG)	亚硝酸		
		氮芥		
		4-硝基喹啉一氧化物		
		乙烯亚胺		
		羟胺		

① ICR 是美国肿瘤研究所(the Institute for Cancer Research)的缩写,ICR 化合物为美国肿瘤研究所合成的吖啶类氮芥衍生物。

诱变育种一般过程如图 2-5 所示，主要有诱变和筛选两部分。诱变包括将出发菌株制成新鲜孢子悬浮液（或细菌悬液）作诱变处理，再以一定稀释于平板上培养出单个菌落等，其结果与菌种自身遗传特性、诱变剂种类及其剂量选择和使用方法有关，可以认为三者是诱变育种之关键。筛选包括经单孢子分离长出单菌落后，随机挑取菌落并移至斜面培养，经初筛、复筛、生产能力测定及菌种保存等。可以说整个过程就是诱变与筛选的往复重复，直至获得较理想菌株，再观察其稳定性、遗传特性、最适培养条件等，最后进行中试和放大。

3) 原生质体融合技术　在人工条件下，使两种不同的微生物原生质体合并为一个完整细胞的技术称为微生物原生质体融合技术。微生物原生质体就是没有细胞壁的裸体微生物细胞。原生质体融合过程是先使微生物细胞壁脱除，两种不同原生质体混合，在促融剂作用下

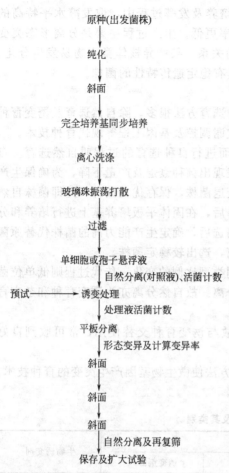

原种(出发菌株)

↓

纯化

↓

斜面

↓

完全培养基同步培养

↓

离心洗涤

↓

玻璃珠振荡打散

↓

过滤

↓

单细胞或孢子悬浮液

↓

自然分离(对照液)、活菌计数

预试 ——→ 诱变处理

↓

处理液活菌计数

↓

平板分离

↓

形态变异及计算变异率

↓

斜面

↓

斜面

↓

斜面

↓

自然分离及再复筛

↓

保存及扩大试验

图 2-5　诱变育种一般过程

合并，然后核接触至交换，实现重组。经培养和筛选有可能获得具有理想性状的杂种菌株。

2.1.4　细胞融合

2.1.4.1　细胞融合基本过程

细胞融合指在自发或人工诱导下（生物的、物理的、化学的），两个或两个以上的细胞融合形成一个杂种细胞的过程。基本过程包括细胞融合形成异核体，异核体通过细胞有丝分裂进行核融合，最终形成单核的杂种细胞。这项技术是在 20 世纪 60 年代发展起来的。由于细胞融合不仅发生在同种细胞间，也能发生在异种细胞间，因此通过杂交细胞的融合可以获得某些优良的性状。

2.1.4.2　细胞融合技术方法

对于体外培养的细胞，尽管在自然条件下很少发生细胞融合（融合频率在 $10^{-6} \sim 10^{-4}$），但可以采用物理、化学或生物的方法促进细胞融合，不同的研究方法具有不同的适用范围。

（1）电融合法

电融合法是当两个细胞的带电膜彼此接近时，电场引起的膜电压可使膜触发穿孔，所以会发生细胞融合。该方法是 20 世纪 80 年代发展起来的一种细胞融合技术，已经在动物、植物和微生物细胞中进行了广泛应用。有如下优点：不存在对细胞的毒害问题，诱导只存在于质膜接触部位；融合效率高，重复性强；融合技术操作简便，没有洗涤过程。如图 2-6 所示。

（2）化学融合法

化学融合法是利用化学试剂促进细胞间发生融合。目前广泛使用的化学试剂主要包括盐类融合剂、二甲基亚砜（DMSO）、聚乙二醇（PEG）等。盐类融合法是应用最早的诱导原生质体融合的方法，常用的融合剂如 $NaNO_3$、$CaCl_2$ 等。该方法的优点是盐类对原生质体的破坏力小，缺点是融合效率低。聚乙二醇（PEG）是应用最为广泛的化学融合剂，聚乙二醇（PEG）具有强烈的吸水性以及凝聚和沉淀蛋白质的作用，能够有效地促进植物原生质体和动物细胞的融合。在不同种类的细胞混合液中加入聚乙二醇，就会发生细胞凝集作用；在稀释和除去聚乙二醇的过程中，就会发生细胞融合。PEG 诱导融合的优点是融合成本低，不需要特殊设备；融合子产生的异核率较高；融合过程不受物种限制。其缺点是融合过程繁琐，可能对一些细胞有毒害，对有些细胞（如卵细胞）不适用。

（3）病毒诱导融合

病毒是最早采用的融合剂。一些致癌、致病的病毒如仙台病毒、新城疫鸡瘟病毒、疱疹病

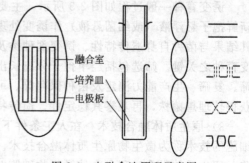

融合室
培养皿
电极板

图 2-6　电融合法原理示意图

毒、天花病毒等，都能诱导细胞融合。其中仙台病毒由于毒性小，易被紫外线或 β-丙内酯所灭活，所有在实验室广泛应用。在实验操作中，细胞融合的效率与病毒的数量密切相关，每一细胞要求有足够量的病毒附在膜上，细胞凝集的温度是 4℃，融合的温度一般是 37℃，融合的速度随细胞不同而有差异。有的细胞在 37℃5min 即可完成融合。病毒诱导细胞融合的优点：融合率较高，且仙台病毒能在鸡胚中大量繁殖，容易培养；缺点：仙台病毒不稳定，在保存过程中融合活性会降低，并且制备过程比较繁琐。此外，病毒引进细胞后，可能会对细胞的生命活动产生干扰。

2.1.5 细胞拆合与细胞重组

细胞拆合技术包括细胞拆合与细胞重组。

细胞拆合是指通过特殊的方法把完整细胞的细胞核与细胞质分离，或把细胞核从细胞质中吸取出来，或用紫外线等把细胞质中的核杀死，然后再把同种或异种的细胞核和细胞质重新组合起来，培育新的细胞或新的生物个体。

细胞重组是细胞拆合的一个部分，指在融合介质作用下，使胞质体与完整细胞合并，重新构成胞质杂种细胞的过程。

2.1.5.1 细胞拆合方法

细胞拆合常用的方法有物理法和化学法两种。

（1）物理法

该法是用机械方法或激光把细胞核去掉或使之失去功能，然后用微玻璃针或微吸管吸取其他细胞的核，注入去核的细胞质中，组成新的杂交细胞。这种核移植必须用显微操作仪进行操作。

（2）化学法

该法是用细胞松弛素处理细胞，使细胞出现排核现象，再结合离心技术，将细胞分拆为核体和胞质体两部分。由于核体外表包有一层细胞膜和少量胞浆，因而在 PEG 或仙台病毒的介导下，核体可同另一胞质体融合，形成重组细胞。

2.1.5.2 细胞重组的方式

细胞重组的方式基本分三种：胞质体与核体重新组合形成重组细胞；胞质体与完整细胞重组形成胞质杂种；微核体与完整细胞重组形成微细胞异核体。胞质体是除去细胞核后由膜包裹的无核细胞。微核体（微细胞）是指含有一条或几条染色体（即只含一部分基因组），外有一薄层和一个完整质膜的核质体。通过细胞重组技术可以形成胞质杂种细胞，这是不同种系之间形成的一种真正的新型细胞，在适宜条件下能成功地生存下去。这是现代细胞工程领域最活跃的一个亮点。

2.1.5.3 重组细胞的制备

（1）去核细胞（胞质体）的制备

虽然细胞松弛素处理能诱导细胞脱核，但在一般情况下，细胞松弛素的自然脱核率最高只有 30% 左右，脱核时间也比较长（8～24h），而且对有些细胞（如牛、猴的肾细胞）无脱核作用。20 世纪 70 年代初，Prescott 等首先利用细胞松弛素结合离心技术，使各种细胞能在短时间内（15～30min）大量去核，脱核率大大提高，有些细胞株的去核率高达 99%，因此这种脱核的方法得到了迅速普及。

（2）核体的制备

与胞质分离得到的细胞核，带有少量胞质并围有质膜，称为"核体"。核体能重新再生其胞质部分，继续生长、分裂。为了生产大量的核体，必须采用纯化技术，以防夹杂完整细

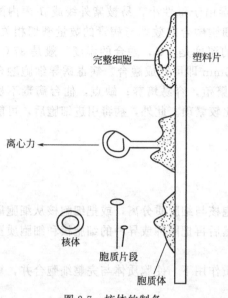

完整细胞

塑料片

离心力

核体

胞质片段

胞质体

图 2-7　核体的制备

胞和胞质体。在去核前，做预离心，可除去贴壁不牢固的完整细胞。一般用贴壁法纯化，即利用核体贴壁附着性弱（当再次在平皿上培养时，需 5～10h 才能附着贴壁），完整细胞附着性强（仅 2h 就有 95％细胞贴壁）的特点进行纯化。去核处理后把收集的材料接种于培养皿温育 1～2h，这时，残留的完整细胞已黏附于培养皿的表面，而未贴壁的核则随培养液流出，如此重复 2～3 次，大部分完整细胞即可除去。核体与胞质分离情况如图 2-7 所示。

（3）微核体（微细胞）的制备

一些生物碱如秋水仙碱（长春新碱）可以阻断有丝分裂，干扰微管的合成与组装，使染色体停滞在有丝分裂中期，能形成大小不同的多个微核，细胞松弛素的作用使微核从细胞分离出来，称作微核体。微核体中含有一条或数条染色体，适用于与完整细胞进行融合，是目前研究基因定位的重要方法。

刚去核的细胞为圆形，以后逐渐铺展开。在去核后的一段时间内，去核细胞的形态和生物学特性与有核细胞相似。去核的细胞，其质膜仍具有"识别"能力，一旦与邻近的细胞相接触，接触抑制发生，不出现肿瘤细胞的"堆叠"样生长方式。去核细胞的存活时间为 16～36h，去核细胞质内一些细胞器的形态、结构、分布排列等均已被证明与真核细胞相似，例如内质网系、高尔基体、溶酶体和中心粒等呈正常分布。线粒体的运动和酶的分布正常。但是线粒体 DNA 复制活力低于有核细胞。细胞在无核状态下可以贴壁、铺展、主动的膜运动，甚至用胰酶或 EDTA 溶液把它从支持面上脱落下来。在悬液中即能应用融合促进剂把它与其他类型的有核细胞或核体相融合，从而重新构成一个完整的细胞。

2.1.6　细胞保存与复苏

细胞在长期连续培养过程中，生长特性和形态结构会出现一定程度的退变。使细胞失去原有的遗传特性和优良性状，有时还会出现其他细菌污染现象。因此，在实际工作中常需保存一定数量的细胞，以备寄赠、交换和替换使用。下面介绍动物、植物细胞和微生物的保存与复苏技术。

2.1.6.1　动物细胞保存与复苏

动物细胞冻存和复苏的基本原则是慢冻快融。不同类型细胞的最适冻存速率、冷冻保护剂种类和用量各不相同。目前二步冻结法应用比较广泛，首先将细胞缓慢冷冻至零下一定温度，使细胞进行一定程度脱水，然后再快速降温，并在液氮中长期储藏。冷冻保护剂常用的是二甲基亚砜（DMSO）和甘油等，DMSO 的常用浓度为 5％～10％，甘油的常用浓度为 15％～20％。有时也可采用 5％DMSO 和 6％羟乙基淀粉（HES）两种冷冻保护剂结合使用，利于细胞活性的保持。

动物细胞复苏时要做到快速解冻以避免再次结冰损害细胞，具体操作是将装有细胞的冻存管从液氮中取出，立即投入 37℃水浴中解冻。由于 DMSO 等保护剂在常温下对细胞有害，所以在细胞解冻后要及时洗掉冷冻保护剂，这样可以尽快促进细胞恢复正常生长。

2.1.6.2　植物细胞保存与复苏

植物细胞的种类、生理状态、形态结构和基因型等对保存方法有很大影响。目前常用的方法是植物细胞超低温保存技术。超低温保存技术原理是将植物组织或细胞经过一系列冷冻降温处理后，使其保存在−80℃（干冰温度）到−196℃（液氮温度）的温度条件下，这时，细胞的代谢活动完全处于停滞状态，避免了在保存期间发生遗传变异的可能。冷冻降温方法有五种，即快速冷冻法、慢速冷冻法、两步冷冻法、包埋脱水法和玻璃化法。

（1）快速冷冻法

该法是指将经0℃或其他温度预处理过的样品瓶直接放入−196℃的液氮中进行冷冻。温度下降的速度可达100～300℃/min，甚至更快。这种方法适用于细胞体积小、含水量低的材料。例如茎尖分生组织、种子和花粉等。

（2）慢速冷冻法

该法适用含水量大或不耐寒的材料，如悬浮培养细胞和原生质体等。通常冷冻降温时速度较慢（0.1～10℃/min），而且添加冰冻保护剂。首先使材料降温至−70℃左右，然后转到液氮中。这样既能防止因溶质含量增加引起的"溶液效应"，又可避免在细胞脱水时细胞内产生冰晶。

（3）两步冷冻法

该法是把慢冻和快冻结合起来的一种冰冻方法。即先用慢速冷冻法降到一定温度，使细胞适当脱水，停留约10min或不停留，然后直接投入液氮中。据认为，停留可使细胞充分脱水，起到保护作用。适用材料有愈伤组织、茎尖、芽和悬浮细胞等。

（4）包埋脱水法

该法最早应用于马铃薯的研究中，首先将材料用褐藻酸钙包埋后，经过两次脱水过程后放入液氮中储存。在实际应用时可以和其他方法结合使用，例如包埋两步法等。该方法对某些植物的体细胞胚、胚轴、愈伤组织试管苗特别适合，不适合脱水敏感的材料。

（5）玻璃化法

该法是20世纪80年代开始发展起来的一种新技术，是指液体转变为无定形的玻璃化状态的过程。其基本过程是将样品置于高浓度的复合保护剂（玻璃化溶液）快速脱水处理后，直接放入液氮中储存。这种方法优点是操作方便，冻存效果好。同时也可以和包埋法结合使用，有的材料只能使用这种方法保存。

植物细胞复苏时为了防止植物细胞复苏过程中细胞内形成冰晶，减少渗透冲击对细胞膜体系的破坏，一般采用快速解冻法。即将液氮保存后的材料在35～40℃的温水浴中解冻，由于解冻速度快，细胞内的水分来不及再次形成冰晶就已完全融化，可避免对细胞结构的破坏。存活率也较高。因此大多数材料采用这种方法复苏。除了干冻处理的生物样品外，解冻后的材料一般用含10％左右蔗糖的基本培养基大量元素溶液进行洗涤两次，时间不超过10min，以清除细胞内的冰冻保护剂。

2.1.6.3 微生物细胞保存与复苏

在微生物细胞长期培养的过程中，可能会出现基因突变或其他微生物污染的情况，导致一些优良性状的丢失或菌种退化，因此优良菌种资源的有效长期保存对工业化生产和科学研究具有重要意义。微生物具有容易变异的特性，因此，在保存过程中必须使新陈代谢活动处于最不活跃或相对静止的状态，低温、干燥和隔绝空气是使微生物代谢能力降低的重要因素。

最常用的微生物保存法有冻干保存法和超低温保存法。这两种方法均可保存相当长的时期（通常可长达30年）。其他保存微生物的方法还有：斜面保存法、矿物油保存法、砂土保存法等。表2-6列出了5种常用菌种保藏方法的比较。

（1）冻干保存法

将微生物细胞分装到适合体积的容器中，然后置于超低温冷冻（−60℃），再用真空泵

表 2-6　常用菌种保藏方法的比较

方法	主要措施	适宜菌种	保藏期	评价
冷冻干燥保藏法	干燥,低温,无氧,有保护剂	各大类	>5～15 年	简便有效
液氮保藏法	超低温(−196℃),有保护剂	各大类	>15 年	简便有效
冰箱保藏法(斜面)	低温(4℃)	各大类	1～6 个月	简便
石蜡油封藏法	低温(4℃),阻氧	各大类(除石油发酵菌种)	1～2 年	简便
砂土保藏法	干燥,无营养	细菌、酵母菌产孢子的菌种	1～10 年	简便有效

除去这些冷冻悬浮液中的水分,在真空状态下用空气喷灯熔解容器顶部进行热封口,然后储存低于 5℃的冰箱内。长期保存时,储藏温度越低则越好。在冻干前一般要加冷冻保护剂,如加入甘油和二甲基亚砜(DMSO),这样可使细胞免除在冷冻初期因形成冰晶而造成的损害。但实际操作中应根据微生物种类决定防冻剂类型。

（2）超低温保存法

超低温保存法是适用范围最广的微生物保存法。此法是将冻存的细胞以较慢的冷冻速率(1℃/min)冷冻,直至−150℃,然后储存在−196～−150℃的液氮中。超低温的冷冻保护剂不同于冻干法所用的冷冻剂。常用由甘油(10%)、二甲基亚砜(5%)和培养液制成的混合剂来保存菌种。这些化学试剂进入细胞内可避免内膜的冷冻损伤。超低温保存的微生物必须始终储存在温度非常低的环境中,因此需要液氮罐。

（3）斜面保存法

该方法优点是简便,易于操作。但用该法保存微生物的时间不宜太长。而且用这种方法保存的微生物由于代谢活跃还容易产生变异。具体操作是将菌种接种在不同成分的斜面培养基上,培养至菌种充分生长后,放 4℃冰箱中保存。每隔一定时间进行接种到相同培养基上保存,如此连续不断。一般放线菌、霉菌、酵母和细菌均可用此法保存。

（4）矿物油保存法

该方法优点是易于操作,且保存时间可达 1 年以上。首先将接种在斜面培养基的细菌经过培养后,加入灭菌的石蜡油盖住整个斜面(覆盖的深度为 2cm),这样可以起到隔绝空气和降低微生物的代谢率的目的,然后将这种处理过的培养基置于约 4℃或室温保存即可。

放线菌、霉菌、酵母菌可用该法保存,一些不适于冷冻干燥的微生物用该法保存也有效。

（5）砂土保存法

该法具体操作如下:用适合孔径的筛除去砂和黄土中的大颗粒,然后用 10%盐酸浸泡2～4h,再用水洗至中性,烘干后按 2 份砂:1 份土的比例混匀,装入小管中进行高压灭菌(至少 3 次),在培养好的斜面菌种中加入无菌水,做成细菌芽孢或霉菌和放线菌孢子悬液后,取出一定量悬液加入上述处理好的砂土小管中,用真空泵抽干后再将砂土管置入盛有干燥剂的容器内,密封后低温保藏即可。芽孢杆菌、产孢子的霉菌以及放线菌可用该法保藏1～10年。该法还适用于根瘤菌的保存。

微生物复苏方法是从冰箱中取出冻存菌种管后立即放置于 38～40℃水浴中快速复苏并适当快速摇动,直到内部结冰全部融解为止,动作要迅速,需 50～100s。然后开盖后将内容物移至适宜的培养基上进行培养。

2.2　基因及其工程技术基础

2.2.1　基因工程理论基础

基因工程的理论基础是分子生物学,主要体现在 20 世纪 50 年代开始的对 DNA 的结构和功能研究的快速进展、遗传信息流的中心法则和基因表达调控的操纵子理论等。一方面，分子生物学的快速发展促成了基因工程的建立和发展完善；另一方面，基因工程的诞生和发展不仅带动了现代生物技术产业化，而且也使整个生命科学的研究产生了革命性的变化，从而使得生命科学成为当今发展最快速的学科之一。

2.2.1.1　DNA 的结构与功能

基因工程的核心是重组 DNA。生物界中，每个细胞都含有 DNA。DNA 携带着决定生物遗传、细胞分裂、分化、生长以及蛋白质生物合成等生命过程的全部信息。

DNA 是由大量的脱氧核糖核苷酸组成的极长的线状或环状大分子。DNA 分子的基本单位是脱氧核糖核苷酸，它由碱基、脱氧核糖和磷酸基三部分组成。一个脱氧核糖核苷酸中五碳糖的 $3'$-羟基与另一个核苷酸中五碳糖的 $5'$-磷酸通过一个 $3',5'$-磷酸二酯键相连，从而以这种方式使许多个脱氧核糖核苷酸连接起来，形成了单链的 DNA 分子。DNA 中的嘌呤和嘧啶碱基携带遗传信息，其中的糖和磷酸基则起结构作用，所有 DNA 分子中，磷酸和脱氧核糖是永远不变的，而含氮碱基是可变的，主要有四种，即腺嘌呤（A）、鸟嘌呤（G）、胸腺嘧啶（T）和胞嘧啶（C）。

DNA 携带着生物细胞的全部遗传信息，作为遗传物质，DNA 分子就必须能够准确地自我复制。如图 2-8 所示，一个 DNA 分子可以通过半保留复制机制精确地复制成两个完全相同的 DNA 分子，并分配到两个子细胞中，从而将亲代细胞所含的遗传信息原原本本地传到子代细胞。

DNA 的复制包括 DNA 复制起始、DNA 链的延长、RNA 引物的切除和缺口的填补、DNA 片段的连接等，其过程如图 2-9 所示。

2.2.1.2　DNA 的变性、复性与杂交

DNA 的变性就是指氢键的断裂而分子量不改变的过程。主要有因温度升高而引起的热变性和因酸碱度的改变而引起的酸碱变性两种。

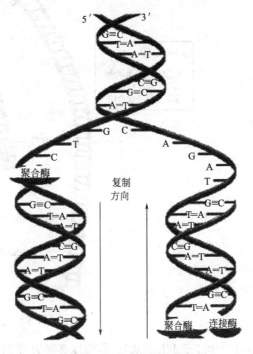

图 2-8　DNA 分子的半保留复制

DNA 分子的变性不仅受外部条件的影响，而且也取决于 DNA 分子本身的稳定性。如升高 DNA 溶液温度可使 DNA 变性；另外 G＋C 含量高的 DNA 分子就比较稳定，因为 G 与 C 之间有三对氢键，而 A 与 T 之间只有两对氢键；环状 DNA 比线状 DNA 稳定等。

变性后的 DNA 在一定条件下能够复性，由单链形成双链。复性的过程为：当两条链互相碰撞，一条链的某个区域遇到了互补的另一条链的配对碱基时，便在这个区段形成双链核心，然后从核心向两侧对应互补链扩大互补配对，最后完成复性过程。显然，复性过程的限制因素是分子间的碰撞过程。不完全变性的 DNA 分子容易复性，而且不需要这样的碰撞过程。复性 DNA 分子不一定是起初原有的一对互补链，大部分复性 DNA 双链分子都不是原配，但并不影响复性后 DNA 应有的结构和性质。复性后 DNA 的一系列物理、化学性质得到恢复。

通常，氢键破坏不超过 10％为可逆变性，超过此限则为不可逆变性。而发生复性必须满足两个条件：①盐浓度必须高到足以消除两条链中的磷酸基团的静电斥力，通常用

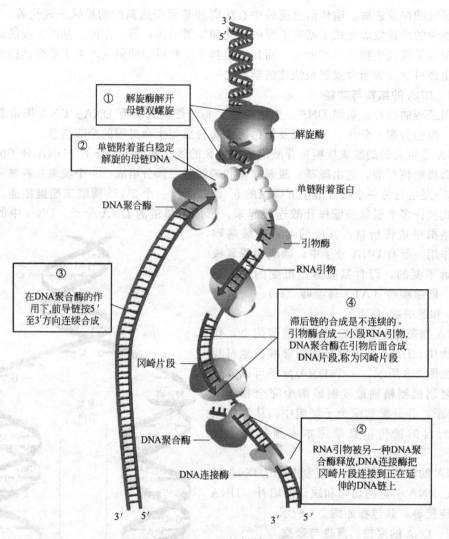

图 2-9　DNA 的复制过程

① 解旋酶解开母链双螺旋

② 单链附着蛋白稳定解旋的母链DNA

③ 在DNA聚合酶的作用下,前导链按5′至3′方向连续合成

④ 滞后链的合成是不连续的。引物酶合成一小段RNA引物,DNA聚合酶在引物后面合成DNA片段,称为冈崎片段

⑤ RNA引物被另一种DNA聚合酶释放,DNA连接酶把冈崎片段连接到正在延伸的DNA链上

解旋酶

单链附着蛋白

DNA聚合酶

引物酶

RNA引物

冈崎片段

DNA聚合酶

DNA连接酶

0.15～0.5mol/L NaCl；②温度必须升高到足以破坏其随机形成的链内氢键，但温度又不能太高，否则不能形成和维持稳定的链间碱基配对。

当复性的 DNA 分子由不同的两条单链分子形成时，称为杂交（hybridization）。不仅 DNA-DNA 的同源序列之间可以进行杂交，而且 DNA-RNA 之间只要存在有互补的碱基序列也可以进行杂交。不同来源的两条 DNA 单链之间的互补序列在特殊条件下形成的杂交分子并不要求两条 DNA 链完全互补，少量偏差（错配、缺失）对形成杂交分子并不产生很大影响。杂交过程可以在溶液中进行，也可以使一种 DNA 分子结合到固相载体后进行杂交。

在基因工程的实验中，常利用以上 DNA 的变性、复性与杂交等特点，发展出多种基因工程研究的新方法，并应用到生命科学研究的各个领域。

2.2.1.3　生物学中心法则

生物体结构和生化功能是由体内的 DNA 所包含的遗传信息决定的。作为遗传信息的基本单位，基因功能的实现则需要通过蛋白质分子。

在 1953 年 DNA 双螺旋结构提出之后，对生命现象的认识发生了根本的转变，Waston 和 Crick 认为遗传、变异、发育、生长都遵循一个法则——生物学中心法则。1958 年，

Crick 提出遗传信息传递的中心法则：DNA 通过以自身为模板进行复制而使遗传信息代代相传，并通过 RNA 最终将遗传信息传递给蛋白质分子，最后由蛋白质分子表现出各种性状，即 DNA（基因）→RNA→蛋白质（性状）（图 2-10）。利用 DNA 为模板合成 RNA 的过程叫转录，以 RNA 为模板合成蛋白质的过程叫翻译。

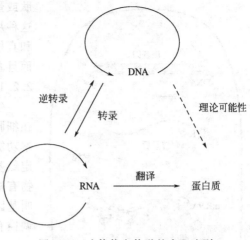

图 2-10　遗传信息传递的中心法则

（1）RNA 的转录

转录是基因表达的关键一步，DNA 分子中所储存的遗传信息，必须转录成信使 RNA（mRNA）才能通过蛋白质生物合成的过程转变成具有生物活性的蛋白质。

mRNA 合成过程包括：①RNA 聚合酶结合于 DNA 分子上的特定位置；②使 DNA 双链解旋，起始 RNA 合成；③RNA 链的延伸；④RNA 合成的终止和释放。

在原核和真核生物中，有不同的合成 RNA 的 RNA 聚合酶，也是 RNA 合成的关键酶。在原核生物中只有一种 RNA 聚合酶，催化所有种类的 RNA 合成；在真核生物中有三种不同的 RNA 聚合酶，分别称为 RNA 聚合酶Ⅰ、Ⅱ、Ⅲ。RNA 聚合酶能在 DNA 模板上起始一条新链的合成，起始的核苷酸一般为嘌呤核苷酸，而且在 RNA 链的 5′端保持这一个三磷酸基团。

RNA 合成以四种核糖核苷三磷酸为底物，即 ATP、GTP、CTP、UTP。RNA 转录以一条 DNA 链为模板，按照碱基互补的原则（A＝U，G≡C）进行转录。

（2）逆转录和逆转录酶

逆转录（reverse transcription）是相对于转录而言的，是对中心法则的重大补充。以 DNA 为模板，在 RNA 聚合酶（依赖于 DNA 的 RNA 聚合酶）的催化下合成 RNA 的过程称为转录；而将以 RNA 为模板，在逆转录酶（依赖于 RNA 的 DNA 聚合酶）催化下合成 DNA 的过程称为逆转录。

逆转录酶是一种特殊的 DNA 聚合酶，它以 RNA 或 DNA 为模板。逆转录酶被逆转病毒（retrovirus）RNA 所编码，在逆转病毒的生活周期中，负责将病毒 RNA 逆转录成 cDNA，进而成为双螺旋的 DNA，并整合到宿主细胞的染色体 DNA 中。逆转录和逆转录酶的发现，使得可以用真核 mRNA 为模板，通过逆转录而获得为特定蛋白质编码的基因。利用逆转录酶所建立的 cDNA 文库（cDNAlibrary）为基因的分离和重组提供了重要的手段，而近年来发展起来的逆转录聚合酶链反应（RT-PCR）则使这一技术锦上添花。

（3）翻译——蛋白质的生物合成

通过转录将储存在 DNA 分子中的遗传信息传递给为蛋白质编码的 mRNA，翻译就是将以核苷酸形式编码在 mRNA 中的信息转变成多肽链中特定的氨基酸顺序。

翻译过程是非常复杂的生物反应过程，需要大约 200 多种以上的生物大分子参与，包括核糖体、mRNA、tRNA、氨酰 tRNA 合成酶、各种可溶性的蛋白因子（起始因子、延伸因子、释放因子）等参加并协同作用，从而完成蛋白质的生物合成，体现了生物体的功能基因性状。

生物有机体的遗传信息，都是以基因的形式储存在细胞的遗传物质 DNA 分子上，而 DNA 分子的基本功能之一，就是把它所承载的遗传信息转变为由特定氨基酸顺序构成的多

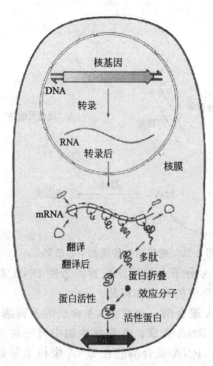

图 2-11 基因在五个不同层次上的调控
（转录前调控→转录调控→转录后
调控→翻译调控→翻译后调控）

肽或蛋白质分子，从而决定生物有机体的遗传表型。这种从 DNA 到蛋白质的过程叫基因的表达。在原核和真核生物中，基因的表达和调控有着不同的特点，而且真核生物更为复杂。

2.2.1.4 基因的表达与调控

生物有机体的遗传信息，都是以基因的形式储存在细胞的遗传物质 DNA 分子上，而 DNA 分子的基本功能之一，就是把它所承载的遗传信息转变为由特定氨基酸顺序构成的多肽或蛋白质分子，从而决定生物有机体的遗传表型。这种从 DNA 到蛋白质的过程叫基因的表达。在原核和真核生物中，基因的表达和调控有着不同的特点，而且真核生物更为复杂。图 2-11 展示了基因在五个不同层次上的调控。

（1）基因的分类和结构

基因根据功能的不同可分为结构基因、调节基因和操纵基因。结构基因是决定某一种蛋白质分子结构相应的一段 DNA，可将携带的特定遗传信息转录为 mRNA，再以 mRNA 为模板合成特定氨基酸序列的蛋白质。调节基因带有阻抑蛋白，控制结构基因的活性。平时阻抑蛋白与操纵基因结合，结构基因无活性，不能合成酶或蛋白质，当有诱导物与阻抑蛋白结合时，操纵基因负责打开控制结构基因的开关，于是结构基因就能合成相应的酶或蛋白质。操纵基因位于结构基因的一端，与一系列结构基因合起来形成一个操纵子。

作为一个能转录和翻译结构的基因必须包括转录启动子、基因编码区和转录终止子。启动子是 DNA 上 RNA 聚合酶识别、结合和促使转录的一段核苷酸序列。转录 mRNA 的第一个碱基被定为转录起始位点。基因编码区包括起译码 ATG、开读框和终止码 TAA（或 TAG、TGA）。终止子是一个提供转录停止信息的核苷酸序列。一种典型的原核蛋白质编码基因的结构如图 2-12 所示。

原核生物的结构基因转录直接产生成熟的 mRNA 分子，mRNA 分子通过翻译合成细胞中所需的蛋白质。真核细胞的基因结构要复杂得多，真核基因的编码区域（exon，外显子）往往被一些非编码区域（intron，内含子）所分开，因此，在一个完整的真核基因转录以后，内含子要被剪切除掉，再把外显子连起来，这个过程称为剪切（splicing），属于转录后加工，见图 2-13。通过转录后加工才能产生有翻译功能的 mRNA，用于蛋白质合成。

（2）原核生物中基因的表达和调控

在原核生物中基因转录有两种情况：一种是组成型的，即基因的转录时间、地点、水平基本不受发育阶段或组织特异性的调控，始终处于转录状态；另一种是基因的转录受到调控。调控的方式有两种，即通过某些低分子量化合物与调控蛋白质之间的相互作用，或诱导基因的转录，或抑制基因的转录。原核细胞通常都能够根据特定的生长环境调控某些操纵子的转录，以调节其自身的代谢。

原核生物中最早开始研究的基因调控体系是大肠杆菌乳糖操纵子（lac operon）。乳糖操纵子由启动子活化蛋白结合位点、操纵基因及与乳糖代谢相关的几种酶的结构基因组成。lac 启动子包括了上述操纵子中的启动子、活化蛋白（CAP）结合位点、操纵基因及 lacZ。

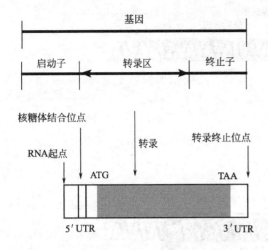

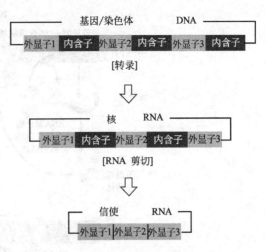

图 2-12   一种典型的原核蛋白质编码基因的结构　　　图 2-13   真核生物中的基因转录后加工

该操纵子受到活化蛋白和环腺苷一磷酸（cAMP）的正调控，受到阻遏蛋白的负调控，即当培养基中不含乳糖时，启动子与 lac 阻遏蛋白结合，因而使启动子处于关闭状态，该操纵子不能转录。当加入乳糖（lactose）或是一种半乳糖苷类似物，如异丙基-D-硫代半乳糖苷（IPTG）、硫甲基半乳糖苷或邻硝基苯基半乳糖苷，就可诱导该启动子的表达。因为这几种物质都可以与阻遏蛋白结合，阻止其结合到 lac 启动子上，从而使该操纵子能够被转录，从而表达生成三种蛋白质（β-半乳糖苷酶、渗透酶和转乙酰基酶）。野生型 lac 启动子要启动转录必须具备两个条件，即要有活化蛋白、cAMP 等正调控因子和乳糖或 IPTG 等解除负调控的物质同时存在。实际操作中人们常用 lacUV5 启动子，它由 lac 启动子衍生得到，部分序列有所改变，使 lacUV5 比野生型 lac 启动子更强，且对分解产物不敏感，可以不需要活化蛋白和 cAMP，在仅有乳糖或 IPTG 存在时就能够启动转录。乳糖操纵子的结构与调控示意见图 2-14。

（3）真核生物中基因的表达和调控

由于真核生物具有由核膜包被的细胞核，其基因的转录发生在细胞核中，而翻译则发生在细胞质中，以及真核生物基因数目比原核生物多，大多数基因除了有不起表达作用的内含子，另外还有更多调节基因表达的非编码序列，真核生物所转录的前体 mRNA 必须经过加工成熟后才进入表达阶段等，真核生物中基因的表达和调控远比原核生物中基因的表达和调控复杂得多，见图 2-15。在细菌中合成生产的真核生物蛋白由于翻译后加工过程的缺陷可能导致产物失去生物活性，其主要原因是在原核生物表达系统中无法进行特定的翻译后修饰；而且细菌中的有毒蛋白或有抗原作用的蛋白可能会混入到终产品中。因此需要研究真核生物中的基因表达和调控，从而利用真核表达系统生产药用蛋白质。在真核表达系统中生产出的药用蛋白质与天然蛋白质在生化、生理、功能等方面的性质都更加一致。

真核生物翻译后修饰主要体现在：①形成正确的二硫键；②切割前体；③蛋白质糖基化；④对氨基酸的修饰。在以上各种后修饰中，原核细胞中最难进行的是糖基化和氨基酸的修饰。而且，即使一个真核表达系统也很难对每一种外源蛋白质进行所有可能的翻译后修饰。因此，对于一个特定的基因表达和一种要求特定修饰的蛋白质，就需要尝试在不同的表达系统中进行表达，以找到最好的表达系统。

除与原核表达系统类似之处外，真核表达系统还应具有符合真核细胞自身的特点，如真核细胞表达系统的选择性标记、启动子、转录、翻译、终止信号及给 mRNA 加 poly（A）信号等都不同于原核表达系统。大多数真核表达载体都是穿梭载体，有两套复制起始位点与选

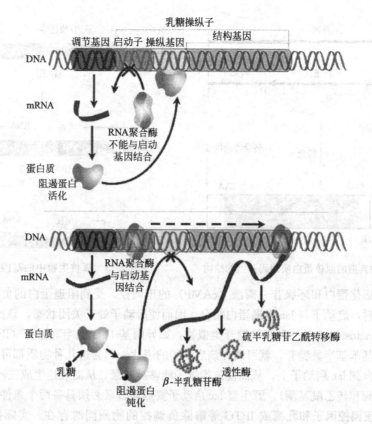

图 2-14　乳糖操纵子的结构与调控示意

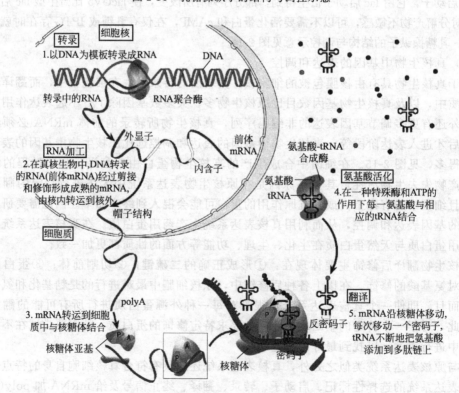

图 2-15　真核生物基因表达与调控的复杂性

择标记，一套在大肠杆菌中使用，另一套在真核宿主中作用。现在人们已开发出能在酵母、昆虫和哺乳动物细胞等真核系统中应用的穿梭载体，从而大大推动了基因工程技术的发展。

2.2.2 基因工程工具酶和载体

2.2.2.1 工具酶

基因工程的操作是分子水平上的操作，它必须依赖于一些重要的酶作为工具来实现在体外对 DNA 分子进行切割和重新连接等操作，因此工具酶是进行基因工程操作的重要基础之一。凡基因工程中应用的酶类统称为工具酶。基因工程涉及的工具酶种类繁多，功能各异，就其用途可分为三大类：限制性内切酶、连接酶和修饰酶。

（1）限制性内切酶

识别和切割 dsDNA 分子内特殊核苷酸顺序的酶统称为限制性内切酶，简称限制酶。从原核生物中已发现了约 400 种限制酶，可分为 I 类、II 类和 III 类。其中 I、III 类酶具有特定识别位点，但没有特定的切割位点，其切割位点在距识别位点 1000bp 处和 24～26bp 处，酶对其识别位点进行随机切割，很难形成稳定的特异性切割末端，因此基因工程实验中基本不用 I 类和 III 类限制性内切酶。

1）II 类限制性内切酶的特点

① 识别特定的核苷酸序列，其长度一般为 4 个、5 个或 6 个核苷酸且呈二重对称。

② 识别位点即为其切割部位，即限制性内切酶在其识别序列的特定位点对双链 DNA 进行切割，由此产生特定的酶切末端。

③ 没有甲基化修饰酶功能，不需要 ATP 和 S-腺苷蛋氨酸（SAM）作为辅助因子，一般只需要 Mg^{2+}。II 类限制性内切酶主要作用是切割 DNA 分子，以便对含有的特定基因的 DNA 片段进行分离和分析，是基因工程中使用的主要工具酶。

限制性内切酶在双链 DNA 分子上能识别的特定核苷酸序列称为识别序列或识别位点，它们对碱基序列有严格的专一性，这就是其识别碱基序列的能力，被识别的碱基序列通常具有双轴对称性，即所谓的回文序列（palind-tomic sequence）。从大肠杆菌中分离鉴定的

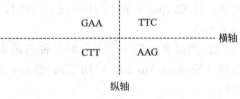

图 2-16　*Eco*R I 对 DNA 链的切割和识别序列的双轴对称性

*Eco*R I 是最早发现的一种 II 类限制性内切酶，它的特异识别序列如图 2-16 所示，具有回文序列，因此能够特异地结合在一段含这 6 个核苷酸的 DNA 区域里，在每一条链的鸟嘌呤和腺嘌呤间切断 DNA 链。

II 类限制性内切酶切割方式通常有三种：①在识别顺序两条链对称轴上同时切断磷酸二酯键，形成平末端，如 *Hae* III，见图 2-17（a）；②在识别顺序两条链对称轴上两侧同时从 5′端切断磷酸二酯键，形成 5′-磷酰基端 2～5 个核苷酸单链黏性末端，如 *Eco*R I，见图 2-17(b)；③在识别顺序两条链对称轴两侧同时从 3′端切断磷酸二酯键，形成 3′-OH 端 2～5 个核苷酸单链黏性末端，如 *Pst* I，见图 2-17(c)。

5′GG↓CC3′　　　　5′G↓AATTC3′　　　　5′CTGCA↓G3′

3′CC↑GG5′　　　　3′CTTAA↑G5′　　　　3′G↑ACGTC5′

（a）*Hae* III 切割位点　　（b）*Eco*R I 切割位点　　（c）*Pst* I 切割位点

图 2-17　II 类限制酶主要切割方式

经限制酶切割后产生的 DNA 片段称为限制性片段，不同限制酶切割 DNA 后所形成的限制性片段长度不同。一些常用的限制性内切酶及其识别位点列于表 2-7。

表 2-7　一些常用限制性内切酶及其识别位点

限制性内切酶	识别位点	产生的末端类型	限制性内切酶	识别位点	产生的末端类型
Bbu I	GCATGC CGTACG	3′突出	Not I	GCGGCCGC CGCCGGCG	5′突出
Sfi I	GGCCNNNNNGGCC CCGGNNNNNCCGG	3′突出	Sau3A I	GATC CTAG	5′突出
EcoR I	GAATTC CTTAAG	5′突出	Alu I	AGCT TCGA	平末端
Hind III	AAGCTT TTCGAA	5′突出	Hpa I	GTTAAC CAATTG	平末端

注：N 表示任意碱基。

限制酶除用于 DNA 重组外，亦用于构建新载体、DNA 分子杂交、DNA 序列分析、制备 DNA 放射性探针及 DNA 碱基甲基化识别等。

2) 核酸限制性内切酶的命名法　由于发现了大量的限制酶，因此需要有一个统一的命名法。H. O. Smith 和 D. Nathans（1973）提议的命名系统，现已广泛应用。该命名法包括如下几点。

① 用属名的头一个字母加上种名的头两个字母，表示寄主菌的物种名称。例如，大肠杆菌（Escherichia coli）用 Eco 表示，流感嗜血菌（Haemophilus influenzae）用 Hin 表示。

② 如果一种特殊的寄主菌株，具有几个不同的限制与修饰体系，则用罗马数字表示。如流感嗜血菌 Rd 菌株的几个限制与修饰体系分别表示为 Hind I、Hind II、Hind III 等。

③ 如果限制与修饰体系在遗传上是由质粒或病毒引起的，则在缩写的寄主菌的种名后附加一个标注字母。例如 EcoR1，Ecop1。

④ 除核酸限制性内切酶（R）这个总的名称外，还应加上系统的名称，例如核酸限制性内切酶 R. Hind III。如果是修饰酶，则应在它的系统名称前加上甲基化酶（M）的名称。例如甲基化酶 M. Hind III。

（2）连接酶

1967 年，世界上有数个实验室几乎同时发现了一种能够催化在 2 条 DNA 链之间形成磷酸二酯键的酶，即 DNA 连接酶（ligase）。它广泛地存在于生物细胞内，目前多来自 E. coli 体内。它能催化一条 DNA 链的 3′末端游离的羟基（—OH）和另一条 DNA 链的 5′末端的磷酸基团（—P）共价结合形成磷酸二酯键。由于这个反应是需要能量的，因此在大肠杆菌及其他细菌中，在反应过程中是利用 NAD⁺ [烟酰胺腺嘌呤二核苷酸（氧化型）] 作为能源的；而在动物细胞及噬菌体中，则是利用 ATP [腺苷三磷酸] 作能源。

基因工程中最常用的连接酶是 T₄DNA 连接酶。它催化 DNA 片段 5′-磷酸基与 3′-羟基之间形成磷酸二酯键。T₄DNA 连接酶的作用原理如图 2-18 所示。该酶体外基因重组中用于 DNA 连接，只能连接黏性末端 DNA 片段，不能连接平末端 DNA 片段。连接酶连接缺口 DNA 的最佳反应温度是 37℃。但是在这个温度下，黏性末端之间的氢键结合是不稳定的。因此，连接黏性末端的最佳温度，应是界于酶作用速率和末端结合速率之间，一般认为 4～15℃ 比较合适。

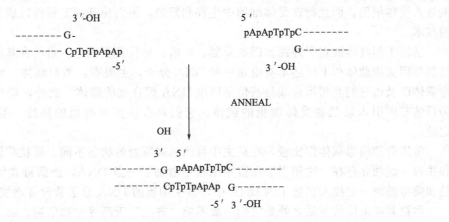

图 2-18　T₄DNA 连接酶的作用原理

（3）其他工具酶

除以上各类工具酶外，常用的基因工程工具酶还有 DNA 聚合酶和逆转录酶等。

DNA 聚合酶是能够催化 DNA 复制和修复 DNA 分子损伤的一类酶，在基因工程操作中的许多步骤都是在 DNA 聚合酶催化下进行的 DNA 体外合成反应。这类酶作用时大多数需要 DNA 模板并且优先作用于 DNA 模板，合成产物的序列与模板互补；也可作用于 RNA 模板，但效率较低。最常用的依赖于 DNA 的 DNA 聚合酶有：①大肠杆菌 DNA 聚合酶 I（全酶）；②大肠杆菌 DNA 聚合酶 I 大片段；③T₄ 和 T₇ 噬菌体编码的 DNA 聚合酶；④经修饰的 T₇ 噬菌体 DNA 聚合酶（测序酶）；⑤耐热 DNA 聚合酶；⑥逆转录酶（又叫反转录酶），该酶为依赖于 RNA 的 DNA 聚合酶，可优先拷贝 RNA，该酶的主要作用是将 mRNA 逆转录成 cDNA。

不同来源的 DNA 聚合酶具有各自的酶学特性。耐高温的 DNA 聚合酶（如 *Taq* DNA 聚合酶）由于其最佳作用温度为 75～80℃，目前广泛用于 PCR 扩增及 DNA 测序。无论哪种 DNA 聚合酶，其催化的反应均为使两个 DNA 片段末端之间的磷酸基团和羟基基团连接形成磷酸二酯键，从而用于 DNA 分子的修复及 DNA 分子的体外重组等。

逆转录酶是从 mRNA 逆转录形成互补 DNA（cDNA）的酶，或称为依赖于 RNA 的 DNA 聚合酶。它是由 Baltimore 从鼠白血病毒（murine leukemia virus）以及 Temin 和 Mizutan 从劳氏肉瘤病毒（Rous sarcoma virus）中于 1970 年独立发现的。逆转录酶在基因工程中的主要用途是以真核 mRNA 为模板，合成 cDNA（互补 DNA），用以组建 cDNA 文库，进而可分离为特定蛋白质编码的基因。近年来将逆转录与 PCR 偶联建立起来的逆转录 PCR（RT-PCR）技术使真核基因的分离更加快速、有效。

2.2.2.2　载体

（1）基因工程载体的定义、分类及必备条件

外源基因必须先同某种传递者结合后才能进入细菌和动植物受体细胞，这种能将有用基因携带至宿主细胞并可在其中自主复制的传递者就称为基因工程载体（vector）。

载体的发现和使用是基因工程诞生的一个重要的原因。载体通过自身的 DNA 和目的基

因的 DNA 重组形成一个新的 DNA（重组体/重组 DNA）携带目的基因。因为目的基因 DNA 片段（外源 DNA）一般是难以进入不同种属的细胞中的。即使 DNA 能单独进入到细胞中去，也不能进行复制增殖，它必须与具有自我复制能力的 DNA 共价键结合后才能被复制。这种具有在细胞内进行自我复制的 DNA 分子就是外源 DNA 片段（基因）的运载体，又可称为分子载体或无性繁殖载体。有了复制子作为外源 DNA 的载体，使外源 DNA 不仅能进入受体细胞，而且能在受体细胞中生存和繁殖，因而使基因工程得以成为一种现实可行的技术。

基因工程载体决定了外源基因的复制、扩增、传代乃至表达。目前在基因工程中常用的目的基因克隆载体如上所述本身也是一种 DNA 分子，主要有：质粒载体、噬菌体载体、病毒载体以及由它们互相组合或与其他基因组 DNA 组合成的载体。此外，动植物病毒也可作为目的基因引入动植物受体细胞的载体。它们具有许多相类似的特性，但也有许多不同之处。

将质粒和病毒载体作比较，在宿主中目的基因所处的状态不同。质粒载体中的目的基因和质粒一起独立存在，这相当于在宿主细胞中增加了一条 DNA，而病毒载体中的目的基因是和病毒基因一起插入在宿主的 DNA 中，宿主细胞的 DNA 分子数没有增加。

质粒和噬菌体的不足之处是它们一般不能"寄生"于高等生物细胞，而动植物病毒则恰恰能"寄生"于高等生物细胞。因此，在高等生物的基因工程中，通常用动植物病毒作为基因工程的载体。近年来，科学家们相继发现并采用了一些新的载体，如人工酵母染色体（YAC），它能容纳目前最大的目的 DNA 片段。

（2）载体的分类

可分为克隆载体、穿梭载体和表达载体。其中克隆载体是以繁殖 DNA 片段为目的的载体；穿梭载体用于真核生物 DNA 片段在原核生物中增殖，然后再转入真核细胞宿主表达；表达载体用于目的基因的表达，分胞内表达和分泌表达两种。根据载体转移的受体细胞不同，又分为原核细胞和真核细胞表达载体。根据载体功能不同可分为测序载体、克隆转录载体、基因调控报告载体等。在基因工程操作中，需根据运载的目的 DNA 片段大小和将来要进入的宿主选用合适的载体。

（3）载体特点

① 载体要易于进入受体细胞。

② 载体在携带目的基因之前和以后要求都具有可在受体细胞中正常存在的能力，如随着受体细胞分裂而扩增和正常的表达。

③ 载体还要在携带目的基因时有供筛选的标志，使人们能将携带有目的基因的载体和没有携带目的基因的载体区别开。

④ 对多种限制酶有单一或较少的切点，最好是单一切点。

（4）基因工程的主要载体

1）质粒载体　质粒（plasmid）是能自主复制的双链闭合环状 DNA 分子，它们在细菌中以独立于染色体外的方式存在。一个质粒就是一个 DNA 分子，其大小 1～200kb（1kb＝1000bp）。质粒广泛存在于细菌中，某些蓝藻、绿藻和真菌细胞中也存在质粒。从不同细胞中获得的质粒性质存在很大的差别。

用于实现基因工程操作的质粒称为质粒克隆载体。目前除少数天然质粒作为基因载体外，大多采用人工构建的质粒作为克隆载体。质粒克隆载体必备条件是：①其分子结构中必须具有多个单一限制酶切割位点，且切点最好均位于选择性标记上；②构建重组质粒后必须具有转化功能；③最好带有两个以上强选择性标记；④分子量较小，为松弛型复制控制，易于操作；⑤宿主范围小，无感染性，不受其他质粒诱导。基因工程中需根据上述原则及具体情况选择适当质粒载体。目前通过 DNA 重组技术已构建了许多人工质粒供基因重组应用。

虽然质粒的复制和遗传独立于染色体，但质粒的复制和转录依赖于宿主所编码的蛋白质和酶。每个质粒都有一段 DNA 复制起始位点的序列，它帮助质粒 DNA 在宿主细胞中复制。按复制方式质粒分为松弛型和严紧型质粒。松弛型质粒的复制不需要质粒编码的功能蛋白，而完全依赖于宿主提供的半衰期较长的酶来进行，这样，即使蛋白质的合成并非正在进行，松弛型质粒的复制仍然能够进行，松弛型质粒在每个细胞中可以有 10～100 个拷贝，因而又被称为高拷贝质粒。严紧型质粒的复制则要求同时表达一个由质粒编码的蛋白质，在每个细胞中只有 1～4 个拷贝，又被称

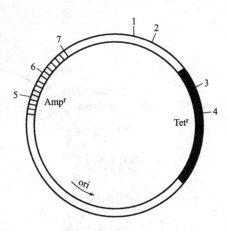

图 2-19　pBR322 的结构示意图
1—EcoR I；2—Hind III；3—BamH I；
4—Sal I；5—Pst I；6—Pvu II；7—Xoy

为低拷贝质粒。在基因工程中一般都使用松弛型质粒载体。常见的质粒载体有 pBR322、pUC19 及 Ti 等。

① pBR322 质粒载体。pBR322 是一个人工构建的重要质粒，有万能质粒之称。质粒 pBR322 是人们研究最多、使用最广泛的载体，具备一个好载体的所有特征。图 2-19 是 pBR322 的结构示意图。

pBR322 大小为 4363bp，有一个复制起点、一个抗氨苄西林基因和一个抗四环素基因。质粒上有 36 个单一的限制性内切酶位点，包括 Hind III、EcoR I、BamH I、Sal I、Pst I、Pvu II 等常用酶切位点。而 BamH I、Sal I 和 Pst I 分别处于四环素和氨苄西林抗性基因中。应用该质粒的最大优点是：将外源 DNA 片段在 BamH I、Sal I 或 Pst I 位点插入后，可引起抗生素抗性基因失活而方便地筛选重组菌。如将一个外源 DNA 片段插入到 BamH I 位点时，将使四环素抗性基因（Tet^r）失活，因此就可以通过 Amp^r、Tet^r 来筛选重组体。

将纯化的 pBR322 分子用一种位于抗生素抗性基因中的限制性内切酶酶解后，产生了一个单链的具黏性末端的线性 DNA 分子，把它与用同样的限制性内切酶酶解的目的 DNA 混合，在 ATP 存在的情况下，用 T$_4$DNA 连接酶连接处理后，形成了一个重组的环型 DNA 分子。产物中可能包括一些不同连接的混合物，如质粒自身环化的分子等，为了减少这种不正确的连接产物，酶切后的质粒再用碱性磷酸酶处理，除去质粒末端的 5$'$-磷酸基团。由于 T$_4$DNA 连接酶不能把两个末端都没有磷酸基团的线状质粒 DNA 连接起来，就减少了自身环化的可能性。

② pUC19 质粒载体　质粒 pBR322 的单一克隆位点比较少，筛选程序还比较费时，因此人们在 pBR322 基础上发展了一些性能更优良的质粒载体，如质粒 pUC19，它的大小为 2686bp，带有 pBR322 的复制起始位点、一个氨苄西林抗性基因、一个大肠杆菌乳糖操纵子 β-半乳糖苷酶基因（lacZ$'$）的调节片段、一个调节 lacZ$'$基因表达的阻遏蛋白（repressor）基因 lacI。质粒 pUC19 的多克隆位点如图 2-20 所示。由于 pUC19 质粒含有 Amp^r 抗性基因，可以通过颜色反应和 Amp^r 抗性对转化体进行双重筛选。

筛选含 pUC19 质粒细胞的过程比较简单：如果细胞含有未插入目的 DNA 的 pUC19 质粒，在同时含有 IPTG 诱导物和 X-gal 底物的培养基上培养时将会形成蓝色菌落；如果细胞

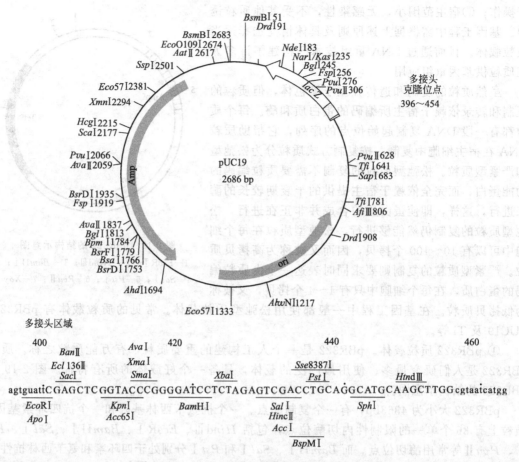

图 2-20 pUC19 的质粒结构图谱和多克隆位点

中含有已经插入目的 DNA 的 pUC19 质粒，在同样的培养基上培养将会形成白色菌落。因此，可以根据培养基上的颜色反应十分方便地筛选出重组子。

③ Ti 质粒。Ti 是诱导植物肿瘤的质粒，其结构中的可转移 DNA（T-DNA）顺序有促进 Ti 质粒转移至植物细胞染色体 DNA（cDNA）中的作用。T-DNA 由 20kb 组成，可随机整合至植物细胞 cDNA 中。Ti 质粒为环状双螺旋 DNA，由 185kb 组成。

在自然界中，土壤农杆菌通过植物伤口侵入植物后，土壤农杆菌中的 Ti 质粒的 T 区整合到植物染色体中。T 区携带的基因有两个功能：一是决定植物形成冠瘿瘤；二是控制冠瘿碱的合成。所以 Ti 质粒是诱发植物肿瘤的质粒。根据 Ti 质粒能够进入植物细胞并能整合到植物染色体 DNA 分子中的功能，科学家将外源基因装入到 Ti 质粒，形成杂合 Ti 质粒并转化到农杆菌中，然后以该农杆菌感染植物细胞，从而形成转基因植物，见图 2-21。

由于天然的 Ti 质粒分子太大，而且其中的限制酶切点多，将导致宿主产生冠瘿瘤而成为不分化的不良植株，需要经过改造后才能更好地应用于植物基因工程。其中的一种方法是只选用 Ti 质粒的核心部分——T 区，这样既能保持 T 区的 DNA 能自发整合到植物染色体 DNA 分子的功能，又解决了 Ti 质粒 DNA 分子太长的缺点；另一种方法是通过整合型法和双载体系统法对 T 区的抑制细胞分化的部分进行基因突变，使其失去诱发冠瘿瘤的能力，从而使得转基因植物能够正常生长发育。

2）λ 噬菌体 DNA 克隆载体

① λ 噬菌体 DNA 结构与性质。λ 噬菌体为双链 DNA 病毒，其宿主为 *E. coli*，在宿主

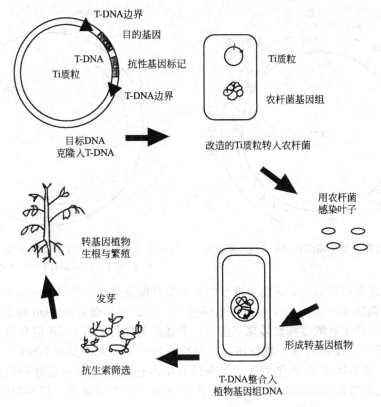

图 2-21　植物中通过 Ti 质粒导入外源基因示意

内具有溶菌及溶源两种生活方式。在溶源方式中，噬菌体感染后其 DNA 整合到宿主染色体 DNA 中，伴随宿主染色体复制而复制，此即 λDNA 作为基因工程载体的理论依据。在溶菌方式中，噬菌体感染宿主后，λDNA 控制着宿主生物合成机构，终止宿主染色体 DNA 控制的信息表达并分解宿主 DNA，大量合成噬菌体 DNA 和外壳蛋白，并包装成完整噬菌体颗粒，最后宿主溶解释放出大量有活力的完整噬菌体。λ 噬菌体 DNA 是由 48502bp 组成的线性双螺旋分子，分子质量为 3.1×10^7 Da，迄今已发现其编码 61 个基因，其中有一半基因控制着生命活动周期，其余部分可被外源性目的基因所取代而不影响噬菌体生命活动，并可控制外源基因表达，此亦为 λDNA 作为基因工程载体的理论依据。野生型 λ 噬菌体 DNA 两端各具有 12 个核苷酸组成的黏性末端，两末端碱基完全互补，在宿主内形成环状结构，其基因与功能如图 2-22 所示。

②λ 噬菌体 DNA 克隆载体。野生型 λDNA 分子较大，基因结构复杂，对常用限制酶切点较多，如 $EcoR$ I 有 5 个切点，$Hind$Ⅲ 有 6 个切点，这些切点大多位于溶菌周期生长所必需基因内，容纳不下比其更大的外源性 DNA 片段，故野生型 λDNA 不宜作为基因载体，必须加以改造。目前已构建的 λDNA 载体有两大类型，其一为插入型载体，即可在单一限制酶位点插入外源性目的基因的载体；其二为取代型载体，即在成对限制酶位点之间的 DNA 片段可用外源性基因取代的载体。但 λDNA 载体容纳外源性目的基因大小一般为 15kb 左右。

③λDNA 载体重组分子的体外包装。以 λ 噬菌体 DNA 为载体构成的重组 DNA 分子必需包装成完整病毒颗粒后才具有感染宿主的能力。其过程是将 λ 噬菌体头部蛋白、尾部蛋白及重组 DNA 分子在适当条件下混合，即可自动包装成完整噬菌体颗粒。为提供噬菌体包装

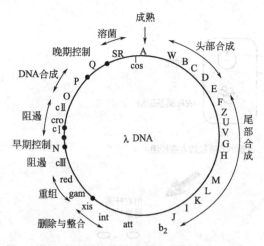

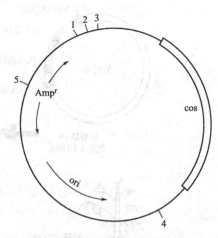

图 2-22　细胞内野生型 λ 噬菌体环状 DNA 基因图

图 2-23　科斯质粒 pJB8 结构

1,3—EcoRⅠ；2—BamHⅠ；4—SalⅠ；5—PstⅠ

蛋白、头部前体及尾部蛋白，需制备两个琥珀突变种噬菌体，一个是 Damλ 噬菌体，在其感染宿主后的溶菌物中产生大量 λ 噬菌体头部蛋白；其二为 λ 噬菌体 Eam 突变体，在感染宿主后的溶菌物中产生高浓度噬菌体尾部蛋白。上述溶菌物与重组 DNA 混合后，基因 E 产物（主要为外壳蛋白）在基因 A 产物作用下，与基因 D 产物一起将重组 DNA 包装成噬菌体头部，在基因 W 及基因 F 产物作用下，将头部与尾部连接成完整噬菌体颗粒。每微克重组 DNA 包装为完整噬菌体颗粒后对宿主感染作用可达 10^6 个噬菌斑，较不包装的重组 DNA 分子转化率高 100～10000 倍。

3）科斯质粒载体　科斯质粒是将 λ 噬菌体的黏性末端（cos 位点序列）和大肠杆菌质粒的抗氨苄西林和抗四环素基因相连而获得的人工载体，含一个复制起点、一个或多个限制酶切点、一个 cos 片段和抗药基因，能加入 40～50kb 的外源 DNA，常用于构建真核生物基因组文库。

科斯质粒分子质量较小，一般由 4～6kb 组成，但可克隆 45kb 外源性 DNA 片段，如科斯质粒 pJB8（图 2-23）长度为 5.4kb，带有 ColEⅠ 松弛型复制控制基因，选择标记为 Amp^r，单一限制酶位点为 BamHⅠ、EcoRⅠ 及 SalⅠ。重组时采用脱磷克隆方案，先将载体分别用两种限制酶消化，消化产物再用碱性磷酸酶切除其末端磷酰基，其产物再用第二种限制酶消化。另外，外源性 DNA 同样用特定限制酶消化并经碱性磷酸酶脱磷酰基处理。最后将载体与外源性 DNA 片段混合并连接，即可在两个载体间插入一个外源 DNA 片段，构成重组 DNA，其过程如图 2-24 所示。

上述克隆法可避免科斯质粒自身环合和线性聚合，可克隆较大的外源性 DNA 片段（50kb），又可用于分离较大基因及测定基因在染色体中的位置，是适用于特殊要求的克隆载体。但不能取代 λDNA 载体，λDNA 载体是组建真核 DNA 文库常用载体，其适用范围广，效果较好。

4）真核基因病毒载体　病毒载体优点是有很高的拷贝数及强大的启动子，可保证外源基因的高效表达。已研究的真核基因病毒载体有 SV$_{40}$ 病毒、牛乳头瘤病毒、RNA 病毒、昆虫杆状病毒及人痘病毒 DNA 等。本文仅介绍 SV$_{40}$ 病毒 DNA 载体。

SV$_{40}$ 病毒 DNA 为环状双螺旋结构，长度为 5243bp，其基因组分为早期区域和晚期区域，前者在整个溶菌循环中均可表达，后者则在 DNA 复制开始后的一段时间内表达，产生病毒外壳蛋白。在早期及晚期基因间含有 DNA 复制起始位点。早期基因区域的基因产物 T

抗原是非允许细胞恶化转化所必需的，亦为宿主中病毒 DNA 复制起始所必需。SV_{40} 病毒的宿主为动物细胞，其 DNA 作为载体有两种表达方式：①用 SV_{40} DNA 为载体与外源性基因构成的重组 DNA 转染宿主后，能产生含重组 DNA 的病毒粒子，在宿主中以重组 DNA 形式实现表达，称为游离表达形式；②重组 DNA 感染宿主后不形成完整病毒颗粒，而是整合至宿主染色体中，伴随宿主染色体基因一起表达，称为结合表达形式，亦为基因疗法的理论依据。完整的天然 SV_{40} 病毒 DNA 无需改造，即可作为克隆载体应用，通常以取代方式构建重组 DNA，一般可容纳 2.5kb 左右的外源性 DNA 片段。

SV_{40} DNA 为载体的取代克隆方式又分为早期基因区域取代及晚期基因区域取代两种类型。晚期基因区域取代方式是以外源性 DNA 片段取代其晚期基因区域，构成的重组 DNA 在宿主中可以复制，但不能产生重组病毒颗粒，因之采用早期基因区域缺失的 SV_{40} 病毒突变种作为辅助病毒与晚期取代重组 DNA 混合感染宿主，则晚期区域取代重组 DNA 可获得标记营救，辅助病毒产生的晚期基因产物与

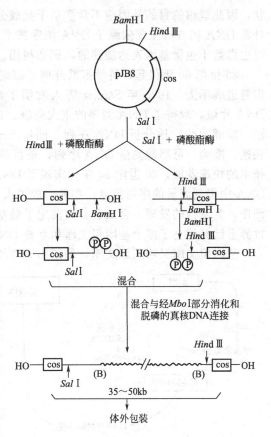

图 2-24　科斯质粒克隆方案

重组病毒产生的早期基因产物一起可形成完整病毒颗粒。早期区域取代方式是以外源性 DNA 片段取代早期基因区域，但重组 DNA 形成病毒颗粒与早期区域基因产物 T 抗原供应有关，故同样可采用晚期基因区域缺失的 SV_{40} 突变种作为辅助病毒进行营救标记，即可形成完整的病毒颗粒。

2.2.3　基因工程基本过程及技术

基因工程实际上是要将遗传信息（DNA）从一种生物细胞转移到另一种生物细胞中并能得以表达，其基本操作过程主要包括外源目的基因的取得、目的基因与载体 DNA 的连接、重组 DNA 引入受体细胞以及重组菌的筛选、鉴定和分析等。在实际工作中，其具体操作步骤还要更多，很多步骤必须重复进行，必须多次分离和分析测定重组 DNA。

2.2.3.1　目的基因获得

基因工程的主要目的是通过优良性状相关基因的重组，获得具有高度应用价值的新物种。为此，必须从现有生物群体中，根据需要分离出可用于克隆的此类基因。这样的基因通常称为目的基因。目的基因既是人们所需要的特定基因，一般也是接受目的基因的细胞或个体原本没有的基因。早在 1946 年，比德尔和塔特姆就提出了"一个基因一种酶"的理论，即一个基因经转录、翻译后将表达一个蛋白质分子。一个完整的基因应该包括：结构基因、调节基因、操纵基因和启动基因，其中结构基因含有蛋白质的全部信息。因此，目的基因一般均是指结构基因。

通过目的基因将所需的外源遗传信息额外流入宿主细胞中，使宿主表现出所需要的性

状，因此理想的目的基因应不含多余干扰成分，纯度高，而且片段大小适合重组操作。获得外源 DNA 的方法主要依赖于 DNA 测序技术的基因发现和基因化学合成法的不断改进，同时也得益于生物基因表达规律的认识和利用。

20 世纪 60 年代起，科学家就开展了测定 DNA 分子中核苷酸排列序列方法的研究工作，但是进展不大。1975 年 Sanger 等人发明了加减法，能够直接分析 100～500 个核苷酸的 DNA 片段，取得了 DNA 测序的重大突破。1977 年 Maxam 和 Gilbert 等人发明了化学降解法，能够更快速地分析 DNA 序列；同年 Sanger 等人又提出了双脱氧链终止法，该方法能快速、准确、可靠地测量 DNA 序列，是目前 DNA 序列分析的重要手段之一。随着计算机技术的快速发展，20 世纪 80 年代实现了 DNA 的自动测序，从而人类能够从各种生物体的 DNA 中得到海量的序列信息，相继完成了人类基因组、水稻基因组及许多微生物基因组的测序，为基因的发现、合成和分离奠定了最基本的基础。通过几十年来的努力和数据积累，世界上已经建立了多个基因组文库和互补 DNA（cDNA）文库。

基因组文库又叫基因文库，是指用克隆的方法将一种生物的全部基因组长期以重组体方式保持在适当的宿主中。某种生物细胞基因组的 DNA 经限制酶切割，然后与合适载体重组并导入宿主中，这样保存的基因组是多拷贝、多片段的，当需要某一片段时，可以在这样的"图书馆"中查找。

cDNA 文库是用来自表达目的基因细胞或组织的 mRNA 作为来源构建成的文库。首先获得 mRNA，逆转录得 cDNA，经克隆后形成文库。cDNA 文库和基因组文库的不同之处在于，cDNA 文库在 mRNA 拼接过程中已经除去了内含子等成分，便于 DNA 重组时直接使用。为了获得目的基因而首先建立 cDNA 文库的过程，大大增加了基因或 DNA 重组的面或量，自然也就增加了基因筛选的面和量。图 2-25 为基因组文库和 cDNA 文库的构建过程。

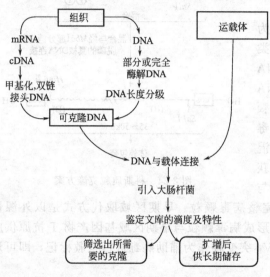

图 2-25　基因组文库和 cDNA 文库的构建过程

从 20 世纪 70 年代起，核苷酸链的化学合成方法也日趋完善，从几十个碱基对到上千个碱基对的目的基因已经能化学合成。化学合成的方法主要有磷酸二酯法、磷酸三酯法及亚磷酸三酯法等。超过 200bp 的 DNA 片段需要分段合成，然后再在 DNA 连接酶的参与下连接成完整基因。因此，如果能从现有的 cDNA 文库中查到目的基因的核苷酸序列，也可以采用化学合成的方法获得目的基因用于基因重组。

(1) 构建基因文库法分离目的基因

建立基因文库（gene library）是从大分子 DNA 上分离基因的有效方法之一。由于目的基因仅占染色体 DNA 分子总量的极其微小的比例，必须经过扩增才有可能分离到特定的含有目的基因的 DNA 片段，故必须先构建基因文库。

构建基因文库法又称鸟枪法（shotgun approach）或散弹射击法，在基因工程早期曾是分离目的基因所普遍应用的方法，特别适用于原核生物基因的分离。对于真核生物基因组则可获取真正的天然基因（兼有外显子和内含子）。此外，若要研究的是控制基因表达活动的调控基因，或是在 mRNA 中不存在的某种特定序列，也只能通过构建基因文库从染色体基因组 DNA 中获得。

1）基因文库的构建　基因文库的构建大量使用了基因工程技术，其大致步骤是：①从供体细胞或组织中制备高纯度的染色体基因组 DNA；②用合适的限制酶把 DNA 切割成许多片段；③DNA 片段群体与适当的载体分子在体外重组；④重组载体被引入到受体细胞群体中，或被包装成重组噬菌体；⑤在培养基上生长繁殖成重组菌落或噬菌斑，即克隆；⑥筛选出含有目的基因 DNA 片段的克隆。一个典型的真核基因组 DNA 文库的构建过程如图 2-26 所示。

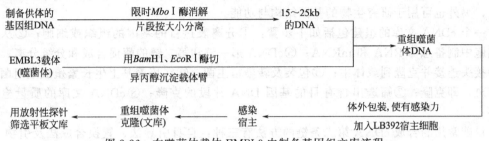

图 2-26　在噬菌体载体 EMBL3 中制备基因组文库流程

当用上述方法制备的克隆数多到足以把某种生物的全部基因都包含在内时，这一组克隆 DNA 片段的集合体，就称为该生物的基因文库。在理想的情况下，一个完整的基因文库应该含有染色体基因组 DNA 的全部序列。有了基因文库，人们在分离目的基因时就可以从文库中筛选而不必重复地进行全部操作了。

要注意的是，由于限制性内切酶的位点在基因组 DNA 上并不是随机排列的，有些片段会太大而无法克隆，这时文库就不完整，要找到一些特异的目的 DNA 片段就会遇到困难。

2）目的基因的分离　构建了基因文库，可以说是实现了基因的克隆，但并不等于完成了目的基因的分离。克隆一个基因的下一个步骤，便是运用各种手段从基因文库中分离筛选出含有目的基因的特定克隆，这就是所谓的克隆基因的分离。

要鉴定出文库中带有目的基因序列的克隆。有三种通用的鉴定方法：①用标记的 DNA 探针进行 DNA 杂交；②用抗体对蛋白质进行免疫杂交；③对蛋白质的活性进行鉴定。这三种方法的具体介绍见“2.2.3.4 重组体筛选”中有关内容。

（2）构建 cDNA 文库法分离目的基因

真核生物基因组 DNA 十分庞大，许多真核基因是断裂的，而且含有大量的重复序列，在 DNA 链上有编码区和非编码区。通过建立基因文库的方法来筛选目的基因，无论是采用电泳分离技术还是通过杂交的方法，都难以直接分离到目的基因片段，很难得到一个起功能作用片段的克隆；另外，真核基因中含有能转录但不能翻译的内含子序列，翻译 RNA 自细胞核转移至细胞质中除去内含子后才能合成 mRNA，而且包含目的基因的一个基因组的克隆还可能含有任意插入物或其附近含有非转录顺序，因此自基因组文库中获得的重组基因在宿主中的表达还有许多问题需要解决。

上述问题可以通过由 mRNA 产生的 cDNA 进行克隆而得以部分解决，采取以 mRNA 为模板合成 cDNA 的方法得到相应的基因片段再进行克隆，可获得完整的能直接进行表达的真核生物编码目的基因，并可以在任何一种生物体中进行表达。

cDNA 的克隆为特定基因的分离和特性研究提供了极有价值的工具。cDNA 文库最关键的特征是它只包括在特定的组织或细胞类型中已被转录成 mRNA 的那些基因序列，这样使得 cDNA 文库的复杂性要比基因组文库低得多。由于不同的细胞类型、发育阶段以及细胞所处的状态都是由特定基因的表达状态所决定的，因此各自的 mRNA 的种类也不可能相同，由此而产生了独特的 cDNA 文库。在建立 cDNA 文库时，如果选择的细胞或组织类型得当，就容易从 cDNA 文库中筛选出所需的基因序列。

构建 cDNA 文库法分离目的基因是以生物体内各种 mRNA 分子为模板，在逆转录酶和其他一系列酶的作用下，合成 cDNA 分子，并将 cDNA 与载体 DNA 进行体外重组，然后去包装转染或转化宿主细胞，得到一群含重组 DNA 的噬菌体或细菌克隆，从而构建成某种生物的 cDNA 文库，再通过合适的手段从 cDNA 文库中筛选获取某目的 cDNA。它是制取真核生物目的基因常用的方法，也是制取多肽和蛋白质类生物药物目的基因最广泛采用的一种方法，另外也可用于研究生物的基因结构与功能。

一个 cDNA 文库的组建包括如下步骤：①分离表达目的基因的组织或细胞；②从组织或细胞中制备总体 RNA 和 mRNA；③cDNA 第一链和第二链的酶促合成和分级分离；④与各种接头连接并克隆到载体中；⑤包装及转染宿主菌；⑥在培养基上生长繁殖成重组菌落或噬菌斑，即克隆；⑦筛选出含有目的基因 DNA 片段的克隆；⑧cDNA 文库的质量检测及保存。

目前常用的合成 cDNA 第二条链的方法有三种：自身引导法、置换合成法及引物-衔接头法合成双链 cDNA。引物-衔接头法的特点是将 cDNA 两端加上限制性内切酶位点，使其能够较方便地克隆入相应的载体。

（3）化学合成 DNA 分离目的基因

以 5′-脱氧核苷酸或 3′-脱氧核苷酸或 5′-磷酰基寡核苷酸片段为原料采用化学方法将其逐个缩合成基因的方法称为化学合成法。通过化学法合成 DNA 分子，对分子克隆和 DNA 鉴定方法的发展起到了重要作用。合成的 DNA 片段可用于连接成一个长的完整基因、用于 PCR 扩增目的基因、引入突变、作为测序引物等，还可用于杂交。单链 DNA 短片段的合成已成为分子生物学和生物技术实验室的常规技术，现在已能利用 DNA 合成仪全自动快速合成 DNA 片段。由于每种细胞都对密码子具有偏爱性，在化学合成 DNA 片段时还可以对密码子进行重新设计，使其更适合于特定的宿主细胞。

（4）PCR 法分离目的基因

1983 年美国 Cetus 公司的 Mullis 等人建立起一套大量快速扩增特异 DNA 片段的系统，即聚合酶链反应（polymerasechainreaction，PCR）系统，这一实用性的发明在 8 年后获得诺贝尔奖，显示了 PCR 技术的重大价值，在分子生物学领域带来了一场重大的变革。同样 PCR 技术成为了体外通过酶促反应快速扩增特异 DNA 片段的基本技术。它要求反应体系具有以下条件：①要有与被分离的目的基因两条链各一端序列互补 DNA 引物（约 20bp）；②具有热稳定性的酶，如 Taq DNA 聚合酶；③dNTP；④作为模板的目的 DNA 序列。一般经 PCR 反应可扩增出 100～5000bp 的目的基因。

PCR 由三个基本反应组成：①高温变性（denaturation），通过加热使 DNA 双螺旋的氢键断裂，双链解离形成单链 DNA；②低温退火（annealling），使温度下降，引物与模板 DNA 中所要扩增的目的序列的两侧互补序列进行配对结合；③适温延伸（extension），在 Taq DNA 聚合酶、4dNTP 及 Mg^{2+} 存在下，引物 3′端向前延伸，合成与模板碱基序列完全互补的 DNA 链。以上变性、退火和延伸便构成一个循环，每一次循环产物可作为下一次循环的模板，数小时之后（25～30 次循环），介于两引物间的目的 DNA 片段便可扩增 10^5～10^7 拷贝。PCR 工作原理见图 2-27。

PCR 技术具有以下两个特点：第一，能够指导特定 DNA 序列的合成，因为新合成的 DNA 链的起点，是由加入在反应混合物中的一对寡核苷酸引物，在模板 DNA 链两端的退火位点决定的；第二，能够使特定的 DNA 区段得到迅速大量的扩增，由于 PCR 所选用的

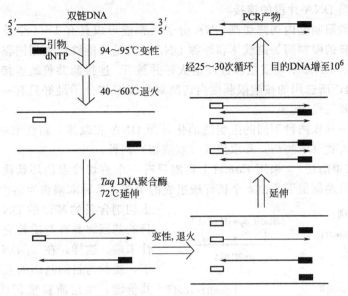

图 2-27 PCR 工作原理

一对引物，是按照与扩增区段两端序列彼此互补的原则设计的，因此每一条新合成的 DNA 链上都具有新的引物结合位点，并加入下一反应的循环，其最后结果是，经 n 次循环后，反应混合物中所含有的双链 DNA 分子数，即两条引物结合位点之间的 DNA 区段的拷贝数，理论上最高达到 2^n。

因此，如此反复进行约 30 个循环，即可使目的 DNA 得到 10^9 倍的扩增，但实际上是 $10^6 \sim 10^7$ 倍的扩增。正因为 PCR 技术能在短时间大量扩增目的 DNA 片段，使得其在生物学、医学、人类学、法医学等许多领域内获得了广泛的应用。

（5）RT-PCR 法合成目的 cDNA

1985 年聚合酶链反应（PCR）创立后，人们将其与逆转录法结合起来，得到一种新的合成 cDNA 的方法，即逆转录聚合酶链反应法。它是一种获取真核生物目的 cDNA 的简便、快捷而高效的酶促合成法。该方法是直接从提取的细胞总 RNA 中经逆转录合成 cDNA 第一链，不需再合成 cDNA 第二链，而是在特异引物协助下，用 PCR 法进行扩增，特异地合成目的 cDNA 链，用于重组、克隆。目前该方法已在基因工程中广泛应用。

采用逆转录聚合酶链反应（RT-PCR）技术合成目的 cDNA 的一般程序如下。

① 从真核生物组织或细胞中提取纯化总 RNA。

② 在 oligo（dT）的引导下，以总 RNA 中的总 mRNA 为模板，在逆转录酶的作用下，合成总 cDNA 的第一链。

③ 以两个引物所结合的单链 cDNA（靶序列）为模板，在 Taq 聚合酶的作用下进行 PCR 扩增，合成双链目的 cDNA。

2.2.3.2 目的基因与载体连接

含有目的基因的 DNA 片段，即使进入到宿主细胞内，依然不能进行增殖。它必须同适当的能够自我复制的 DNA 分子，如质粒、病毒分子等结合之后，才能够通过转化或其他途径导入宿主细胞，并像正常的质粒或病毒一样增殖，从而得到表达。

外源 DNA 片段同载体分子连接的方法，即 DNA 分子体外重组技术，主要是依赖于核酸限制性内切酶和 DNA 连接酶的作用。根据是否形成黏性末端，目的基因与载体的连接可分为黏性末端、非互补的黏性末端和平末端的连接。

（1）黏性末端 DNA 片段的连接

大多数的核酸限制性内切酶切割 DNA 分子后都能形成具有 $1 \sim 4$ 个单链核苷酸的黏性末端。当若用同样的限制酶切割载体和外源 DNA，或是用能够产生相同黏性末端的限制酶切割时，所形成的 DNA 末端就能够彼此退火，并被 T_4 连接酶共价地连接起来，形成重组 DNA 分子。当然，所选用的核酸限制性内切酶对克隆载体分子最好只有一个识别位点，而且还应位于非必要区段内。

根据是否用一种或两种不同的限制酶消化外源 DNA 和载体，黏性末端 DNA 片段的连接方法可分为插入式（单酶切）和取代式（双酶切）两种。

1）插入式（单酶切）　采用 BamHⅠ切割只有一个酶切位点的环状质粒时，环被打开成为线性分子，两端都留下了由 4 个核苷酸组成的单链，这种末端称为黏性末端。用 BamHⅠ切割含目的基因的 DNA 时，所获得的目的基因将具有与质粒完全互补的两个黏性末端。这样，在 T_4 DNA 连接酶的催化下，质粒与目的基因的互补末端就能形成共价键，重组质粒重新成为了环状质粒。但这种方法得到的外源 DNA 片段插入可能有两种彼此相反的取向，这对于基因克隆很不方便。

2）取代式（双酶切）　根据核酸限制性内切酶作用的性质，用两种不同的限制酶同时消化一种特定的 DNA 分子，将会产生出具有两种不同黏性末端的 DNA 片段。从图 2-28 可知，载体分子和待克隆的 DNA 分子，都是用同一对限制酶（HindⅢ和 BamHⅠ）切割，然后混合起来，那么载体分子和外源 DNA 片段将按唯一的一种取向退火形成重组 DNA 分子。这就是所谓的定向克隆技术，可以使外源 DNA 片段按一定的方向插入到载体分子中。

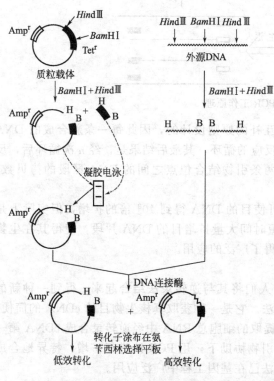

图 2-28　外源 DNA 片段的定向克隆

（2）非互补黏性末端或平末端 DNA 片段的连接

载体分子和给体 DNA 片段经不同的限制酶切割后，并不一定总能产生出互补的黏性末端，有时产生的是非互补的黏性末端和平末端。对于平末端的 DNA 片段，可以用 T_4 DNA 连接酶在一定的反应条件下进行连接；而具有非互补黏性末端的 DNA 片段，需要经单链特异性的 S1 核酸酶处理变成平末端后，再使用 T_4 DNA 连接酶进行有效连接。平末端 DNA 片段之间的连接效率一般明显地低于黏性末端间的连接作用，而且重组后便不能在原位切除。

常用的平末端 DNA 片段连接法，主要有同聚物加尾法、衔接物连接法及接头连接法。下面简单介绍接头连接法。

DNA 接头（adapter）是一类人工合成的一头具有某种限制酶黏性末端、另一头为平末端的特殊的双链寡核苷酸短片段，当它的平末端与平末端的外源 DNA 片段连接后，便会使后者成为具有黏性末端的新的 DNA 分子，而易于连接重组。

为防止各个 DNA 接头分子的黏性末端之间通过互补配对形成二聚体分子，通常要对 DNA 接头末端的化学结构进行必要的修饰与改造，使其平末端与天然双链 DNA 分子一样，具有正常的 5′-P 和 3′-OH 末端结构，而其黏性末端 5′-P 则被修饰移走，被暴露出来的 5′-OH 所取代。

这样，虽然两个接头分子黏性末端之间具有互补配对的能力，但因为 DNA 连接酶无法在 5′-OH 和 3′-OH 之间形成磷酸二酯键，而不会产生出稳定的二聚体分子。但它们的平末端照样可以与平末端的外源 DNA 片段正常连接，只是在连接后需用多核苷酸激酶处理，使异常的 5′-OH 末端恢复成正常的 5′-P 末端，就可以得到具有 2 个黏性末端的 DNA 片段（图 2-29），从而能够插入到适当的克隆载体分子中，形成重组的 DNA 分子。

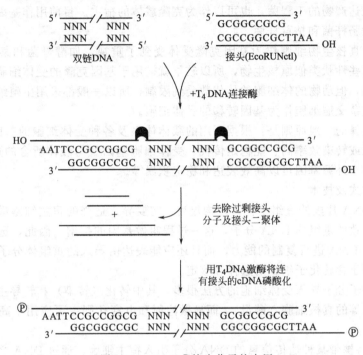

图 2-29　*Bam*H Ⅰ 接头分子的应用

（3）连接反应的效率

为了在连接反应中让尽可能多的外源 DNA 片段能插入到载体分子中形成重组 DNA，就必须提高连接反应的效率。为了提高效率，一般从下面几个方面加以提高。①采用碱性磷酸酶处理、同聚物加尾连接技术或采用柯斯质粒等手段防止未重组载体的再环化，减少非重组体"克隆"的出现。②合理正确地配比 DNA 的总浓度以及载体 DNA 和外源 DNA 之间的比例，提高连接反应的效率。如应用 λ 噬菌体或柯斯质粒作载体时，配制高比值的载体 DNA/供体 DNA 的连接反应体系有利于重组分子的形成；若使用质粒分子作为克隆的载体，其重组体分子由一个载体分子和一个供体 DNA 片段连接环化而成，所以，当载体 DNA 与供体 DNA 的比值为 1 时，有利于这类重组体分子的形成。③根据不同的反应类型控制合理的反应温度和时间，可以大幅度提高转化子数量。

2.2.3.3　重组基因的导入

目的基因与载体在体外连接重组后形成重组 DNA 分子，该重组体分子在体外构建后，需要导入到适当的宿主细胞进行繁殖，才能使目的基因得到大量扩增或表达。随着基因工程的发展，从低等的原核细胞到简单的真核细胞，进一步到结构复杂的高等动植物都可以作为基因工程的受体细胞。外源重组 DNA 分子能否有效地导入受体细胞，取决于所选用的受体细胞、克隆载体和基因转移方法等。

(1) 受体细胞及其性能

DNA 重组使用的受体细胞，也称宿主细胞或基因表达系统。受体细胞为基因的复制、转录、翻译、后加工及分泌等提供了条件，以便实现目的基因的表达。

受体细胞是能够摄取外源 DNA（基因）并使其稳定维持的细胞。通过许多科学家的共同努力，从原核到真核细胞，从简单的真核到高等的动植物细胞已经都能作为基因工程的受体细胞。原核细胞是一类很好的受体细胞，容易摄取外界的 DNA、增殖快、基因组简单，而且便于培养和基因操作，经常被用于 cDNA 文库和基因组文库的受体菌，或者用于建立生产目的基因表达产物的工程菌，也可以作为克隆载体的宿主。目前用作基因克隆受体的原核生物主要是大肠杆菌和枯草杆菌。

近年来，对真核生物细胞作为基因克隆受体受到了重视，如酵母菌和某些动植物的细胞。酵母菌的某些性状类似原核生物，所以较早就被用于基因克隆的受体细胞。动物细胞也被用作受体细胞，但动物的体细胞的传代数受到限制，所以一般都采用生殖细胞、受精卵细胞、胚胎细胞或杂交瘤细胞作为基因转移的受体细胞。

受体细胞选择的一般原则是：根据所用的载体体系及各种受体细胞的基因型进行选择，使重组体的转化或转染效率高、能稳定传代、受体细胞基因型与载体所含的选择标记匹配、易于筛选重组体及外源基因可以高效表达和稳定积累等。

(2) 导入方式及技术

带有外源 DNA 片段的重组子在体外构建后，需要导入适当的宿主细胞进行繁殖，才能获得大量而且一致的重组体 DNA 分子，这一过程叫做基因的扩增。因此，选定的宿主细胞必须具备使外源 DNA 进行复制的能力，而且还应能表达由导入的重组体分子所提供的某些表型特征，以利于含转化子细胞的选择和鉴定。

将外源重组子分子导入受体细胞的方法很多，其中转化（转染）和转导主要适用于原核的细菌细胞和低等的真核细胞（酵母），而显微注射和电穿孔则主要应用于高等动植物的真核细胞。

1) 转化　将携带某种遗传信息的 DNA 分子引入宿主细胞，通过 DNA 之间同源重组作用，获得具有新遗传性状生物细胞的过程称为转化作用。转化现象不受实验室限制，是生物界客观存在的自然现象。

对于原核细胞，常采用转化将目的基因导入受体细胞。原核细胞的转化过程就是一个携带基因的外源 DNA 分子通过与膜结合进入受体细胞并在胞内复制和表达的过程。转化过程包括制备感受态细胞和转化处理（图 2-30）。

感受态细胞（competent cells）是指处于能摄取外界 DNA 分子的生理状态的细胞。在制备感受态细胞时，应注意：①在最适宜培养条件下培养受体细胞至对数生长期，培养时一般控制受体细胞密度 OD_{600} 在 0.4 左右；②制备的整个过程温度控制在 $0 \sim 4\,^{\circ}\!C$；②为提高转化率，常选用 $CaCl_2$ 溶液。

$CaCl_2$ 促进转化的机制尚不清楚，可能的原理是 $CaCl_2$ 能在细胞壁上打一些孔，DNA 分子能够从这些孔中进入细胞，这些孔洞随后又可以被宿主细胞修复。大肠杆菌是用得最广泛的基因克隆受体，需经诱导才能变成感受态细胞；而有些细胞只要改变培养条件和培养基就可变成感受态细胞。

2) 转导　将重组噬菌体 DNA 分子导入大肠杆菌受体细胞的常规方法是转导操作。所谓转导是指通过噬菌体（病毒）颗粒感染宿主细胞的途径将外源 DNA 分子转移到受体细胞

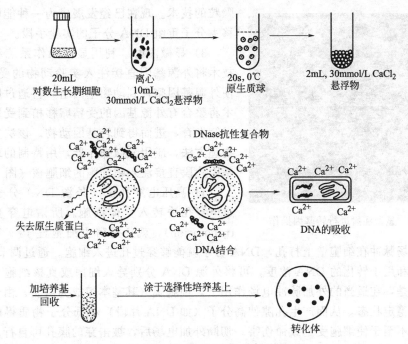

图 2-30　CaCl₂ 诱导的 *E.coli* 转化过程

内的过程，转导作用也为生物界客观存在的自然现象。

自然界许多温和噬菌体都具有转导功能，一般转导过程见图 2-31。基因工程中借温和噬菌体或病毒感染作用将重组 DNA 转移至宿主内的过程也称为转导作用。体外重组 DNA 要通过转导途径进入宿主细胞，必须用噬菌体头部蛋白及尾部蛋白包装成完整噬菌体颗粒才具有感染作用。

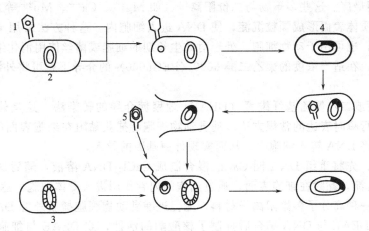

图 2-31　噬菌体转导过程

1—噬菌体；2—细胞 A；3—细胞 B；4—细胞 A 部分染色体整合 λ 噬菌体 DNA；

5—携带细胞 A 部分染色体 DNA 的噬菌体

具有感染能力的噬菌体颗粒除含有噬菌体 DNA 分子外，还包括外被蛋白，因此，要以噬菌体颗粒感染受体细胞，首先必须将重组噬菌体 DNA 分子进行体外包装。1975 年 Becker 和 Gold 建立了噬菌体体外包装技术，即在体外模拟噬菌体 DNA 分子在受体细胞内发生的一系列特殊的包装反应过程，将重组噬菌体 DNA 分子包装成成熟的具有感染能力的噬菌体

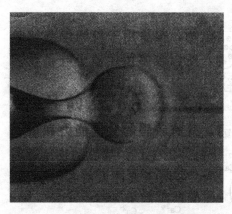

图 2-32　显微注射进行转基因操作

颗粒的技术。现在已经发展成为一种能够高效地转移大分子重组 DNA 分子的实验手段。

3) 显微注射　利用显微操作系统和显微注射技术将外源基因直接注入实验动物的受精卵原核，使外源基因整合到动物基因组，再通过胚胎移植技术将整合有外源基因的受精卵移植到受体的子宫内继续发育，进而得到转基因动物。该法实际上属于物理方法，应用显微操作器，用特制的玻璃微管将基因片段直接注入靶细胞的细胞核（图 2-32）。

4) 高压电穿孔法　外源 DNA 分子还可以通过电穿孔法转入受体细胞。所谓电穿孔法 (electroporation)，就是把宿主细胞置于一个外加电场中，通过电场脉冲在细胞壁上打孔，DNA 分子就能够穿过孔进入细胞。通过调节电场强度、电脉冲频率和用于转化的 DNA 浓度，可将外源 DNA 分别导入细菌或真核细胞。电穿孔法的基本原理是：在适当的外加脉冲电场作用下，细胞膜（其基本组成为磷脂）由于电位差太大而呈现不稳定状态，从而产生孔隙使高分子（如 DNA 片段）和低分子物质得以进入细胞质内，但还不至于使细胞受到致命伤害。切断外加电场后，被击穿的膜孔可自行复原。电压太低时 DNA 不能进入细胞膜，电压太高时细胞将产生不可逆损伤，因此电压应控制在 300～600V 范围内，维持时间为 20～100ms，温度以 0℃ 为宜。较低的温度主要是为了使穿孔修复迟缓，以增加 DNA 进入细胞的机会。

用电穿孔法实现基因导入比 $CaCl_2$ 转化法方便、转化率高，尤其适用于酵母菌和霉菌。该法需要专门的电穿孔仪，目前已有多家公司出售。

5) 多聚物介导法　聚乙二醇（PEG）和多聚赖氨酸等是协助 DNA 转移的常用多聚物，尤以 PEG 应用最广。这些多聚物与二价阳离子（如 Mg^{2+}、Ca^{2+}、Mn^{2+} 等）及 DNA 混合后，可在原生质体表面形成颗粒沉淀，使 DNA 进入细胞内。这种方法常用于酵母细胞以及其他真菌细胞，也可用于动物细胞。处于对数生长期的细胞或菌丝体用消化细胞壁的酶处理变成球形体后，在适当浓度的聚乙二醇 6000（PEG6000）的介导下就可将外源 DNA 导入受体细胞中。

6) 磷酸钙或二乙氨乙基纤维素（DEAE)-葡聚糖介导的转染法　这是外源基因导入哺乳动物细胞进行瞬时表达的常规方法。哺乳动物细胞能捕获黏附在细胞表面的 DNA-磷酸钙沉淀物，并能将 DNA 转入细胞中，从而实现外源基因的导入。

在实验中，先将重组 DNA 同 $CaCl_2$ 混合制成 $CaCl_2$-DNA 溶液，随后加入磷酸钙形成 DNA-磷酸钙沉淀，黏附在细胞表面，通过细胞的内吞作用进入受体细胞，达到转染目的。

DEAE 是一种高分子多聚阳离子材料，能促进哺乳动物细胞捕获外源 DAN 分子。其作用机制可能是 DEAE 与 DNA 结合后抑制了核酸酶的活性，或 DEAE 与细胞结合后促进了 DNA 的内吞作用。

7) 脂质体介导法　脂质体（liposome）是人工构建的由磷脂双分子层组成的膜状结构。在形成脂质体时，可把用来转染的目的 DNA 分子包在其中，然后将该种脂质体与细胞接触，就将外源 DNA 分子导入受体细胞。脂质体介导法的原理是：受体细胞的细胞膜表面带负电荷，脂质体颗粒带正电荷，利用不同电荷间引力，就可将 DNA、mRNA 及单链 RNA 等导入细胞内。

8) 粒子轰击法（particle bombardment）　金属微粒在外力作用下达到一定速度后，可以进入植物细胞，但又不引起细胞致命伤害，仍能维持正常的生命活动。利用这一特性，先将含目的基因的外源 DNA 同钨、金等金属微粒混合，使 DNA 吸附在金属微粒表面，随后用基因枪轰击，通过氦气冲击波使 DNA 随高速金属微粒进入植物细胞。粒子轰击法普遍应用于转基因植物。

9）花粉管通道法　该方法于 20 世纪 80 年代初期由我国学者周光宇提出，基本原理是利用植物在开花、受精过程中形成的花粉管通道，向子房注射含目的基因的 DNA 溶液，可以将外源 DNA 导入受精卵细胞并整合到受体细胞的基因组中，因此可以产生转基因的新个体。该法的最大优点是不经历组织培养的繁琐过程，技术简单，不需要精密的仪器设备。

2.2.3.4　重组体筛选

从通过转化或感染获得的细胞群体中选择出含有目的基因的重组克隆，这是基因克隆操作中一项十分重要的工作。由于目的基因与载体 DNA 连接时，限制酶切片段是大小不一的混合物，连接的产物除了带有目的基因的重组载体 DNA 外，还混杂有其他类型的重组载体 DNA，此外，在转化（或转导）子群体中还有仅是质粒 DNA 或染色体 DNA 转化而成的菌落。因此，真正获得目的基因并能有效表达的克隆子只是其中的一小部分，绝大部分仍是原来的受体细胞，或者是不含目的基因的克隆子。为了从处理后的大量受体细胞中分离出真正的克隆子，目前已建立起一系列的筛选和鉴定方法。

重组体筛选的方法很多，归纳起来可分为两种：在核酸水平或蛋白质水平上筛选。从核酸水平筛选克隆子可以通过核酸杂交的方法。这类方法根据 DNA-DNA、DNA-RNA 碱基配对的原理，以使用基因探针技术为核心，发展了原位杂交、Southern 杂交、Northern 杂交等方法。从蛋白质水平上筛选克隆子的方法主要有：检测抗生素抗性及营养缺陷型、观测噬菌斑的形成、检测目标酶的活性、目标蛋白的免疫特性和生物活性等。

无论采用哪一种筛选方法，最终目的都是要证实基因是否按照人们所要求的顺序和方式正常存在于宿主细胞中。

（1）抗生素抗性基因插入失活法

很多质粒载体都带有 1 个或多个抗生素抗性基因标记，在这些耐药性基因内有酶的识别位点。当用某种限制酶消化并在此位点插入外源目的 DNA 时，耐药性基因不再被表达，称为基因插入失活。因此，当此插入外源 DNA 的重组质粒载体转化宿主菌并在药物选择平板上培养时，根据对该药物由抗性转变为敏感，便可筛选出重组转化子（重组克隆）。

抗生素抗性基因插入失活法是一种最早且最广泛使用的方法。在 DNA 重组载体设计时已经在质粒中装配了抗生素抗性基因标记，如四环素抗性基因（Tet^r）、氨苄西林抗性基因（Amp^r）、卡那霉素抗性基因（Kan^r）等。当编码有这些耐药性基因的质粒携带目的基因进入宿主细胞后，细胞就具有了相应的抗生素抗性，如果在筛选平板的培养基中加入有关抗生素，只有含质粒的细胞才能生长。但这种方法只能证明细胞中确实已经有质粒存在，但无法保证质粒中已经携带了目的基因。为了防止误检，人们进一步发展了采用插入缺失的方法，同一质粒往往有两种耐药性基因，在体外重组时故意将目的 DNA 插入到其中一个抗性基因中，使其失活，这样得到的宿主细胞便可在含另一抗生素的培养基中存活，但在两种抗生素都加入的平板上则不能生长。将这种菌株筛选出来，就能保证细胞中的重组质粒确实已经插入了目的基因。由于需要两次筛选，故操作比较麻烦。

例如，pBR 322 质粒上有两个抗生素抗性基因，抗氨苄西林基因（Amp^r）上有单一的 Pst Ⅰ 位点，抗四环素基因（Tet^r）上有 Sal Ⅰ 和 BamH Ⅰ 位点。当外源 DNA 片段插入到 Sal Ⅰ/BamH Ⅰ 位点时，使抗四环素基因失活，这时含有重组体的菌株从 Amp^{r}Tet^r 变为 Amp^{r}Tet^s。这样，凡是在 Amp^r 平板上生长而在 Amp^r、Tet^r 平板上不能生长的菌落就可能是所要的重组体。

（2）营养缺陷互补法

若宿主细胞属于某一营养缺陷型，则在培养这种细胞的培养基中必须加入该营养物质后，细胞才能生长；如果重组后进入这种细胞的外源 DNA 中除了含有目的基因外再插入一个能表达该营养物质的基因，就实现了营养缺陷互补，使得重组细胞具有完整的系列代谢能力，培养基中即使不加该营养物质也能生长。如宿主细胞有的缺少亮氨酸合成酶基因，有的缺少色氨酸合成酶基因，通过选择性培养基，就能将重组子从宿主细胞中筛选出来。这种筛选方法称为营养缺陷互补法。

β-半乳糖苷酶显色反应就是一种利用宿主细胞和重组细胞中 β-半乳糖苷酶活性有无，表现出营养缺陷互补，从而能以直观的显色检测方法进行重组子筛选的常用方法。例如 pUC 19 质粒载体含有 β-半乳糖苷酶基因（lacZ'）的调节片段，具有完整乳糖操纵子的菌体能翻译 β-半乳糖苷酶，如果这个细胞带有未插入目的 DNA 的 pUC 19 质粒，当培养基中含有 IPTG 时，lacI 的产物就不能与 lacZ' 的启动子区域结合，因此，质粒的 lacZ' 就可以转录和翻译，产生的 lacZ 蛋白会与染色体 DNA 编码的一个蛋白形成具有活性的杂合 β-半乳糖苷酶，当有底物 5-溴-4-氯-3-吲哚-β-D-半乳糖苷（X-gal）存在时，X-gal 会被杂合的 β-半乳糖苷酶水解形成蓝色的底物，即那些带有未插入外源 DNA 片段的 pUC 19 质粒的菌落呈蓝色。如果 pUC 19 质粒中插入了目的 DNA 片段，那么就会破坏 lacZ' 的结构，导致细胞无法产生功能性的 lacZ 蛋白，也就无法形成杂合 β-半乳糖苷酶，因而菌落是白色的。据此可以根据菌落的颜色，筛选出含目的基因的重组体。这一方法大大简化了在这种质粒载体中鉴定重组体的工作。

（3）物理检测法

虽然说在大多数场合下，基因克隆的目的都是要求将某种特定的基因分离出来在体外进行分析，不过也有一些特殊的实验，例如有关真核 DNA 序列结构的研究，则需要将 DNA 序列中的非基因编码区的片段也克隆到质粒载体上。对于这类重组体质粒，只要根据其分子量比野生型大这一特点，就可以检测出来。常用的重组体分子的物理检测法有凝胶电泳检测法和 R-环检测法两种。

1）凝胶电泳检测法 带有插入片段的重组体在分子量上会有所增加。分离质粒 DNA 并测定其分子长度是一种直接的方法。这是电泳法筛选比耐药性插入失活平板筛选法先进的地方。有些假阳性转化菌落，如自我连接载体、缺失连接载体、未消化载体、两个相互连接的载体以及两个外源片段插入的载体等转化的菌落，用平板筛选法不能鉴别，但可以采用电泳法淘汰。因为，假阳性载体和真正的阳性重组体 DNA 比较，前三种的 DNA 分子较小，在电泳时的泳动率较大，其 DNA 带的位置位于真阳性重组 DNA 带的前面；相反，后两种重组 DNA 分子较大，泳动率较小，其 DNA 带的位置位于真阳性重组 DNA 带的后面。所以，电泳法能筛选出有插入片段的阳性重组体。如果插入片段是大小相近的非目的基因片段，对于这样的阳性重组体，电泳法仍不能鉴别，只有用 Southern 杂交，即以目的基因片段制备放射性探针和电泳筛选出的重组体 DNA 杂交，才能最终确定真阳性重组体。

2）R-环检测法 R-环是指 RNA-DNA 杂交双链所形成的环状结构。在临近双链 DNA 变性温度下和高浓度（70%）的甲酰胺溶液中，即所谓的形成 R-环的条件下，双链的 DNA-RNA 分子要比双链的 DNA-DNA 分子更为稳定。因此，将 RNA 及 DNA 的混合物置于这种退火条件下，RNA 便会同它的双链 DNA 分子中的互补序列退火形成稳定的 DNA-RNA 杂交分子，而被取代的另一条链处于单链状态。这种由单链 DNA 分支和双链 DNA-RNA 分支形成的"泡状"体，即所谓的 R-环结构，因为在电子显微镜下能够观察到这个结构，所以，应用 R-环检测法可以鉴定出双链 DNA 中存在的与特定 RNA 分子同源的区域。根据这样的原理，在有利于 R-环形成的条件下，使得待检测的纯化质粒 DNA 在含有 mRNA 分子的缓冲液中局部变性。如果质粒 DNA 分子上存在着与 mRNA 探针互补的序列，那么这种 mRNA 就将取代 DNA 分子中相应的互补链，形成 R-环结构。然后放置在电子显微镜下观察，这样便可以检测出重组体质粒的 DNA 分子。

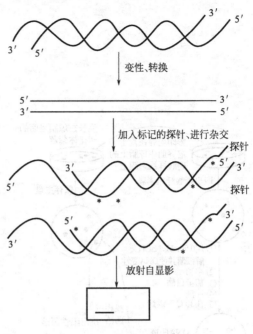

图 2-33　DNA 的杂交原理示意

（4）核酸杂交法

核酸杂交法是鉴定基因重组体的常用方法。原理是利用碱基配对的原则，对于已知的目的基因，可以应用互补的核苷酸序列做探针直接进行分离。核酸杂交法的关键是获得有放射性或发光物质标记的探针，随后采用杂交方法进行鉴定。该杂交的基本原理是：具有互补的特定核苷酸序列的单链 DNA 分子，当它们混合在一起时，在一定的条件下，其特定的同源区（即单链的 DNA 与另一单链 DNA 上和它互补的碱基顺序区）将会退火形成双链结构，利用放射性同位素^{32}P 标记的 DNA 做探针进行核酸杂交，即可进行重组体的筛选与鉴定。DNA 杂交原理示意见图 2-33。

在 DNA 杂交实验中，目的 DNA 先变性，然后把单链的目的 DNA 在高温下结合到硝酸纤维素膜或尼龙膜上。单链 DNA 探针用放射性同位素或其他物质（如生物素）进行标记，探针的长度在 100bp～1kb，然后与膜一起保温。如果 DNA 探针与样品中的某一核苷酸序列互补的话，那么通过碱基配对作用就可形成杂合分子，最后通过放射自显影或其他方式检测出来。通常，探针的长度在 100bp～1kb，但有时用小于 100bp 或大于 1kb 的探针也能得到较好的效果。杂交的反应条件非常重要，稳定的结合往往需要在最少 50 个碱基的片段中至少 80％的碱基完全配对。

DNA 探针既可用同位素标记，也可用生物素（biotin）等非同位素标记物连接到其中一种脱氧核糖核苷三磷酸中，然后渗入到新合成的 DNA 链中。要检测这种标记需要一种中间化合物——链霉抗生物素蛋白（streptavidin），该化合物能与生物素结合，同时细胞自身带有某种酶，可以催化形成有颜色的化合物，最后结果很容易分辨出来。

核酸分子杂交的方法有：原位杂交、Southern 杂交及 Northern 杂交等。

将含重组体的菌落或噬菌斑由平板转移到膜上并释放出 DNA，变性并固定在膜上，再同 DNA 探针杂交的方法称为原位杂交。

该方法的实验流程是，将待检测的大肠杆菌菌落从琼脂平板中小心地转移到硝酸纤维素膜上，而后进行适当的温育，同时保存原来的菌落平板作为参照，以便从中挑取阳性克隆。把长有菌落的硝酸纤维素膜，用适当的方法处理以除去蛋白质，剩下的便是同硝酸纤维素膜结合的变性 DNA。这时用放射性同位素标记的 RNA 或 DNA 作为探针，同膜上的菌落所释放的变性 DNA 杂交，并用放射自显影技术进行检测。根据曝光点的位置，便可以从保留的母板上相应位置挑出所需要的阳性菌落。其基本过程如图 2-34 所示。

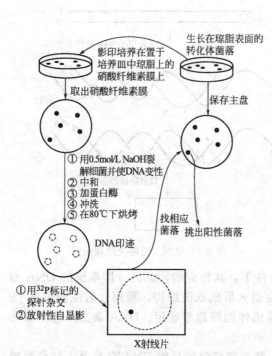

① 用0.5mol/L NaOH裂解细菌并使DNA变性
② 中和
③ 加蛋白酶
④ 冲洗
⑤ 在80℃下烘烤

①用³²P标记的探针杂交
②放射性自显影

生长在琼脂表面的转化体菌落

影印培养在置于培养皿中琼脂上的硝酸纤维素膜上

取出硝酸纤维素膜

保存主盘

找相应菌落　挑出阳性菌落

DNA印迹

X射线片

图 2-34　菌落的原位杂交

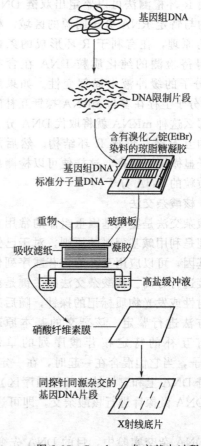

基因组DNA

DNA限制片段

含有溴化乙锭(EtBr)染料的琼脂糖凝胶

基因组DNA
标准分子量DNA

重物　玻璃板
吸收滤纸　凝胶

高盐缓冲液

硝酸纤维素膜

同探针同源杂交的基因DNA片段

X射线底片

图 2-35　Southern 杂交基本过程

Southern 杂交：这一方法是由 E. Southern 于 1975 年首先设计出来的，具体步骤是将已进行 DNA 电泳的琼脂糖凝胶，经过碱变性等预处理之后平铺在已用电泳缓冲液饱和了的两张滤纸上，在凝胶上部覆盖一张同样大小的硝酸纤维素膜，接着加一叠干滤纸，最后再压上一重物。这样由于滤纸的吸引作用，凝胶中的单链 DNA 便随着电泳缓冲液一起转移到硝酸纤维素膜上。为了使 DNA 片段牢固固定在硝酸纤维素膜上，可以在 80℃下烘烤 1～2h。然后进行核酸杂交。杂交后可以用漂洗法去掉游离的没有杂交上的探针分子，然后用 X 射线底片曝光后得到放射自显影图片。其基本过程如图 2-35 所示。

（5）免疫反应法

如果没有 DNA 探针，还可以用其他方法来筛选文库。例如，若一个目的基因 DNA 序列可以转录和翻译成蛋白质，那么只要出现这种蛋白质，甚至只需要该蛋白质的一部分，就可以用免疫的方法检测。免疫反应法与 DNA 杂交过程在方法上有许多共同之处。

免疫学方法是一个专一性很强、灵敏度很高的检测方法。免疫学方法的基本原理是：以目的基因在宿主细胞中的表达产物（蛋白质或多肽）作抗原，以该基因表达产物的免疫血清作抗体，通过抗原抗体反应检测所表达的蛋白并进一步推断目的基因是否存在。如果重组子中的目的基因可以转录和翻译，那么根据发生免疫反应颜色变化的克隆所在的位置，找出原始的培养板上与之相对应的克隆，就能筛选到重组子。

免疫反应法如图 2-36 所示。先对基因文库中所有的克隆都进行培养，然后转到膜上，对膜进行处理，使菌裂解后释放出的蛋白质附着于膜上，这时加入针对某一目的基因编码的蛋白质抗体（一抗），反应后多余的杂物经洗脱除去，再加入针对一抗的第二种抗体（二抗），二抗上通常都连有一种酶，如碱性磷酸酶等，再次洗脱后就加入该酶的一种无色底物。如果二抗与一抗结合，无色底物就会被连在二抗上的酶水解，从而产生一种有颜色的产物。

2.2.3.5 目的基因表达

基因重组的主要目的是要使目的基因在某一种细胞中能得到高效表达，即获得人们所需要的性状或得到高产的目的基因产物。基因表达是指结构基因在调控序列的作用下转录成 RNA，经加工后在核糖体的协助下又转译出相应的基因产物——蛋白质，再在受体细胞环境中经修饰而显示出相应的功能，从基因到有功能的产物这整个转录、转译以及所有加工过程就是基因表达的过程。简单说就是指结构基因在生物体中的转录、翻译以及所有加工过程。

当通过基因操作获得重组子后，目的基因的表达效率就成为最重要的问题。不同的表达系统具有各自的表达特点，对于通常使用的细菌、酵母、昆虫和哺乳动物表达系统的优缺点，现在已有一个较普遍的认识，总结在表 2-8 中。

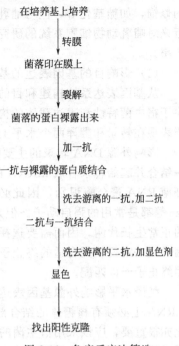

图 2-36 免疫反应法筛选阳性克隆子

在培养基上培养
↓转膜
菌落印在膜上
↓裂解
菌落的蛋白裸露出来
↓加一抗
一抗与裸露的蛋白质结合
↓洗去游离的一抗,加二抗
二抗与一抗结合
↓洗去游离的二抗,加显色剂
显色
↓
找出阳性克隆

表 2-8　不同表达系统中目标蛋白表达的特点比较

特　征	细　胞					
	E. coli	*B. subtilis*	*S. cerevisiae*	霉菌	昆虫[①]	动物
高生长速率	E	E	VG	G-VG	P-F	P-F
基因系统的可用性	E	G	G	F	F	F
表达水平	E	VG	VG	VG	G-E	P-G
是否可用廉价培养基	E	E	E	E	P	P
蛋白质折叠	F	F	F-G	F-G	VG-F	E
简单的糖基化	No	No	Yes	Yes	Yes	Yes
复杂的糖基化	No	No	No	No	Yes	Yes
低水平蛋白酶活	F-G	P	G	G	VG	VG
产物释放胞外的能力	P/VG	E	VG	E	VG-E	E
安全性	VG	VG	E	VG	E	F

① 昆虫细胞与哺乳动物细胞进行糖基化的形式不同。

注：E—优秀；VG—非常好；G—好；F—一般；P—差；No—没有；Yes—有。

对大肠杆菌的遗传学和分子生物学已经进行了广泛深入的研究，大肠杆菌的许多优点确保了它在基因工程中的地位，是一个最常用的基因高效表达系统。但是对于一个特定的基因来说，大肠杆菌是否能高效表达，将取决于基因的结构特征、宿主菌、载体构建和细胞培养等多方面。大肠杆菌系统最大的缺点是无法像真核生物那样进行许多翻译后修饰，从而影响了真核蛋白质的生物活性，而且表达的蛋白质往往形成不溶性的包含体。枯草杆菌是另一种常用的原核表达系统，容易进行各种基因操作，适合高水平分泌表达工业用酶，但构建的重组菌不够稳定。酵母菌是常用的真核生物表达系统，能够表达结构复杂的蛋白质，进行翻译后的糖基化，并易于实现分泌型表达。尽管利用酵母和昆虫细胞能够将目的蛋白进行翻译后的修饰，如糖基化等，但与哺乳动物细胞系统相比，糖基化程度与糖基种类仍有差别，因此近来对哺乳动物细胞系统的研究越来越重视，并采用多种方法提高动物细胞培养技术和表达产率。

（1）影响目的基因表达的基本因素

从基因表达系统构建和目的基因表达过程这两个方面分析，目的基因的表达效率不仅取决于宿主菌特性和表达载体的构建，而且还取决于重组菌的培养工程。从表达系统来看，主要表现在转录和翻译两个水平上。

影响外源 DNA 转录的主要因素是启动子的强弱。启动子是宿主细胞的 RNA 聚合酶专一结合并起始转录合成 mRNA 的部位。大多数外源的特别是真核细胞的启动子不能被大肠杆菌 RNA 聚合酶识别，因此必须将外源基因置于大肠杆菌启动子控制下。lac、lacUV5、tac 等都是常用的强启动子。但是太强的启动子在启动外源基因表达时可能严重损害重组菌的正常生长代谢，因而需要选择合适的启动子。转录终止信号也会影响转录，人工合成的基因后面一定要装配合适的终止子，以减少能量消耗及保持转录的准确性。强启动子往往需要强终止子予以匹配。

翻译水平影响外源基因表达的重要因素是翻译起始区。翻译是在核糖体上进行的，因此mRNA 上必须有核糖体的结合部位（称 SD 序列）。对于人工合成的基因来说，密码子的优化亦很重要，应该采用宿主菌的偏爱密码子，保持嘌呤和嘧啶碱基配对反应的能量平衡。翻译后的加工修饰也将影响表达水平。包括切除新生肽键 N 端甲酰蛋氨酸、形成二硫键、糖基化和肽键本身的后加工等。

基因表达是一个非常复杂的系统。除上述两个主要影响因素外，载体的稳定性、拷贝数、宿主细胞的生理状态都影响目的基因的表达水平。

（2）目的基因的表达效率与方式

目的基因的表达效率是基因工程研究的核心问题，而且是一个多学科交叉的研究课题，一般具有如下规律。

① 从表达蛋白的生物活性角度出发，目的蛋白无需变性复性就具有生物活性的表达方式将是有效的基因表达方式。

② 如果翻译后蛋白质的结构需要修饰，能够进行目的蛋白结构修饰的基因表达方式将更受到欢迎，获得的产物应尽可能与天然蛋白质一致，这样才具有最高的生物活性。

③ 能够将目的蛋白分泌到细胞周质，特别是分泌到细胞外的分泌型表达将提高产物表达的产量并简化分离流程。

④ 应该通过质粒设计和培养过程优化等手段，尽可能降低不含质粒细胞的比例，保持质粒的稳定性，使目的基因能够长时间在宿主菌中保持和表达。

⑤ 提高细胞密度通常能够提高产物的表达水平，因此应该选择能进行高密度培养的宿主细胞，并有适当的培养方法尽可能提高细胞密度。

⑥ 在宿主细胞选择、质粒构建、培养基设计中都应该考虑有利于产物的分离提纯。

（3）目的基因的表达方式

1）目的基因的不溶性高效表达　在基因工程诞生后研究开发第一代重组 DNA 产品时，发现在大肠杆菌细胞内表达的抑生长素和胰岛素的产量很低，究其原因，发现这些表达的蛋白质大部分都被细胞内蛋白酶降解了。但当目标产物与 β-半乳糖苷酶融合表达时，融合蛋白产物却能在细胞内高水平积累，从而开创了目的基因的高效融合表达策略。融合表达的蛋白质往往形成不溶性的无生物活性的包含体，需要经过溶解和复性才能获得有活性的目的蛋白。采用高密度培养及工程菌生长和诱导表达相分离的两段培养技术，包含体的产量可以达到很高的水平，由于近年来蛋白质复性技术的发展，目的蛋白质的活性收率也得到了大幅度提高。因此，对于不需要翻译后修饰的蛋白质产物，利用生长速度快、培养基简单的大肠杆菌为宿主细胞，采用不溶性融合蛋白表达策略仍是一种提高目的基因表达效率的很好选择。

通过采用目的蛋白与带纯化标签的细菌蛋白融合的新策略，所得到的融合蛋白不仅能够抵抗蛋白酶的进攻，而且可以利用带纯化标签的蛋白与相应的抗体之间的亲和反应，实现目的蛋白的高效亲和分离。

2）目的基因的高效可溶性表达　最初以大肠杆菌为宿主细胞的基因工程菌在表达目的蛋白时，发现可溶性的目的蛋白在细胞中浓度很低，高浓度表达将导致不溶性包含体的形成。近年来的研究发现，如果目的蛋白能够抵抗蛋白酶的进攻或者采用蛋白酶缺失的宿主菌，目的基因有可能在细胞内进行高水平的可溶性表达。对于不少目的蛋白，通过降低启动子强度和降低培养温度的手段成功地实现了高水平的可溶性表达。如在表达人干扰素-a2b的重组大肠杆菌中，采用较弱启动子和在 25℃ 下培养，细胞内可溶性表达可达到 1.0g/L 以上。由于可溶性的目的蛋白本身具有生物活性，无需复杂的变性复性的后分离过程，是一种很有希望的提高目的基因表达的新策略。

3）目的基因的高效分泌型表达　当采用大肠杆菌作为表达系统时，如果在质粒设计时就加上一段信号肽基因，就有可能实现目的蛋白质的分泌型表达。目的基因的分泌型表达有两种情形：目的蛋白分泌到细胞周质中，目的蛋白转运到细胞周质后再分泌到细胞外。目的蛋白分泌到细胞周质中的优点有：①细胞周质中蛋白酶种类和数量远少于细胞内原生质中蛋白酶种类和数量，从而可减少蛋白酶的攻击；②细胞周质的高度氧化环境更有利于蛋白质的正确折叠和增加可溶性；③表达蛋白在分泌到细胞周质的过程中能够借助肽酶将与之相连的信号肽切除，从而得到成熟的表达蛋白；④通过简单的渗透振扰就可将在细胞周质中的目的蛋白分泌到培养基中，避免了在分离过程中细胞破碎带来的众多杂蛋白的干扰。对于能分泌到细胞外的表达系统，除了以上优点外，还能进一步简化产物分离工艺，更重要的是降低了胞内的产物浓度，特别是对那些存在产物抑制的表达系统，可以大大提高表达水平。因此，构建分泌型，特别是胞外分泌型的表达载体是实现目的基因高效表达的重要发展方向之一。

另一类分泌表达系统则从破坏细胞壁的结构着手。例如，将目的蛋白和细胞壁裂解酶的基因同时转化到宿主细胞中，在细菌生长到一定阶段后诱导表达，一方面，目的蛋白质开始蛋白质表达，另一方面，细胞壁裂解酶的表达将破坏细胞壁的结构，使表达的目的蛋白质释放到胞外。这种方法已经在基因工程菌生产聚羟基烷酸时取得成功。也有人将表达载体转化到已突变的渗漏型宿主细胞中，从而实现目的蛋白分泌到细胞外。由于上述宿主菌的细胞生理都处于不正常的条件下，在基因工程菌实际培养过程中都难以高表达。

（4）提高目的基因表达水平的措施

1）对基因工程宿主菌进行改造　大肠杆菌具有实现外源蛋白高效表达的许多基本条件，能够满足作为基因工程宿主菌的基本功能，目前基因工程常用宿主是大肠杆菌 K_{12} 系列和 B 系列。然而，在基因工程菌培养过程中，特别在高密度培养条件中，往往存在抑制性副产物乙酸的大量积累，从而严重抑制了菌体生长和目的基因表达。尽管从工程角度已开发了不少新型培养策略，但通过改造宿主的遗传性能从而减少或消除乙酸的生成不失为一条革命性的解决措施。

通过分析 E.coli 中乙酸生成的代谢途径（图 2-37），很多科学家开展了相关的代谢工程研究。他们采用了如下措施：降低磷酸转移酶的活性，减少丙酮酸的合成；降低磷酸转乙酸基酶活性，减少乙酸形成；加强 6-磷酸葡萄糖合成糖原途径以减少丙酮酸的形成；通过克

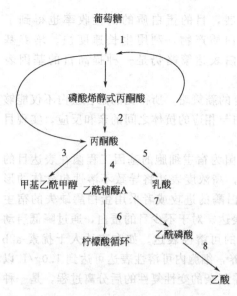

图 2-37　*E.coli* 的乙酸生成的代谢途径

1—磷酸转移酶；2—丙酮酸激酶；
3—甲基乙酰甲醇合成酶；4—丙酮酸脱氢酶；
5—乳酸脱氢酶；6—柠檬酸合成酶；
7—磷酸转乙酸基酶；8—乙酸激酶

隆甲基乙酰甲醇基因，将丙酮酸引向毒性小的甲基乙酰甲醇合成，从而减少乙酸的合成。通过以上努力，使大肠杆菌培养过程中积累乙酸的水平大大降低，而外源基因的表达水平则有很大的提高。

在基因工程培养过程中，溶解氧是影响工程菌生长和外源基因表达的重要因素。通常情况下，重组菌生长密度达到 $30\sim50g/L$ 时，溶解氧就成为菌体生长的限制性因素。与上述解决乙酸积累的方法类似，通过改造大肠杆菌使之能在贫氧条件下生长，是一种根本性的解除溶氧限制的新策略。已经发现在一种细菌（透明菌）内含有起输送氧作用的血红蛋白基因，通过将血红蛋白基因整合到大肠杆菌宿主中后，大肠杆菌就能在贫氧条件下培养生长，从而提高了菌体生长密度和外源蛋白的表达产率。进一步将血红蛋白基因整合到其他的基因工程宿主菌中，如枯草杆菌和链霉菌，也可以起到增加菌体密度和提高表达水平的作用。

2）提高工程菌的质粒稳定性　提高工程菌的质粒稳定性需要从质粒构建和培养方法改进两条途径进行研究。在质粒构建时，一般都插入了抗生素抗性基因，不但为基因工程菌的筛选提供了方便，而且也为培养过程中提高含质粒细胞比例创造了条件。只要在培养基中加入一定量的抗生素，就可以抑制不含质粒细胞的生长。另外，在质粒构建时应该加入称为 par 和 cer 的位点，par 位点能够在细胞分裂过程中使质粒分布更均匀，cer 位点则能够防止多聚体质粒的形成，从而能从源头上提高质粒稳定性。

3）选择能高密度表达的宿主菌　如果能实现重组菌的高密度培养，不仅能提高目的蛋白产率，而且能减少培养体积、强化下游分离提取、降低生产成本。但高密度培养的实现，首先取决于上游重组表达系统的构建，如不同亚种的大肠杆菌在相同条件下培养的菌体密度和表达水平可相差 $2\sim5$ 倍，因此高密度优化时要考虑宿主菌的因素，选取最合适的表达宿主菌。另外重组菌的表达方式、诱导方法等因素也会影响细胞培养能达到的密度和产物表达水平。

4）选择能提高目的蛋白表达质量的宿主菌　在重组细胞的产物表达后，目的蛋白常常会受到各种修饰，如蛋白质的氧化、脱氨基和降解等，而且经过修饰的蛋白质与目的蛋白质的性质十分接近，难以与目的蛋白分离，影响目的蛋白质的真实性和质量，如果用于疾病治疗，将引起人体的许多副作用。从基因工程上游的角度考虑，宿主细胞选择是一个很重要的因素，所选择的宿主细胞应尽可能地不产生或少产生能引起蛋白质变性或降解的酶系。

2.2.4　转基因技术及操作

2.2.4.1　转基因技术概念

将生物体内的基因或人工合成、分离和修饰过的基因导入到生物体基因组中，由于导入的外源基因表达，引起生物体表型的改变，而且这种改变是可遗传的，这一技术称为转基因技术。利用转基因技术可以改变动物、植物和微生物的性状，培育优质、高产、高效的生物新品种。这对于农业、医药、食品等产业具有重要意义。

2.2.4.2 转基因技术操作实例

现以 CryIA（c）基因植物表达载体的构建及转基因甘蔗的获得为例，说明转基因技术的基本操作过程。

苏云金芽孢杆菌（Bt）毒蛋白是苏云金杆菌在芽孢形成过程中产生的具有特异性杀虫活性的晶体蛋白。其作用原理是 Bt 杀虫晶体蛋白在昆虫中肠碱性和还原性的环境下，被降解成 $65\sim75\mathrm{kDa}$ 的活性小肽，这些小肽与中肠膜上的受体结合，插入到细胞膜上形成穿孔，破坏细胞膜周质和中膜腔之间的离子平衡，引起细胞裂解，导致昆虫瘫痪或死亡。因此 Bt 毒蛋白是目前世界上生产量最大的生物农药杀虫剂。甘蔗是高度杂合的异源多倍体和多倍的非整倍体植物，遗传背景十分复杂，同时由于缺乏抗虫的甘蔗资源，因此，选育抗虫甘蔗品种十分困难。通过转基因技术提高甘蔗抗虫性是甘蔗抗虫育种的一条重要途径。

（1）目标基因的克隆

根据苏云金芽孢杆菌杀虫晶体蛋白 A［CryIA(c)］基因序列设计引物，在引物的上游和下游加上酶切，内切酶分别是 *Hind*Ⅲ 和 *Bam*HⅠ，通过 PCR 方法获得目的基因。引物序列为 P_1（GGACAACAACCCAAACATCA）和 P_2（CAGCCTCGAGTGTTGCAGTA）。扩增程序为 $94℃5\mathrm{min}$；$94℃1\mathrm{min}$，$53℃1\mathrm{min}$，$72℃3\mathrm{min}$，30 个循环；$72℃10\mathrm{min}$，$4℃$ 保存。PCR 产物在琼脂糖凝胶电泳后进行回收，回收的产物在 T_4 DNA 连接酶的作用下与克隆载体于 $16℃$ 连接过夜。

（2）表达载体构建

连接产物采用 $CaCl_2$ 法转化大肠杆菌 DH5a 感受态细胞，用 PCR 和 *Hind*Ⅲ/*Bam*HⅠ 双酶切鉴定成功转化细胞，经鉴定正确重组子进行测序反应，以保证基因序列正确性。如果测序正确，对正确的重组质粒和表达载体 pCAMBIA3300 进行 *Hind*Ⅲ/*Bam*HⅠ 双酶切，酶切产物经琼脂糖凝胶电泳，分别回收相应的目的基因片段，然后把回收的目的基因片段和表达载体在 T_4 DNA 连接酶的作用下于 $16℃$ 连接过夜。鉴定正确重组质粒的方法同上。

（3）转化农杆菌和筛选阳性克隆

把正确的重组质粒导入根癌农杆菌的 EHA105 的感受态细胞中，随机挑选菌落进行 PCR 扩增，均能扩增出与目的片段大小相符的片段（见图 2-38），证明重组质粒已经导入农杆菌 EHA105 中。

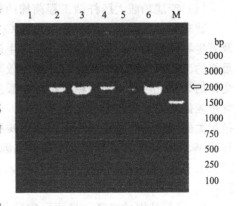

图 2-38　重组农杆菌 PCR 鉴定
M：DS™ 5000 Marker；1~6：pUB

（4）甘蔗愈伤组织遗传转化

将含重组质粒的农杆菌菌株 EHA105 接种于酵母菌培养基（YEP）中［卡那霉素（Kan）$50\mu\mathrm{g}/\mathrm{mL}$，链霉素（Str）$50\mu\mathrm{g}/\mathrm{mL}$，利福平（Rif）$50\mu\mathrm{g}/\mathrm{mL}$］，$28℃$ 培养过夜（$OD_{600}=0.3\sim0.6$），离心收集菌体，然后用含 $150\mathrm{mol/L}$ 乙酰丁香酮（AS）的 MS 液体培养基重悬并在 $28℃$ 摇床上预表达 4h，接着将胚性愈伤组织在工程菌液中浸染 20min 左右。随后将浸染后稍晾干的愈伤组织转入含 $100\mathrm{mol/L}$ AS 的 MS 固体培养基中共培养 3d。然后把共培养后的愈伤组织转移到筛选培养基上，约 15d 继代一次，于 $28℃$ 光照培养直到分化出芽和根。

（5）转基因植株的分子检测

可以用 PCR 方法进行检测。首先取转化植株的叶片用十二烷基硫酸钠（SDS）法小量提取总 DNA。反应条件和程序同前述。其中以克隆质粒 DNA 作正对照，以未转化甘蔗的 DNA 为负对照。PCR 产物进行 1‰琼脂糖凝胶电泳分析并照相。结果表明有的转化植株能够扩增出特异条带，见图 2-39。鉴定结果初步表明外源基因 CrylA（c）已经整合到甘蔗基因组中。进一步的工作可以对阳性植株进行 Southern 印迹和 Northern 印迹鉴定，并进行转基因植株的抗虫试验。

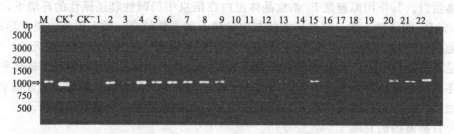

图 2-39　部分转化植株的 PCR 检测

M：DS™ 5000 Marker；CK+：质粒 pUBTC；CK−：未转化植株；1～22：抗性植株

2.2.5　工程菌（细胞）构建技术及操作

2.2.5.1　工程菌（细胞）构建技术

工程菌（细胞）构建技术是指人们按照自己意愿采用现代生物工程技术对现有的微生物（细胞）进行改造、加工进而形成新型微生物（细胞）的一种技术。获得的新型微生物（细胞）具有能高效表达外源基因、适应性和抗逆性强等优点。例如能合成人胰岛素的大肠杆菌菌株和含有抗虫基因的土壤农杆菌菌株都是"工程菌"。

2.2.5.2　工程菌（细胞）构建实例

（1）产琥珀酸大肠杆菌工程菌株的构建

琥珀酸（又称丁二酸）作为一种 C_4 化合物，可被广泛用于医药产品、精细化工产品以及可生物降解的聚合物的前体。传统生产方法是通过电解丁烷产生，污染大、成本高。采用重组的工程菌生产琥珀酸具有环保、效率高等优点。大肠杆菌在厌氧条件及不额外添加电子受体的条件下可利用葡萄糖进行混合酸发酵，主要产物为甲酸、乙酸和乙醇，丁二酸及乳酸含量较低。为了能产生较多的丁二酸，可以在厌氧条件下失活甲酸、乙酸及乳酸主要生成途径相关的酶（乳酸脱氢酶和丙酮酸甲酸裂解酶）。借助位点特异性重组技术，能够敲除大肠杆菌 W3110 染色体上编码 2 个酶的基因（乳酸脱氢酶和丙酮酸甲酸裂解酶），获得突变重组菌 JM1307。如果把丙酮酸羧化酶转入突变重组菌 JM1307，就可得到生产丁二酸的工程菌株。

1）目标基因的克隆　参照丙酮酸羧化酶的基因序列，分别设计含有 NcoⅠ和 XbaⅠ酶切位点及其保护碱基的上、下游引物。由上海博亚生物有限公司合成。引物序列如下：上游引物　5′-GGGGATGGTTGTCTCAGCAATCGATACAAAAG-3′，下游引物　5′-GGTCTAGAAACCATCTGTTTCACTCCACATTTT-3′。PCR 扩增反应体系是上、下游引物（100pmol/μL）各 0.5～1μL；模板 DNA（100ng/μL）0.5μL；10 倍缓冲液 5μL；dNTP（10mmol/L）1μL；DNA 聚合酶（2.5U/μL）1μL；ddH₂O 38.5μL，总体积 50μL。反应条件：94℃10min；94℃ 45s，51℃ 45s，72℃ 4min，35 个循环；72℃ 10min。

2）重组质粒构建　将纯化后的丙酮酸羧化酶基因（pyc）片段以及质粒 pTrc99a 进行 NcoⅠ和 XbaⅠ双酶切反应，把双酶切后得到的片段在 T₄ DNA 连接酶的作用下于 16℃连接过夜，构建重组质粒 pTrc99a-pyc 并电转化于突变重组菌 JM1307 中。涂布氨苄平板后挑选抗性克隆，提取质粒后进行表达质粒 pTrc99a-pyc 的 Nco I 单酶切及 Sac I 和 Bam H I 的双酶切鉴定。构建过程如图 2-40 所示。

3）转化和丙酮酸羧化酶（pyruvate carboxylase，PYC）酶活力的测定　把正确的重组质粒采用电转化的方法转入感受态细胞突变重组菌 JM1307 中。然后采用 PCR 的方法鉴定转化成功的阳性菌落。以 JM1307 作为实验对照组，对获得的阳性工程菌进行丙酮酸羧化酶酶活力测定。将过夜培养的 JM1307（pTrc99a-pyc）按照 1% 的接种量接入新鲜 LB 液体培养基中，37℃、200r/min 培养至 OD 值为 0.5～0.8，加入 IPTG（异丙基-D-硫代半乳糖苷，为 β-半乳糖苷酶的活性诱导物质）至终浓度为 0.5mmol/L，30℃、200r/min 诱导培养 8h。离心收集菌体，用超声波破碎细胞后离心收集上清液，得到含有丙酮酸羧化酶的粗酶液。然后进行酶活力测定。

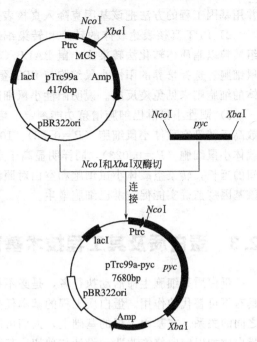

图 2-40　pTrc99a-pyc 表达载体构建图谱

4）厌氧发酵　为了考察外源引入 PYC 对 JM1307 的影响，实验采用专一性厌氧发酵模式，初糖为 8g/L。葡萄糖消耗及产物积累见表 2-9，由结果可推得，外源引入 PYC 可以恢复菌体 JM1307 在厌氧条件下的生长及耗糖能力，且得到的发酵产物以丁二酸为主，乙酸含量很少，没有甲酸和乳酸等副产物的产生。厌氧发酵结果表明，在 8g/L 初糖条件下，发酵 48h，菌体密度可由接种初始的 OD_{600} 0.3 提高至 OD_{600} 2.5，产物主要为丁二酸（2.8g/L），乙酸含量很低，无甲酸、乳酸生成。而对照菌株 JM1307 则只能从 OD_{600} 0.3 提高至 OD_{600} 0.6，生长严重受到影响。根据实验室之前得到的细胞干重与 OD 的线性曲线，细胞分子式 $CH_{18}O_{0.5}N_{0.2}$ 及葡萄糖的分子式 $C_6H_{12}O_6$，可计算出 OD 每增加 1，会消耗 0.85g 葡萄糖，因此，去除用于菌体生长所消耗的葡萄糖，得到的丁二酸产率为 $2.8/(8-0.85\times2.5)\times100\%=47.7\%$。证明目的工程菌构建成功。

表 2-9　JM1307 与 JM1307（pTrc99a-pyc）专一性厌氧发酵产有机酸结果

菌种	时间/h	pH 值	葡萄糖/(g/L)	丁二酸/(g/L)	丙酮酸/(g/L)	乙酸/(g/L)
JM1307	0	6.86	8	0	0	0
	48	7.21	6.5	0.96	1.52	1.82
JM1307(pTrc99a-pyc)	0	6.90	8	0	0	0
	48	6.25	0	2.8	1.31	1.03

（2）乙型肝炎病毒多表位抗原基因真核表达载体的构建

目前采用药物治疗慢性乙肝病效果不理想，而疫苗可以作为一种新的治疗途径，发展潜力巨大。通过基因工程的手段可以获得在动物细胞中表达人们所需的疫苗。

1）目标基因的克隆和载体构建　从乙型肝炎病毒（HBV）基因组中选取 5 个高度保守的多肽，组成一个预防治疗性 HBV 复合多表位抗原基因 BPT。全基因序列共 405bp，编码 119 个氨基酸，在某生物公司合成，命名为 CAG-176。实验用引物如下：$P_1$5'-GCGAAT-TCAFGCAGTGGAACTCC-3'（上游引入 EcoR I 酶切位点）；$P_2$5'-GCGGATCCAC-CCAGACGAGCTAC-3'（下游引入 BamH I 酶切位点）。采用 PCR 方法扩增出 BPT 基因。

并用基因工程的方法把该基因克隆入真核表达载体 pCDNA3.1。最后获得正确的重组质粒。

2）BPT 真核表达载体的转染和转染细胞的免疫组化检测　载体 pCDNA3.1 和阳性重组质粒以脂质体转化法转染入小鼠 BALB/C3T3 细胞，采用 PCR 方法鉴定已转染成功的小鼠细胞。选择培养的阳性小鼠细胞与 BPT 蛋白免疫血清结合能产生免疫反应，而转染空载体的细胞则未见免疫反应。说明阳性小鼠细胞已产生 BPT 蛋白。

3）阳性小鼠淋巴细胞增殖功能测定　培养 8 周后经过测定，阳性小鼠淋巴细胞刺激指数高于转染空载体小鼠细胞（$P=0.03$）。10 周后，阳性小鼠淋巴细胞刺激指数高于转染空载体小鼠细胞（$P=0.023$），同样明显高于空白对照组（$P=0.0099$）。结果表明随着培养时间的延长，转染空载体小鼠细胞和空白对照淋巴细胞刺激指数都增加，但无显著差异。说明该基因疫苗确实能促进淋巴细胞增生。

2.3　蛋白质及其工程技术基础

蛋白质是细胞生命活动执行者，是必不可少的生物大分子，因此蛋白质对生物产业发展具有不可替代的作用。蛋白质工程的基本任务就是研究蛋白质分子结构规律与其生物学功能之间的关系。在基因工程的基础上，人们可以结合蛋白质结晶学，计算机辅助设计对现有的蛋白质加以定向修饰改造、设计与剪切，甚至构建生物学功能比天然蛋白质更加优良的新型蛋白质等。同时，通过计算机模拟特定的氨基酸序列在细胞内或在体内环境中多肽空间结构的折叠过程，最终预测出蛋白质的空间结构。这些对于蛋白质功能的深入研究和创造出满足人类需要的新型蛋白质具有重要的里程碑意义。

2.3.1　蛋白质基本知识

2.3.1.1　蛋白质概念

蛋白质是细胞内各种生命活动的物质基础，它是由氨基酸通过肽键、氢键等形成的具有三维立体结构的、细胞中含量最丰富、功能最多的生物大分子。经分析，蛋白质中含有碳、氢、氧、氮及少量的硫元素，多以一定的比例存在。有些特殊的蛋白质还含有微量的金属元素，例如铁、锌、钼和镍等。通常蛋白质的分子质量均在 10000Da以上，变化范围从 $10000\sim1000000$Da。生物体内一些重要的物质如抗体、多肽激素、酶、转运蛋白和细胞骨架都是由蛋白质构成的。由此说明蛋白质是细胞生命活动所不可缺少的。

2.3.1.2　蛋白质性质

氨基酸是组成蛋白质的基本单位。构成天然蛋白质的氨基酸有 20 种，分为非极性、疏水性氨基酸；极性、中性氨基酸；酸性氨基酸和碱性氨基酸。除了脯氨酸外，所有的氨基酸均可用下式表示：NH_2—CH—COOH，其中 R 代表侧链基团，不同氨基酸，R 基团不
                                                  |
                                                  R
同。由于氨基酸分子上含有氨基和羧基，它既可接受质子，又可以释放质子，因此氨基酸属于两性电解质物质。两个或两个以上氨基酸残基组成的片段称为肽。蛋白质的性质主要有如下几个方面。

（1）蛋白质的两性性质和等电点

由于蛋白质多肽链的 N 端有氨基，C 端有羧基，其侧链上也常有一些碱性基团和酸性基团。因此，蛋白质具有两性性质和等电点。当溶液中的 pH 达到某一固定值时，蛋白质分

子所带的正、负电荷相等，此时溶液的 pH 值称为该蛋白质的等电点（pI）。如果溶液的 pH 值小于蛋白质的等电点，溶液中的 H^+ 会抑制羧基电离，因而这时蛋白质带正电荷；反之，蛋白质带负电荷。研究表明不同的蛋白质具有不同的等电点，多数蛋白质的等电点小于 7。利用蛋白质的等电点，可以分离和纯化蛋白质。因为蛋白质在等电点时，它的溶解度最小，渗透压、导电性、黏度等也最低。

（2）蛋白质的胶体性质

由于蛋白质颗粒的大小分布在 1～100nm，这属于胶体分散范围，所以蛋白质溶液具有胶体性质。具有较大的吸附力和较高的黏稠度。不能通过半透膜，能形成稳定的亲水胶体溶液。首先这是因为当蛋白质处于非等电点的 pH 环境时，带同性电荷的蛋白质粒子会相互排斥，不易沉淀。其次，蛋白质分子表面有许多亲水基团，如—NH_2、—$COOH$、$\diagdown C{=}O$、$\diagdown N{-}H$ 等，它们能与水形成氢键后发生水化作用，因而形成了一层水化膜，所以使蛋白质粒子不易聚集而沉淀。

（3）蛋白质的沉淀

当溶液中 pH 值改变或水化膜被破坏时，蛋白质会发生沉淀。沉淀可分为可逆沉淀和不可逆沉淀两种情况。可逆沉淀是指发生沉淀的蛋白质分子，仍然保持原有的生物活性，内部结构基本没有改变，在一定条件下，会重新溶解而成为胶体溶液。当在蛋白质溶液中加入大量盐离子（硫酸铵、硫酸钠、氯化钠）时，蛋白会发生可逆沉淀，这个过程称为盐析。不可逆沉淀是指沉淀的蛋白质分子，内部结构发生了较大的改变，而且已失去了原来的生物活性，产生的沉淀不会重新溶解。

（4）蛋白质的变性

蛋白质受到物理或化学因素的作用，致使蛋白质的构象发生改变，导致蛋白质的理化性质和生物学特性发生变化，这种现象叫变性作用。变性的实质是次级键（离子键、氢键、疏水作用等）的断裂，而一级结构的主键（共价键）不受影响。变性后的蛋白质称变性蛋白质。能使蛋白质变性的物理因素有超声波、高压、剧烈振荡、紫外线和 X 射线等。化学因素有强酸、强碱、尿素、去污剂、有机试剂和重金属盐等。蛋白质的沉淀与蛋白质变性之间，既有联系又有区别。蛋白质变性常伴随有蛋白质沉淀，沉淀不一定变性。但蛋白质的不可逆沉淀一定是变性蛋白质。

（5）蛋白质的颜色反应

蛋白质和适当的试剂反应后会显出一定的颜色，根据颜色的深浅可以测定其含量。常用的颜色反应有福林反应（酚试剂反应）、双缩脲反应、乙醛酸反应、茚三酮反应和米隆反应等。双缩脲反应是指双缩脲在碱性条件下能与硫酸铜发生紫红色反应，由于蛋白质分子中含有许多与双缩脲结构相似的肽键，因此，也能发生类似紫红色反应。茚三酮反应原理是凡含有 α-氨基酰基的化合物都能与水合茚三酮作用生成蓝紫色物质。米隆反应中米隆试剂是指硝酸、亚硝酸、硝酸汞、亚硝酸汞的混合溶液。米隆试剂与含酚结构的氨基酸（如酪氨酸）作用，能生成白色沉淀，加热后沉淀变成砖红色。由于大多数蛋白质含有酪氨酸，所以通常用这三种反应对蛋白质进行定量。

2.3.1.3 蛋白质结构

蛋白质的结构可划分为一级结构、二级结构、三级结构和四级结构，后三者统称为高级结构或空间构象。并不是所有的蛋白都有四级结构，只有两条或两条以上多肽链形成的蛋白才有四级结构。

（1）蛋白质的一级结构

是指蛋白质分子中氨基酸的排列顺序。氨基酸之间主要通过肽键和二硫键连接。由于氨基酸排列顺序的差异，形成不同的蛋白质所带电荷数目和对水的亲和力不同，因此表现为蛋白质空间结构和生物学功能的差异。

（2）蛋白质的二级结构

指蛋白质分子中某一段肽链的局部空间结构，也就是若干肽段沿着某个轴盘旋或折叠，形成有规则的构象。二级结构的主要形式包括：α-螺旋（图 2-41）、β-折叠（图 2-42）、β-转角和无规则卷曲等。其中 α-螺旋和 β-折叠是蛋白质构象中的最重要单元，维系蛋白质二级结构的化学键主要是氢键。

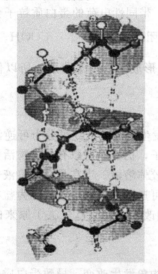

图 2-41　蛋白质的 α-螺旋结构

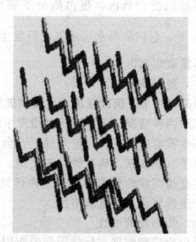

图 2-42　蛋白质的 β-折叠结构

（3）蛋白质的三级结构

指整条肽链所有原子在三维空间的排布位置。这是在二级结构基础上的肽链再进行折叠的结果。三级结构的形成主要依靠疏水键、盐键、二硫键、氢键和范德华力等次级键，其中疏水键的相互作用是最重要的。结构域是三级结构中折叠得较为紧密的一个结构，一个蛋白常常有一个或几个结构域，它们能执行一定的生理功能。

（4）四级结构

蛋白质的四级结构是由两条或多条肽链组成，每条多肽链都有其完整的三级结构，称为蛋白质的亚基，肽链与肽链之间由非共价键维系。维持四级结构的主要作用力是疏水键、氢键、离子键和范德华力。对于含有多个肽链的蛋白，单独的亚基一般没有生物学功能，只有完整的四级结构才能执行相应的生物学功能。

2.3.1.4　酶作用机理及特点

（1）酶作用在于降低反应活化能

在任何化学反应中，反应物分子必须超过一定的能阈，成为活化的状态，才能发生变化，形成产物。这种提高低能分子达到活化状态的能量，称为活化能。酶的作用在于降低反应活化能，使反应速率增高千万倍以上，如图 2-43 所示。利用中间产物学说可以解释酶反应的机理，在酶催化的反应中，第一步是酶与底物形成酶-底物中间复合物。当底物分子在酶作用下发生化学变化后，中间复合物再分解成产物和酶。许多实验证明酶-底物中间复合物的存在，该复合物形成的速率与酶和底物的性质有关。

（2）酶作用高效率的机理

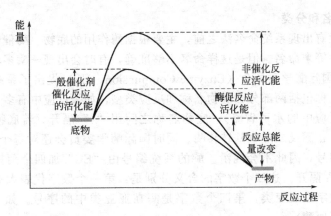

图 2-43 酶促反应活化能的改变

1）邻近效应和定向效应 在酶促反应中，由于酶和底物分子之间的亲和性，底物分子有向酶的活性中心靠近的趋势，最终结合到酶的活性中心，使底物在酶活性中心的有效浓度大大增加的效应叫做邻近效应。当专一性底物向酶活性中心靠近时，会诱导分子构象发生改变，使酶活性中心的相关基团和底物的反应基团正确定向排列，同时使反应基团之间的分子轨道以正确方向严格定位，使酶促反应易于进行。这两种效应使酶具有高效率和强专一性的特点。

2）张力作用和酸-碱催化作用 底物的结合可诱导酶分子构象发生变化，比底物大得多的酶分子的三级、四级结构的变化，也可对底物产生张力作用，使底物扭曲，促进酶-底物中间复合物进入活性状态。酸-碱催化是指通过质子酸提供部分质子，或是通过质子碱接受部分质子的作用，达到降低反应活化能的过程。

3）共价催化作用 催化剂通过与底物形成反应活性很高的共价过渡产物，使反应活化能降低，从而提高反应速率的过程，称为共价催化。酶中参与共价催化的基团主要包括亲核基团（His 咪唑基，Cys 硫基，Asp 羧基，Ser 羟基等）和亲电子基团（H^+、Mg^{2+}、Mn^{2+}、Fe^{3+}）。

（3）酶的催化特性特点

酶是生物催化剂，因此具有催化剂的共同性质，即可以加快化学反应的速率，但不改变反应的平衡点，在反应前后本身的结构和性质不改变。与非酶催化剂比较，酶具有专一性强、催化效率高和作用条件温和等显著特点。

专一性是酶最重要的特性，是酶与其他非酶催化剂最明显的不同之处，也是酶在医药和其他领域广泛应用的基础。酶的专一性是指一种酶只能催化一种或一类结构相似的底物进行某种类型的反应。按其严格程度的不同，酶的专一性分为绝对专一性和相对专一性两大类。

① 绝对专一性。一种酶只能催化一种底物，并且只进行一种反应，这种高度专一性称为绝对专一性。当酶的作用底物或生成的产物含有不对称碳原子时，酶只能作用于异构体的一种，这种专一性又称为立体异构专一性。如天冬氨酸氨裂合酶（EC 4.3.1.1）只能作用于 L-天冬氨酸，脱氨基生成反丁烯二酸（延胡索酸）或其逆反应，而对 D-天冬氨酸或顺丁烯二酸（马来酸）一概不起作用。

② 相对专一性。一种酶能够催化一类结构类似的底物，进行某种类型的反应，这种专一性称为相对专一性。例如，醇脱氢酶（EC 1.1.1.1）作用于伯醇和仲醇，进行脱氢反应生成醛或酮。又如，胰蛋白酶（EC 3.4.3.1.4）可选择性地水解含有赖氨酸或精氨酸的羧基，因此凡是含有赖氨酸或精氨酸羧基的酰胺、脂或肽都能被该酶迅速地水解。

2.3.1.5　酶的命名和分类

酶的命名在没有出现系统命名法之前，主要根据酶作用的底物、酶催化反应的性质和酶的来源、作用条件等来命名。但是这样命名不够准确，有时会出现一酶多名或一名多酶的现象。为此 1961 年国际酶学委员会（Enzyme Commission，EC）提出了系统命名法，系统命名法规定，酶的名称包括两部分：底物名称和反应类型，如果反应中有多个底物，每个底物均需列出（水解反应中的水可省略），底物名称之间用"："隔开。若底物有构型，也需标出，如 L-丙氨酸：α-酮戊二酸氨基转移酶。同时国际酶学委员会还对每个酶做了统一编号，一个酶只有一个编号，因此不会混淆。酶的系统编号由"EC"加四个阿拉伯数字组成，每个数字之间以"."隔开。这四个数字的含义分别是：第一个数字代表大类，第二个数字代表亚类，第三个数字是亚亚类，第四个数字是酶在亚亚类中的序号。如 EC 1.1.1.27（乳酸：NAD^+ 氧化还原酶）。

酶学委员会规定，根据酶所催化反应的性质，将酶分为六大类。

1）氧化还原酶类　催化底物的氧化还原反应，如氧化酶、脱氢酶等。

2）转移酶类　催化底物之间基团的转移反应，如羧基转移酶、氨基转移酶、甲基转移酶等。

3）水解酶类　催化底物的水解反应，如淀粉酶、脂肪酶、蛋白酶等。

4）裂合酶类（或称裂解酶类）　催化底物裂解或缩合反应，如脱氨酶、脱羧酶、脱水酶等。

5）异构酶类　催化同分异构体的底物之间相互转换，如磷酸己糖异构酶和磷酸甘油酸变位酶。

6）合成酶类　或称连接酶类，催化两种或两种以上化合物合成一种化合物的反应。反应需吸收能量，通常与 ATP 的分解相偶联，ATP 分解产生能量用于合成反应。

2.3.1.6　变构酶、同工酶及异构酶

变构酶、同工酶及异构酶是三种重要的酶，它们在生物工程和技术领域的基础研究和实际应用中具有重要意义，因此重点介绍这三种酶。

（1）变构酶

变构酶又称为别构酶，指具有变构效应的酶。有些酶除了活性中心外，还有一个或几个部位，当特异性分子非共价地结合到这些部位时，可改变酶的构象，进而改变酶的活性，酶的这种调节作用称为变构调节，凡能使酶分子发生变构作用的物质称为变构剂。变构酶除活性中心外，存在着能与变构剂作用的亚基或部位，称调节亚基（或部位），变构剂与调节亚基以非共价键特异结合，可以改变调节亚基的构象，进而改变催化亚基的构象，从而改变酶活性。凡使酶活性增强的变构剂称变构激活剂，凡使酶活性减弱的变构剂称变构抑制剂，例如，ATP 是磷酸果糖激酶的变构抑制剂，而 ADP、AMP 为其变构激活剂。

（2）同工酶

同工酶指来源相同或不同但却能催化相同的化学反应的酶。它是由同一位点或不同位点的复等位基因编码的一种蛋白。根据产生酶分子结构的不同，可将同工酶分为：基因性同工酶或原级同工酶、次生同工酶或转译后同工酶。最典型的同工酶是乳酸脱氢酶（LDH）同工酶。这类酶常见有 5 种组成形式：如 LDH_1（H_4）、LDH_2（MH_3）、LDH_3（M_2H_2）、LDH_4（M_3H）、LDH_5（M_4）。LDH 同工酶具有组织特异性，LDH_1 在心肌含量高，而 LDH_5 在肝、骨骼肌含量高。因此，LDH 同工酶相对含量的改变在一定程度上反映了某器官的功能状态，临床上可以利用这些同工酶在血清中的相对含量的改变作为某脏器病变鉴别诊断的依据。

（3）异构酶

异构酶亦称异构化酶，是催化生成异构体反应酶的总称。根据反应方式可分为以下五类：①结合于同一碳原子基团的立体构型发生转位反应（消旋酶、差向异构酶），如 UDP 葡萄糖差向酶（生成半乳糖）；②顺反异构；③分子内的氧化还原反应（酮糖-醛糖相互转化等），如葡萄糖磷酸异构酶（生成磷酸果糖）；④分子内基团的转移反应（变位酶），如磷酸甘油酸变位酶；⑤分子内消去和加成反应。其作用方式多种多样。由此可见异构酶中的异构是描述某一种酶的性质，而不是像同工酶描述的是酶之间的关系，两者属于不同的范畴。

2.3.2 蛋白质测序

所谓蛋白质测序，主要指的是蛋白质的一级结构的测定。包括蛋白质中多肽链数目、氨基酸的种类和顺序。蛋白质测序技术自 1967 年以来，经历了液相测序仪→固相测序仪→气相测序仪的发展历程。液相测序的特点是待测样品一直处于溶液状态，样品没有偶联到任何载体上，因此容易丢失。固相测序的特点是将蛋白质共价偶联于特定的载体上，如微孔玻璃珠、聚偏二氟乙烯（PVDF）膜或聚苯乙烯膜上再进行测序，优点是在反复冲洗过程中可避免样品损失。气相测序的特点是蛋白质通过 Polybren（1,5-二甲基-1,5-二氮十一亚基聚甲溴化物）吸附到玻璃滤膜上，这种膜具有化学惰性的特点，反应副产物和氨基酸能通过有机溶剂以气相方式萃取，这样蛋白质本身不会丢失。

2.3.2.1 测序样品要求

① 样品的纯度必须达到＞97％以上，而且不能放置太久，需要保存在－20℃。

② 知道待测蛋白质的分子量和亚基的数目。

③ 通过测定蛋白质的氨基酸组成，根据分子量计算每种氨基酸的个数。

④ 通过测定水解液中的氨量，计算酰胺的含量。

2.3.2.2 测序流程

① 由多条多肽链组成的蛋白质分子，在测序前必须先进行拆分。如血红蛋白为四聚体。拆分可用 8mol/L 尿素或 6mol/L 盐酸胍处理。

② 通过测定末端氨基酸残基的物质的量（mol）与蛋白质分子量之间的关系，即可确定多肽链的数目。

③ 用巯基乙醇处理，使二硫键还原为巯基，为了防止巯基被氧化，需要用烷基化试剂来保护它。最后应用过甲酸氧化法或巯基还原法拆分多肽链间的二硫键；通过加入盐酸胍的方法解离多肽链之间的非共价力。

④ 多肽链的两端称为 N 末端和 C 末端，在肽链氨基酸测序分析中，最重要的是 N 端氨基酸分析法。N 末端分析法有 DNS-Cl、酶降解法和 Edman 法等；C 末端分析法有肼解法、酶降解法、硼氢化锂法等。

⑤ 采用适当的方法使多肽样品断裂成小肽段，然后再将其分离开来，测定每个肽段的氨基酸和肽段在多肽链中的顺序。

⑥ 最后，利用胃蛋白酶处理没有断开二硫键的多肽链，然后利用双向电泳技术分离出各个肽段，经过甲酸处理后，将可能含有二硫键的肽段进行测序分析，确定多肽链中二硫键的位置。

2.3.3 蛋白质空间结构测定

蛋白质的空间结构在很大程度决定其生理功能。因此蛋白质空间结构的研究在蛋白质工程中有着极其重要的意义。近年来随着全基因组计划在世界范围内的开展，产生了大量的

DNA 序列，但是光有这些序列远远不够，更多关注是基因产物——蛋白质是怎样在生物体内发挥重要功能的。越来越多的人认识到蛋白质三维结构的解析是后功能基因组学的必要组分之一。

现在常用的蛋白质空间结构测定技术包括 X 射线晶体衍射法、二维和多维核磁共振法和冷冻电子显微镜技术等。

（1）X 射线晶体衍射法

是目前研究蛋白质三维结构最有效和最精确的方法。是一种测量蛋白质分子中原子和基团三维排列的技术。实验流程是首先将蛋白质制备成晶体。然后用一束 X 射线打到蛋白质晶体上，这样有的直接穿过晶体，有的会向不同的方向衍射。X 射线片接受衍射光束，形成衍射图。最后利用计算机绘制出该蛋白晶体的三维电子密度图。例如一个肌红蛋白的衍射图有 25000 个斑点，通过对这些斑点的位置、强度进行计算后得到空间结构。

目前，利用此方法研究蛋白质空间结构的最高分辨率为 0.14nm，即从衍射图上几乎可以辨认出除氢原子外的所有原子。但是在实际研究中发现，并非所有纯化蛋白质都能制备成用 X 射线晶体衍射法分析的晶体。例如细胞中的糖蛋白和膜蛋白就很难制成晶体。此外 X 射线晶体衍射的工作流程较长。

（2）二维核磁共振法

核磁共振是指原子核在外加恒定磁场作用下产生能级分裂，从而对特定频率的电磁波发生共振吸收的现象。1971 年比利时的 J. Jeener 首次提出了二维核磁共振的概念。使用二维核磁作结构测定时最常用的有两种谱，即相关谱（correlated spectroscopy，COSY）和增强谱（nuclear overhauser enhancement spectroscopy，NOESY）。相关谱测量的是通过键自旋-自旋偶合，可以确定氨基酸序列在二维谱中的峰位。增强谱测量的是通过空间的自旋-自旋偶合，可以确定序列的二级和三级结构。因此可以利用这两种谱，首先利用 COSY 确定峰位，第二步是利用 NOESY 确定出二级结构的类型以及核间距离，然后根据核间距离构建出三级结构的模型。

该方法的优点是不需要制备蛋白质晶体，可以直接测定蛋白质在溶液中的构象。缺点是由于测定时交叉峰之间存在信号折叠，所以蛋白质的分子质量一般在 30kDa 左右。而且对样品的需要量大、纯度要求高，数据收集时间较长。虽然如此，二维核磁共振法在蛋白质的结构分析中应用将越来越广泛。

（3）冷冻电子显微镜技术

冷冻电子显微镜技术所研究的生物样品既可以是具有二维晶体结构的蛋白，也可以是非晶体的蛋白。这大大突破了 X 射线晶体衍射和核磁共振技术研究蛋白样品的限制。同时，该方法制备出的蛋白样品更加接近自然状态，没有化学固定、金属镀膜和染色等过程对样品构象的影响。该技术主要包括三个方面：①样品准备，蛋白质通过快速冷冻后包埋在一层薄冰内，这样可以抗脱水和防辐射；②数据采集，冷冻的样品通过专门的设备——冷冻输送器转移到电镜的样品室，在照相之前，必须确保样品中的水处于玻璃态，否则重新制备样品；③图像处理及三维重构，由于冷冻电镜获得图像信噪比低，有效结构信息常常无法辨认，所以只有大量拍摄生物样品的同一个图像，然后进行平均。通过二维图像推测三维结构的方法称为三维重构法。

2.3.4 蛋白质定点突变

目前蛋白质工程主要还是集中在改变现有蛋白质这一领域。根据蛋白质的一级结构设计引物，克隆目的基因；根据蛋白质的三维结构与功能的关系以及蛋白质改造的目的设计改造方案；对目的基因进行人工定点突变；改造后的基因在宿主细胞中表达；分离纯化表达的蛋白质并分析其功能，评价是否达到设计目的。改变蛋白质结构的核心技术是基因的人工定点突变，虽然基因人工定点突变有许多方法，但要在一个基因的任何位点准确地进行定点突变，目前常用的主要有 M13 载体法和 PCR 扩增法。

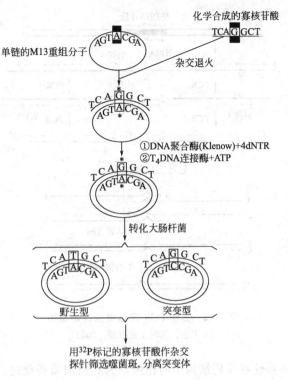

图 2-44　M13 载体法基因人工定点突变示意图
（吴乃虎. 基因工程原理. 2003）

（1）M13 载体法

该法的原理是利用人工合成带突变位点的寡聚核苷酸作为引物，利用 M13 噬菌体载体系统合成突变基因。具体地说就是将待诱变的基因克隆在 M13 噬菌体载体上，另外，人工合成一段改变了碱基顺序的寡核苷酸片段（8～18bp），以此作为引物（即所谓的突变引物），在体外合成互补链，再经体内扩增基因，经此扩增出来的基因有 1/2 是突变了的基因，经一定的筛选便可获得突变基因，见图 2-44。

（2）PCR 扩增法

该法的原理也是利用人工合成带突变位点的诱变引物，通过 PCR 扩增而获得定点突变的基因。PCR 定点诱变法可分为重组 PCR 定点诱变法和大引物诱变法两种。重组 PCR 定点诱变法是利用两个互补的带有突变碱基的内侧引物以及两个外侧引物，先进行两次 PCR 扩增，获得两条彼此重叠的 DNA 片段。两条片段由于具有重叠区，因此在体外变性与复性后可形成两种不同的异源双链 DNA 分子，其中一种带有 3′凹陷末端的 DNA 可通过 *Taq* 酶延伸而形成带有突变位点的全长基因。该基因再利用两个外侧引物进行第三次 PCR 扩增，便可获得人工定点突变的基因，见图 2-45。

2.3.5　蛋白质分子从头设计

蛋白质的分子设计是蛋白质工程的一个重要方面。设计分成三类：①小范围改造，就是通过对已知结构的蛋白质中少数几个残基的替换，通过定位突变或化学修饰的方法来研究和改善蛋白质的功能；②较大程度的改造，是对不同蛋白质的结构域进行拼接组装，期望获得蛋白质预期的功能；③蛋白质从头设计，所谓蛋白质从头设计就是完全按照人的意志设计合成新的蛋白质，有目的地为蛋白质工程改造提供设计方案。目前这部分是蛋白质工程中最有意义也是最困难的操作类型，技术尚不成熟，只能合成一些很小的短肽。蛋白质分子从头设计的理论正确性是决定设计成功的关键，由于设计蛋白质的算法是通过一组描述相互作用的参数而产生，所以在蛋白质特性和设计参数之间可以建立直接的实验联系。

2.3.5.1　设计策略

设计策略就是理论设计和实验验证交互进行，逐步验证。首先根据某些理论和研究结果设计出初始分子模型，然后采用各种手段分析这个已构建完成的分子，如未成功，接着修改

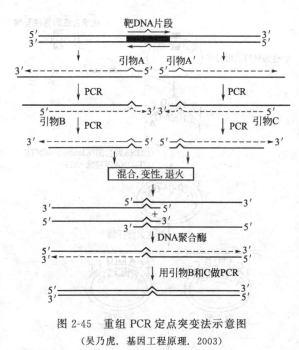

图 2-45　重组 PCR 定点突变法示意图

（吴乃虎. 基因工程原理. 2003）

算法、参数、模型等，最后再进行重新设计，如此循环反复。

2.3.5.2　设计方法

首先选择某种主链骨架作为目标结构，然后固定骨架，确定能够折叠成这种结构的氨基酸组合。这就是目前蛋白质从头设计所谓的"逆折叠"方法。寻找目标组合的直接方法是穷举法，首先检查合适大小范围内的每种组合，然后进行筛选出正确的组合。但在实际研究中，一条特定的肽链所能采取的构象的数目是极其巨大的，穷举法也几乎是不可能的。以相对较小的 100 个残基的肽链为例，就有 20100（大于 10130）种可能性，因为每个残基由 20 个天然氨基酸组成。目前解决这一问题的方法是先考虑"二元模式"和氨基酸二级结构的倾向性。二元模式指的是氨基酸的亲水性、疏水性在编码结构中的作用，天然蛋白质折叠时，总是尽可能将疏水残基埋进内部，而将亲水残基暴露在表面。在不同的二级结构中各种氨基酸出现的频率不同，即各种氨基酸形成不同二级结构的倾向性不同，这就是所谓的氨基酸二级结构倾向性。所以在设计时应将适合的氨基酸安排在其倾向的二级结构中。

2.3.5.3　设计中需注意问题

蛋白质分子的从头设计需要注意问题较多，如要正确布置适应目标结构的"二元模式"，正确选择二级结构倾向性的残基，正确选择转角、螺旋等，正确选择适应于堆积核心的疏水侧链。研究表明对残基的亲水性疏水性的考虑是最重要的因素。因为天然蛋白质折叠时，总是尽可能将疏水残基埋进内部，而将亲水残基暴露在表面。蛋白质的二级结构具有周期性，因此沿主链残基的亲水性疏水性的周期性是与它相适应的。

统计分析表明，各种氨基酸在不同的二级结构中出现的频率是不同的，这就是所谓的二级结构倾向性，也就是说各种氨基酸形成不同二级结构时具有不同的倾向性。设计时应遵循这一原则，将合适的氨基酸安排在其倾向的二级结构中。设计中还要考虑到"互补堆积"原则，即天然蛋白质核心中的侧链相互镶嵌地堆积在一起，结合紧密，没有可剩余的空间。这种镶嵌能最大程度地发挥疏水作用。

对于天然蛋白质来说，尽管大多数极性侧链都是暴露在表面，但内部还分布着一些极性侧链构成盐桥或氢键网络，这两者建立了一种构象特异性。统计分析表明，内部的极性残基比在表面的极性残基保守，已有很多成功的设计工作都是内部引入了有限的几个极性残基。

尽管如此，蛋白质从头设计还是面临很多难题，如 α-螺旋蛋白、β-折叠蛋白质和 α、β 交替蛋白等的设计还有问题，在目前水平，人们还不能按照自己的需求设计出和天然蛋白质具有相同性能的全新蛋白。但是无论如何，人们已经开始尝试，并进入了蛋白质人工合成的崭新时代。

2.3.6　蛋白质修饰

蛋白质修饰技术包括修饰的化学途径和分子生物学途径。虽然基因重组技术对蛋白质分

74　现代生物工程与技术概论

子的改造提供了捷径，但修饰的化学途径同样是必不可少的。二者有机的结合对蛋白质工程的发展具有重要的不可估量的意义。

2.3.6.1 蛋白质修饰化学途径

（1）侧链基团的特异性修饰

蛋白质侧链基团的化学修饰是通过修饰剂或亲和标记试剂与蛋白质侧链上特定的功能基团发生化学反应而实现的。化学修饰在蛋白质结构与功能研究中，曾经起到十分重要的作用。近年来，随着化学修饰剂研制和结构生物学的发展，化学修饰技术得到了迅速发展。影响蛋白质化学修饰反应的主要因素有两方面：①蛋白质功能基的反应活性；②修饰剂的反应活性。基团之间的氢键、静电作用和空间阻力是影响蛋白质功能基反应活性的两个因素，第三个因素是超反应性，指蛋白质的某个侧链基团与某种修饰剂能够发生超常速度的反应。修饰剂的反应活性则主要取决于修饰剂上活性基团的类型。

（2）化学修饰剂

确定合适的修饰剂是蛋白质修饰的一个重要环节，化学修饰剂的品质对蛋白质化学修饰具有重要影响。修饰剂的水解稳定性和反应活性；修饰剂与蛋白质上的氨基酸残基之间的反应类型、修饰剂的专一性；修饰剂与蛋白质的连接键的稳定性、修饰剂是否能够简便经济地合成或购买这些都是值得注意的方面。再者通过一些实验探索出适宜的修饰条件可以提高修饰反应的专一性，最后要建立一套实用性强的综合的评价体系。

目前已经研制出许多种的修饰剂，包括小分子修饰剂如碳化二亚胺、焦碳酸二乙酯、四硝基甲烷、乙酰咪唑、卤代乙酸等，大分子修饰剂如聚乙二醇、羧甲基纤维素、聚乙烯吡咯烷酮、环糊精聚氨基酸、乙二酸/丙二酸的共聚物等。不论是小分子修饰剂还是大分子修饰剂都能与某一特定的氨基酸残基的侧链基团形成共价键。目前，蛋白质的小分子修饰多用于蛋白质固定化、结构和作用机理研究。而大分子修饰多用于改变蛋白质的药物动力学和免疫学、行为学等方面。

2.3.6.2 蛋白质修饰分子生物学途径

蛋白质修饰分子生物学途径主要是对已克隆基因或 DNA 片段中的任何一个特定碱基，在体外条件下进行人工诱发碱基的插入、缺失和取代的过程，又被称为基因的定点诱变技术。主要包括以下三个方面。

（1）寡核苷酸介导的定向突变法（Kunkel 诱变法）

这种方法是 Kunkel 等在 1985 年建立的一种寡核苷酸引物诱变法，主要操作步骤如下：①将复制型的 M13 噬菌体转染到脱氧尿苷三磷酸酶和尿嘧啶-N-糖基化酶双缺陷的 $E.coli$（dut⁻，ung⁻）菌株中生长，使 U 取代 T 掺入到 DNA 链中（一般每个重组体 20～30 个）；②以这种带 U 的 DNA 链为模板，用带突变碱基的寡核苷酸引物进行复制，产生异源双链，一条是模板，一条是定点诱变的产物；③将此异源双链转化到 ung⁺ 菌株中生长，含 U 的模板链被破坏，从而使子代 DNA 链大部分（大约 80%）含突变碱基序列。见图 2-46。

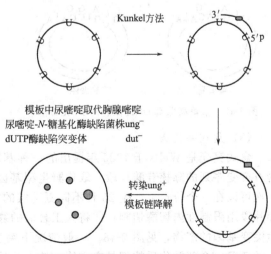

图 2-46　Kunkel 诱变法示意图

这种方法的优点是不必利用核苷酸探针标记来筛选阳性噬菌斑，可以直接通过测序技术来确定突变体。缺点是要得到高质量的含 U 单链模板 DNA，而且操作复杂，周期性强。

(2) 依赖高保真 DNA 聚合酶 PCR 方法

也称为引物诱变法，在基因扩增反应过程中，通过改变引物中的某些碱基，会产生突变型基因，有目的改变蛋白质结构的突变方法。分离出突变型基因后，在合适的表达系统中就能合成突变型蛋白质。主要操作步骤如下：①人工合成带突变序列的引物；②经过 PCR 反应后获得含突变序列的基因片段；③把突变片段连接到相关载体后转染宿主细胞；④筛选重组体；⑤突变基因的鉴定和回收，见图 2-47。该方法的优点是操作简单，突变率高；缺点是 DNA 聚合酶保真性低，后续工作复杂。

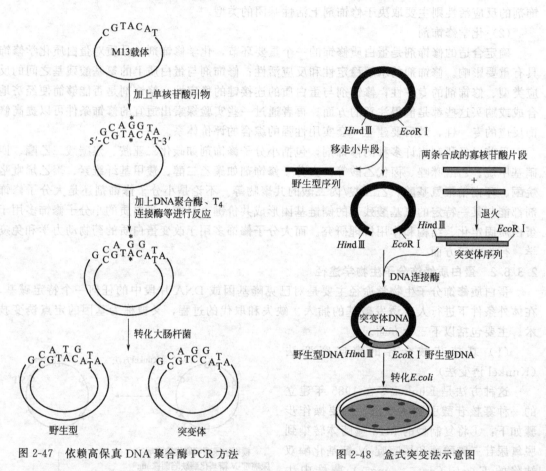

图 2-47　依赖高保真 DNA 聚合酶 PCR 方法

图 2-48　盒式突变法示意图

(3) 盒式突变法

盒式突变是 Wells 于 1985 年提出的一种基因修饰技术。该方法指利用一段人工合成的含有突变序列的寡核苷酸片段，取代野生型基因中的相应序列，从而达到定点突变的目的。一次可以在一个位点上产生 20 种不同氨基酸的突变体。主要操作步骤如下：①将获得的克隆片段用限制性内切酶切割；②将人工合成的寡核苷酸片段与酶切后的克隆片段混合；③产生突变基因的产物，见图 2-48。一般情况下突变的寡核苷酸链成对存在，不会出现异源双链的情况。全部转化质粒都是突变体。该方法的优点是简单易行，突变率高；缺点是受酶切位点限制和需要合成多条引物。

思考题

2-1 如何理解"细胞是生命活动的基本单位"这一概念？

2-2 原核细胞与真核细胞有哪些异同？植物细胞与动物细胞有哪些异同？

2-3 培养用动植物和微生物细胞有哪些获取方法？各自有何特点？

2-4 为什么要进行细胞的选育与改良？有哪些方法？

2-5 什么是细胞融合技术和细胞拆合技术？其有什么重要作用？

2-6 简述基因工程研究的基本技术路线。

2-7 从生物学材料中分离基因有几种方法？

2-8 从 cDNA 文库和基因组文库中获得的目的基因有哪些区别？

2-9 简述限制性内切酶和 DNA 连接酶的作用原理。

2-10 简述质粒载体、噬菌体载体的区别。

2-11 阐述外源基因转入受体细胞的各种途径。

2-12 重组体的鉴定有几种方法？

2-13 获得转基因植物和动物的基本实验路线是什么？

2-14 试举例说明基因工程菌或细胞的构建过程。

2-15 阐述基因工程的应用价值有哪些？

2-16 简单叙述蛋白质结构的基本组件以及蛋白质和氨基酸的基本理化性质。

2-17 举例说明对现有蛋白质进行改造的主要方法及其应用。

2-18 为什么要对酶进行修饰？酶的蛋白质工程包括哪些内容？

2-19 试举例说明蛋白质有哪些应用？

参考文献

[1] 翟中和. 细胞生物学. 第 3 版. 北京：高等教育出版社，2007.
[2] 郑国锠. 细胞生物学. 第 2 版. 北京：高等教育出版社，1992.
[3] 王金发. 细胞生物学. 北京：高等教育出版社，2003.
[4] 韩贻仁. 分子细胞生物学. 第 3 版. 北京：高等教育出版社，2007.
[5] 杨恬. 细胞生物学. 北京：人民卫生出版社，2005.
[6] 吴乃虎. 基因工程学原理. 北京：科学出版社，2001.
[7] 陆德如，陈永青. 基因工程. 北京：化学工业出版社，2003.
[8] 刘志国，屈伸. 基因工程的分子基础与工程原理. 北京：化学工业出版社，2003.
[9] 楼士林等. 基因工程. 北京：科学出版社，2002.
[10] 宋思杨等. 生物技术概论. 北京：科学出版社，2007.
[11] 何美玉. 现代有机与生物质谱. 北京：北京大学出版社，2002.
[12] 沈仁权，顾其敏，李诛裳等. 基础生物化学. 上海：上海科学技术出版社，1980.
[13] 沈同，王镜岩，赵邦悌. 生物化学. 北京：高等教育出版社，1980.
[14] 王大成. 蛋白质工程. 北京：化学工业出版社，2002.
[15] 夏其昌. 蛋白质化学研究技术与进展. 北京：科学出版社，1997.
[16] 郭勇. 酶工程. 北京：中国轻工业出版社，1994.
[17] 孙君社等. 酶与酶工程及其应用. 北京：化学工业出版社，2006.
[18] Wiseman A. 酶生物技术手册. 徐家立等译. 北京：科学出版社，1989.
[19] 孙树汉. 基因工程原理与方法. 北京：人民军医出版社，2001.
[20] 王关林，方宏筠. 植物基因工程技术与原理. 北京：科学出版社，1998.
[21] 伍新尧. 分子遗传学与基因工程. 郑州：河南医科大学出版社，1997.
[22] 静国忠. 基因工程及其分子生物学基础. 北京：北京大学出版社，1999.
[23] 岑沛霖. 生物工程导论. 北京：化学工业出版社，2004.
[24] 李继珩. 生物工程. 北京：中国医药科技出版社，2002.
[25] 杨汝德. 基因克隆技术在制药中的应用. 北京：化学工业出版社，2004.
[26] 宋航，兰先秋等. 制药工程技术概论. 北京：化学工业出版社，2006.
[27] 朱玉贤，李毅. 现代分子生物学. 第 2 版. 北京：高等教育出版社，2002.

[28] 熊宗贵. 生物技术制药. 北京：高等教育出版社，1999.
[29] 欧伶，俞建瑛，金新根. 应用生物化学. 北京：化学工业出版社，2001.
[30] 罗立新. 细胞融合技术与应用. 北京：化学工业出版社，2003.
[31] 岳方方，姜岷等. 产琥珀酸大肠杆菌工程菌株的构建. 中国酿造，2010，215（2）：25-29.
[32] 冯翠莲，刘晓娜等. CrylA（c）基因植物表达载体的构建及转基因甘蔗的获得. 热带植物学报，2010，31（7）：1103-1108.
[33] 骆利敏，李民等. 乙型肝炎病毒多表位抗原基因真核表达载体的构建及其在哺乳动物细胞中的表达. 现代免疫学，2004，24（5）：413-416.

第3章

工业生物过程

工业生物过程是指利用生物技术及相关工业基本过程的有关原理和方法进行生物产品的生产或进行有关性状改变的工业化生产过程。20世纪初，随着人们对发酵过程原理认识的逐步加深以及微生物纯种培养技术的发明，人类开始了有目的地利用人工筛选的微生物生产新的工业化发酵产品，如乳酸、乙醇、丙酮/丁醇、甘油等，其标志着真正的工业生物过程的开始。随后，20世纪40年代使微生物培养具备显著工业特征的青霉素发酵的工业化，使人们进一步掌握了从自然环境中筛选有用微生物的技术、微生物诱变育种技术、抗杂菌污染的纯种培养技术、好氧发酵技术和发酵产物的分离提纯技术。这些技术的突破不但极大促进了微生物工业生物过程的发展，也影响和带动了其他工业生物过程的快速发展和进步，如动植物细胞离体培养的许多关键技术都来自于传统的微生物发酵。因此可以说，生物技术与工业生物过程一直在相互影响中共同发展和进步。目前，人们正越来越多地利用动物细胞培养、植物细胞培养、微生物发酵、酶工程等生物技术来生产各种生化产品为人类服务，其工业生物过程也已迈入了一个全新的快速发展阶段。

本章主要介绍利用动物细胞培养、植物细胞培养、微生物发酵和酶工程等生物技术进行各种生化产品工业化生产的基本过程、方法和设备，并初步阐明了其发展现状及未来前景。

3.1 动物细胞培养

动物细胞培养是指离散的动物活细胞在体外人工条件下生长、增殖的过程。动物细胞培养开始于20世纪初，到1962年规模开始扩大，进入20世纪80年代以后得到了迅速发展。

许多生物活性蛋白质不能在微生物工程菌细胞中表达，而只能在动物细胞中产生。故20世纪80年代以后，随着基因工程技术和细胞融合技术的迅速发展，人们已经能够把特定的外源基因通过聚合酶链反应（PCR）技术扩增几千倍，并可转染到动物细胞内使其得到高质量的表达。因此，动物细胞培养技术生产各种特殊生物制品具有其他植物、微生物细胞培养所无法取代的优势。

近年来发展起来的淋巴细胞杂交瘤技术，使动物细胞培养进入了一个新的领域。杂交瘤细胞能在体外悬浮情况下大量繁殖并产生单克隆抗体。随着基因重组技术和单克隆抗体技术的发展，动物细胞培养展现出越来越可观的工业化前景。现在，动物细胞培养技术不仅在实验室，而且已经在大规模工业生产中逐渐得到应用。近年来，已经启用了300L和1000L的培养罐分别用于生产单克隆抗体和灰色脊髓炎疫苗。目前，人们利用动物细胞培养生产的具有重要医用价值的生物制品主要有各类疫苗、干扰素、激素、酶、生长因子、病毒杀虫剂、单克隆抗体等。

3.1.1 动物细胞体外培养特性

3.1.1.1 动物细胞体外培养生长特性

人及哺乳类动物体的细胞具有极其复杂的结构和功能。细胞在机体内生长时相互依赖、相互制约，在神经体液的调节下形成了一种天然的内环境，而体外生长时脱离了这些内平衡系统，与机体内细胞相比是不完全相同的。体外生长时，细胞形态上会发生一些变化。

（1）贴壁细胞

这类细胞的生长必须有给以贴附的支持物表面，细胞依靠自身分泌的或培养基中提供的贴附因子（attachment factor）才能在该表面上生长、增殖。贴附生长本是大多数有机体细胞在体内生存和生长发育的基本存在方式。贴附有两种含义：一是细胞之间相互接触；二是细胞与细胞外基质结合。正是基于这种贴附生长特性，才使得细胞与细胞之间相互结合形成组织，也才使细胞与周围环境保持联系。有机体的绝大多数细胞必须贴附在某一固相表面才能生存和生长。当细胞在该表面生长后，一般形成两种形态，即成纤维样细胞型（fibroblast-likecelltype）或上皮样细胞型（epithilium-likecelltype）。前者细胞生长时胞体呈梭形或不规则的三角形，中央有圆形核，胞质向外伸出2～3个突起。细胞群常借该突起连接成网，生长时呈放射状、漩涡状或火焰状走行（图3-1）。后者细胞呈扁平的不规则多角形，中央有圆形核，生长时彼此紧密连接成单层细胞片（图3-2）。上述的细胞形态不是绝对的，它将随着培养条件的变化而有所变化。

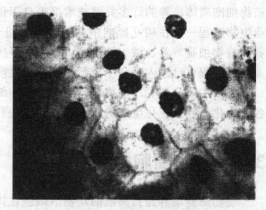

图 3-1　成纤维型生长的细胞　　　　　　　　　图 3-2　上皮型生长的细胞
（薛庆善，体外培养的原理与技术，2001）　　　（辛华，细胞生物学实验，2001）

（2）悬浮细胞

这类细胞的生长不依赖支持物表面，可在培养液中呈悬浮状态生长，如血液内的淋巴细胞和用以生产干扰素的 Namalwa 细胞等，细胞呈圆形。

（3）兼性贴壁细胞

细胞并不严格地依赖支持物，它们既可以贴附于支持物表面生长，但在一定条件下，它们还可以在培养基中呈悬浮状态良好地生长，把这类细胞称之为兼性贴壁细胞。如常用的中国地鼠卵巢（chineseham-sterovary）细胞、小鼠 L929 细胞。当它们贴附在支持物表面上生长时呈上皮或成纤维细胞的形态，而当悬浮于培养基中生长时则呈圆形，但有时它们又可相互支持贴附在一起生长。

值得一提的是，实际情况下，所培养的细胞并不一定呈现某一种典型的形态形式，而呈现的多是一些过渡性形态。一方面是因为，不同来源的细胞生长时的形态学表现不同；另一方面，即使同一种细胞，在不同条件下生长或处于不同功能状态时形态上也会表现出不同的形式。能够影响细胞形态学特征的主要因素包括：血清成分、培养基成分及添加成分、培养基的酸碱度、气相环境、温度等。

3.1.1.2 动物细胞体外培养过程特性

除单细胞原生动物外，其他动物均为多细胞生物，细胞为其生命活动基本单位，细胞培养过程具有以下特性：①细胞生长缓慢，易受微生物污染，培养时需用抗生素；②动物细胞较微生物大得多，无细胞壁，机械强度低，适应环境能力差；③培养过程需氧量少，且不耐受强力通风与搅拌；④在机体中，细胞相互粘连以集群形式存在，培养过程具有群体效应、锚地依赖性、接触抑制性及功能全能性；⑤培养过程产物分布于细胞内外，反应过程成本较高，但产品价格昂贵；⑥大规模培养时，不可套用微生物反应的经验；⑦原代培养细胞一般繁殖 50 代即退化死亡。

3.1.2 动物细胞培养的过程和条件

3.1.2.1 动物细胞体外培养的基本过程

在进行动物细胞体外培养时，动物细胞的生存空间和养料都有限。因此，当培养的细胞达到一定密度后，就需要分离出一部分细胞或更换营养液，否则就会影响细胞的生长。动物细胞在体外的培养有一个发展过程，一般要经过组织获得、组织消化、接种、培养、传代等过程。以人体肺组织细胞培养为例，其基本过程如图 3-3 所示。

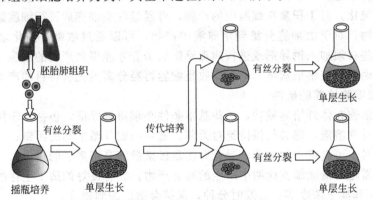

图 3-3　人体肺组织细胞培养过程图解

(Volpe E. P.，Biology and Human Concerns，1993)

原代细胞进行了传代培养（亦称转种），便被称为细胞系（cell line）。细胞系中往往存在有若干表型（phenotype）相似或相异的细胞世系（lineage），若其中一世系，经过选殖克隆（cloning）、物理性细胞分离，或其他选择技术，而在培养的细胞群体中辨识出其特殊表型性质，该细胞系便称为细胞株（cell strain）。

在进行正常细胞培养时，无论细胞的种类和供体的年龄如何，在细胞的全生长过程中大致都要经过图 3-4 所示的三个主要阶段。细胞的生长特征与微生物的生长曲线基本一致，即包括了潜伏期、指数增长期、平衡期和衰亡期等。

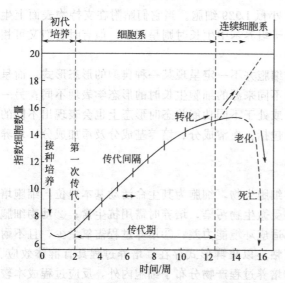

图 3-4 动物细胞培养过程生长曲线

（鄂征，组织培养和分子细胞学技术，1995）

（1）原代（初代）培养期

是指从体内取出组织接种培养到第一次传代培养这个阶段，一般持续 1～4 周。在这个阶段，细胞比较活跃，有细胞分裂，但不旺盛。细胞多呈二倍体核型。

（2）传代期

原代培养细胞一经传代后便称为细胞系。传代期的持续时间最长。在培养条件好的情况下，细胞增殖旺盛，并能维持二倍体核型，被称为二倍体细胞系。一般情况下，当传代 10～50 次后，细胞增殖逐渐缓慢，以致完全停止。之后进入第三阶段衰退期。

（3）衰退期

该阶段细胞增殖很慢或不增殖。细胞形态轮廓增强，最后开始衰退凋亡。

3.1.2.2 动物细胞大规模培养制药工艺过程

动物细胞大规模培养制药工艺过程如图 3-5 所示。工艺过程中，先将组织切成碎片，然后用溶解蛋白质的酶处理而得到单个细胞，再用离心法收集细胞。将获得的细胞植入营养培养基中，使细胞在培养基中增殖到覆盖瓶壁表面，用酶把细胞从瓶壁上消化下来，再接种到若干培养瓶中进行扩大培养，将培养所得的细胞作为"种子"冷藏于液氮中进行保存。需要时，从液氮中取出一部分细胞"种子"进行解冻、复活培养，再进行扩大培养以获得足够的细胞量，之后将细胞接种于大规模生物反应器中进行大规模培养，完后按照产物的不同形式进行产物分离纯化。对于积累在细胞内的产物，可通过收集细胞后进行细胞破碎，再经过分离纯化获得产物；对于由细胞分泌到培养液中产物，可以通过浓缩、纯化培养液来获得产品；而对于那些必须加入诱导剂或进行病毒感染后培养才能得到产物的细胞，需在生产过程中加入适量的诱导物或感染病毒，培养后收集细胞再经分离纯化获得目的产品。

3.1.2.3 动物细胞培养的条件

为了要使细胞在体外培养成功，一些基本条件必须得到保证，包括：①所有的与细胞接触的设备、器材和溶液，都必须保持绝对无菌，避免细胞外微生物的污染；②必须有足够的营养供应，绝对不可有有害的物质，避免即使是极微量的有害离子的掺入；③保证有适量的氧气供应；④需随时清除细胞代谢中产生的有害产物；⑤有良好的适于生存的外界环境，包括 pH、渗透压和离子浓度等；⑥及时分种，保持合适的细胞密度。

（1）水质

动物细胞对环境中各种因素非常敏感，微量的有毒元素、过多的金属离子，以及微生物的污染等，都会危害细胞的生长。水质的好坏直接影响培养的成功与否。因此，细胞培养的用水必须经过特殊处理后才能使用。

目前处理水质的方法大致有蒸馏、离子交换、电渗析、反渗透、中空纤维过滤等，而且常常需要将几种方法结合起来使用，使水中的金属离子降至最低。在用动物细胞生产各种药品时，所用的水质还需进行去除热原的处理。

（2）pH

pH 的高低会严重影响细胞各种酶的活性、细胞壁的通透性以及许多蛋白的功能。动物

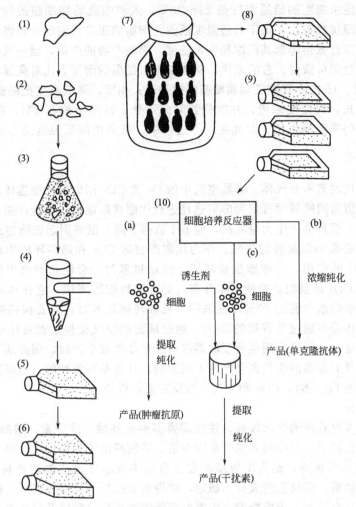

图 3-5 动物细胞大规模培养制药工艺过程

(贺小贤,生物工艺原理,2003)

细胞培养的最适 pH 为 7.2~7.4,低于 6.8 或高于 7.6 时会对细胞产生不利影响,严重时可引起细胞退变甚至死亡。不同的细胞对 pH 值也有不同的要求,原代培养细胞对 pH 值的变化耐受性差,传代细胞对 pH 值变化的耐受性较强,细胞量多时比细胞量少时耐受性强。而对于同一种细胞,增长期和维持期的最适 pH 也不尽相同。

细胞在培养过程中由于细胞代谢会产生大量乳酸,使培养基的 pH 下降。为了保持培养基 pH 的稳定,必须在培养基内加入各种缓冲系统。最常用的是 Na_2HPO_4-NaH_2PO_4 缓冲系统、$NaHCO_3$-CO_2 缓冲系统等。

(3)渗透压

由于动物细胞缺乏细胞壁,因此外界环境渗透压的高低波动对细胞的存活有很大影响。但是不同的细胞对渗透压波动的耐受性不同,比如原代细胞较传代细胞敏感。

在细胞培养的所有操作中,为了使与细胞接触的所有液体都保持有较合适的渗透压和 pH,一般都需使用平衡盐溶液(balanced salt solution,BSS),它由无机盐和葡萄糖组成。

(4)温度

温度是细胞在体外生存的基本条件之一,来源不同的动物细胞,其最适的生长温度是不尽相同的，例如昆虫细胞的最适温度是 25～28℃，人和哺乳动物细胞的最适温度是 37℃。细胞代谢强度与温度成正比，高于最适温度范围，细胞的正常代谢和生长将会受到影响，甚至导致死亡。温度过低会降低其代谢和生长速度，影响产物的产量，但一旦提高温度，其生长速度和产物产量仍可恢复。总的来说，动物细胞对低温的耐受力比对高温的耐受力强，如温度升至 45℃时，1h 内人和哺乳动物细胞将被杀死；相反，降低温度把细胞置于 25～35℃时，细胞仍能生长，但速度减慢，并维持长时间不死，甚至于放在 4℃，数小时后再置于 37℃培养，细胞仍能继续生长。因此在培养过程中，可利用降低温度的办法短时期地保存细胞。

（5）空气

细胞的生长代谢离不开气体，容器空间中的 O_2 及 CO_2 用以保证细胞体内代谢活动的进行，尽管细胞在短时间缺氧时可借糖酵解途径进行代谢获取能量，但该代谢是不完全的，获得的能量也有限，而且会产生大量乳酸，使 pH 急剧下降，最终引起细胞的退变和死亡。因此在细胞培养中必须给以足够的氧气。作为代谢产物的 CO_2 在培养环境中还有另一个重要作用，即调节 pH 的作用。当细胞生长旺盛、CO_2 过多时，会使培养液中的 pH 下降；反之，若容器内的 CO_2 外溢时，会使 pH 升高。对于动物细胞来说，它在体内的生存条件一般都低于空气中氧的饱和值的 60%。在采用方瓶和转瓶培养时，只要保持瓶内有足够的空间，即培养的液体量不超过总容积的 30%，通过液面的空气交换，就可保证细胞有足够的氧，不需要专门通气。但当采用生物反应器进行大量培养和生产时，则必须专门通气，补充氧量。而过高的氧对细胞的生长也会产生不利影响，甚至是有毒性的。所以当前在生产中常常采用不同比例的 O_2、N_2、CO_2 和空气，根据需要加以使用。

（6）营养成分

动物细胞培养对营养的要求较高，往往需要多种氨基酸、维生素、辅酶、核酸、嘌呤、嘧啶、激素和生长因子，其中很多成分是用血清、胚胎浸出液等提供，在很多情况下还需加入 10% 的胎牛或小牛血清，绝大多数细胞在含有胎牛或小牛血清的培养基中生长得最好，但它的来源比较困难，而且它的成分不确定，使得生长过程不易检测控制。任何血清使用前必须经过鉴定，只有无菌、无内毒素、无溶血或低溶血、蛋白质以及营养素达一定标准的血清才能使用。用渐适法可使本来需要血清的细胞适应于在无血清培养基中生长。在保证细胞渗透压的情况下，培养液里的成分要满足细胞进行糖代谢、脂代谢、蛋白质代谢及核酸代谢所需要的各种营养，如包括十几种必需氨基酸及其他多种非必需氨基酸、维生素、碳水化合物及无机盐类等。只有满足了这些基本条件，细胞才能在体外正常存活、生长。目前，已有现成的人工合成培养基出售，如 NCTC、109 培养液、DMEM、199、RPMI 1640 培养液等。另外，原代培养及较难培养的细胞还用 McCoy 5A 和 F_{12} 培养液。

3.1.2.4 动物细胞培养的培养基和常用的溶液

动物细胞的培养基一般可分为天然、合成、无血清培养基几种，此外细胞培养还需要一些常用的溶液。

（1）天然培养基

天然培养基是使用最早、最为有效的动物细胞培养基，它主要取自于动物体液或从动物组织分离提取而得，其优点是营养成分丰富、培养效果良好；缺点是成分复杂、个体差异大、来源有限，因此不适于大量培养和生产的需要。

天然培养基的种类有很多，包括生物性液体（如血清）、组织浸出液（如胚胎浸出液）、凝固剂（如血浆）等。

① 血清。组织细胞培养中最常用的天然培养基是血清，这是因为血清中含有包括大分

子的蛋白质和核酸等丰富的营养物质，对促进细胞生长繁殖、黏附及中和某些物质的毒性起着一定的作用。用于组织细胞培养的血清的种类很多，其来源主要是动物，有小牛血清、胎牛血清、马血清、兔血清以及人血清等。最广泛使用的是胎牛血清和小牛血清，前者来源少，价格高；后者要求刚产下尚未哺乳的小牛，因为哺乳后的小牛血清中可能含有更复杂的成分。优质的血清外观应为透明、无溶血、淡黄色、无沉淀物。

②血浆。血浆不仅可用来支持培养组织块，而且还供给细胞生长的营养物质，但由于血浆很容易发生液化，目前已很少单独使用。一般使用的是禽类血浆。

③组织浸出液。组织浸出液常用的是胚胎浸出液（如鸡胚浸出液），它的主要成分含有大分子核蛋白和小分子的氨基酸，有促进细胞生长的作用。

④水解乳蛋白。水解乳蛋白是常用的一种天然培养基，是由乳白蛋白经水解而制得，氨基酸的含量较高。一般配制成0.5%的溶液，或与合成培养基以1∶1共同使用。

（2）合成培养基

为了营造与细胞体内相似的生长环境，便于细胞体外生长，厄尔（Earle）于1951年开发了供动物细胞体外生长的人工合成培养基（Earle基础合成培养基MEM）。合成培养基是根据天然培养基的成分，用化学物质对细胞体内生存环境中各种已知物质在体外人工条件的模拟，经过反复实验筛选、强化和重新组合后形成的培养基。这种培养基在很多方面有天然培养基所无法比拟的优点，它既能给细胞提供一个近似于体内的生存环境，又便于控制和提供标准化体外生存环境。

由于细胞种类和生长条件的不同，合成培养基的种类也相当多。合成培养基成分已知，便于对操作条件的控制，因而对动物细胞培养的发展具有很大推动作用。但与天然培养基相比，有些天然的未知成分尚无法用已知的化学成分所替代，因此，细胞培养中使用的基础合成培养基还必须加入一定量的天然培养基成分，以克服合成培养基的不足，最普遍的做法是加入小牛血清。

（3）无血清培养基

随着细胞培养技术的发展和应用范围的扩大以及高技术生物制品生产的需要，对各种培养的要求也越来越严格。现在大多数人工合成的培养基都要加入不同浓度的血清才能培养细胞。但由于血清的成分非常复杂，各种生物大小分子混合在一起，有些成分至今尚未搞清楚，因而对一些要求较高的基础性研究的结果影响较大，同时血清中也含有一定的毒性物质和抑制物质，对细胞有去分化作用，影响某些细胞功能的表达。另外，高质量的动物血清来源有限，成本高，限制了它的大量使用。因而，很多研究者一直都在寻找不含血清或其他天然培养基成分的培养液。

由于血清除了提供细胞生长的营养成分外，还能促进细胞DNA的合成，并含有细胞增殖所必需的生长因子。因此，无血清培养基不加动物血清，需在已知细胞所需营养物质和贴壁因子基础上，在基础培养基中加入适宜的促细胞生长因子，保证细胞的良好生长。在补充的生长因子中，胰岛素和转铁蛋白几乎是所有细胞株所必需的。另外，激素也是很多类的细胞株培养时所需要的。胰岛素、生长激素、胰高血糖素、氢化可的松等是常用的补充生长因子。常用培养基成分及配方见表3-1。

目前研制的多种无血清培养基根据其成分基本分为如下三类。

①不含蛋白质，只有成分已知的小分子物质和带微量元素的聚合物，价格便宜，适于某些确立的细胞系。

②含有大分子物质，如蛋白质、激素等。适用的细胞株较多，但成本较高，大多无血清培养基属于此类。

表 3-1 常用培养基成分及配方　　　　　　　　　　　　　　　　mg/L

成分	BME (320-1015)	MEM (320-1112)	DMEM (320-1965)	HAMF12 (320-1765)	RPMI 1640 (320-1877)
丙氨酸(L-alanine)				8.9	
精氨酸(L-arginine)	17.4				200.0
精氨酸(L-arginine·HCl)		126.0	84.0	211.0	
天冬酰胺(L-asparagine)					50.0
天冬酰胺(L-asparagine·H$_2$O)				15.0	
天冬氨酸(L-asparagine acid)				13.3	20.0
半胱氨酸(L-cysteine·HCl·H$_2$O)				35.12	
胱氨酸(L-cystine)	12.0		48.0		50.0
胱氨酸(L-cystine·HCl)		31.0			
谷氨酸(L-glutamic acid)				14.7	20.0
谷氨酰胺(L-glutamine)	292.0	292.0	584.0	146.0	300.0
甘氨酸(glycine)			30.0	7.5	10.0
组氨酸(L-histidine)	8.0				15.0
组氨酸(L-histidine·HCl·H$_2$O)		42.0	42.0	20.96	
羟脯氨酸(L-hydroxyproline)					20.0
异亮氨酸(L-isoleucine)	26.0	52.0	105.0	3.9	50.0
亮氨酸(L-leucine)	26.0	52.0	105.0	13.1	50.0
赖氨酸(L-lysine)	29.2				
赖氨酸(L-lysine·HCl)		72.5	146.0	36.5	40.0
甲硫氨酸(L-methionine)	7.5	15.0	30.0	4.48	15.0
苯丙氨酸(L-phenylalanine)	16.5	32.0	66.0	4.96	15.0
脯氨酸(L-proline)				34.5	20.0
丝氨酸(L-serine)			42.0	10.5	30.0
苏氨酸(L-threonine)	24.0	48.0	95.0	11.9	20.0
色氨酸(L-tryptophan)	4.0	10.0	16.0	2.04	5.0
酪氨酸(L-tyrosine)	18.0		72.0		20.0
酪氨酸(L-tyrosine·2Na·2H$_2$O)		52.0		7.8	
缬氨酸(L-valine)	23.5	46.0	94.0	11.7	20.0
生物素(D-biotin)	1.0	1.0		0.0073	0.2
偏多酸钙(D-calcium pantothenate)	1.0	1.0	4.0	0.48	0.25
氯化胆碱(choline chloride)	1.0	1.0	4.0	13.96	3.0
叶酸(folic acid)	1.0	1.0	4.0	1.3	1.0
肌醇(inositol)	2.0	2.0	7.2	18.0	35.0
烟酰胺(nicotinamide)	1.0	1.0	4.0	0.037	1.0
吡哆醛(pyridoxal·HCl)	1.0	1.0	4.0	0.062	1.0
核黄素(riboflavin)	0.1	0.1	0.4	0.038	0.2
硫胺(thiamin·HCl)	1.0	1.0	4.0	0.34	1.0
维生素 B$_{12}$(vitamin B$_{12}$)				1.36	0.005
对氨基苯甲酸(p-aminobenzoicacid)					1.0
CaCl$_2$	200.0	200.0	200.0	33.22	
KCl	400.0	400.0	400.0	223.6	400.0
MgCl$_2$				57.22	
MgSO$_4$		97.67			
MgSO$_4$·7H$_2$O	200.0		200.0		100.0
NaCl	6800.0	6800.0	6400.0	7599.0	6000.0
NaHCO$_3$	2200.0	2200.0	3700.0	1176.0	2000.0
Na$_2$HPO$_4$·H$_2$O	140.0	140.0	125.0	142.04	
CuSO$_4$·5H$_2$O				0.0025	
FeSO$_4$·7H$_2$O			0.10	0.834	
ZnSO$_4$·7H$_2$O				0.863	
Ca(NO$_3$)$_2$·4H$_2$O					100.0
葡萄糖(D-glucose)	1000.0	1000.0	4500.0	1802.0	2000.0
硫辛酸(lipoic acid)				0.21	
酚红(phenol red)	10.0	10.0	15.0	1.2	5.0
丙酮酸钠(sodium pyruvate)				110.0	
次黄嘌呤(hypoxanthine)				4.77	
亚油酸(linoleic acid)				0.084	
腐胺(putrescine·2HCl)				0.161	
胸腺嘧啶核苷(thymidine)				0.73	
谷胱甘肽[glutathione(reduced)]					1.0

③ 所含成分不完全清楚，以成分简单、成本低而适于大规模生产使用。

（4）动物细胞培养必需的溶液

① 平衡盐溶液（BSS）。是由生理盐水和葡萄糖制成，其中无机离子是细胞的组成成分，它具有维持细胞渗透压、调控培养液酸碱度平衡的功能。BSS 中加入少量酚酞指示剂以直观显示培养液 pH 的改变。Hanks 液和 Earle 液是两种常用的 BSS 基础溶液。前者缓冲能力较弱，后者缓冲能力较强。几种常见平衡盐溶液见表 3-2。

表 3-2　几种常见平衡盐溶液（BSS）组成　　　　　　　g/L

成分	Ringer	Tyrode	Earle	Hanks	Dublecco	D-Hanks
NaCl	9.00	8.00	6.80	8.00	8.00	8.00
KCl	0.42	0.20	0.40	0.40	0.20	0.40
$CaCl_2$	0.25	0.20	020	0.14	0.10	
$MgCl_2 \cdot 6H_2O$		0.10			0.10	
$MgSO_4 \cdot 7H_2O$			0.20	0.20		
$Na_2HPO_4 \cdot H_2O$				0.06	1.42	
$NaH_2PO_4 \cdot 2H_2O$		0.05	0.14			
KH_2PO_4				0.06	0.06	0.06
$NaHCO_3$		0.10	2.20	0.35		0.35
葡萄糖		0.10	1.00	1.00		
酚红			0.02	0.02	0.02	0.02

② 培养基 pH 调整液。各种细胞对培养环境的酸碱度要求十分严格，大部分合成培养液都呈微酸性，培养前一定要用 pH 调整液将培养基的 pH 调到所需范围。如果在灭菌前就把 pH 调整液加入培养基调至标准值，灭菌后其 pH 又发生改变。因此，pH 调整液应单独配制，单独灭菌，待灭菌后的培养基使用前再加入。这样做也可以保证营养成分的稳定和延长其保存期。常用 pH 调整液有：3.7%、5.6%、7.4%的 $NaHCO_3$ 溶液，HEPES（二羟乙基哌嗪乙烷磺酸）液等。

③ 细胞消化液。细胞培养前要用消化液把组织块解离成分散细胞，或传代培养时使细胞脱离贴壁器皿的表面并分散解离。常用消化液有两种，一种为胰蛋白酶溶液，另一种为乙二胺四乙酸二钠（EDTA-2Na）溶液。

④ 抗生素溶液。细胞培养过程中，常在培养液中加入适量的抗生素，以防止微生物污染。常用抗生素有青霉素、链霉素、卡那霉素、制霉菌素等（表 3-3）。

表 3-3　细胞培养中常用的抗生素及其使用的浓度

抗生素	37℃稳定性/d	使用浓度（常用浓度）
青霉素（penicillin）	3	0.5～10000（100～200）U/mL
链霉素（streptomycin）	3	0.5μg/mL～10mg/mL（100～200μg/mL）
卡那霉素（kanamycin）	5	50～100（25～50）μg/mL
庆大霉素（gentamycin）	5	1μg/mL～16mg/mL（2～4μg/mL）
制霉菌素（nystatin）	3	25～100（25）U/mL
两性霉素（amphotericin B）	3	0.25～250（0.1～0.2）μg/mL
新霉素（neomycin）	4	50～100（50～100）μg/mL

3.1.3　动物细胞大规模培养方法与操作方式

动物细胞大规模培养是指人工条件下高密度大量培养有用动物细胞来生产珍贵的药品，也用于生物工业中大量增殖基因工程、细胞融合或转化所形成的新型有用细胞。动物细胞的体外大规模培养，能够生产许多有价值的生物制品，包括重要的疫苗、高效的治疗药物和灵敏的诊断试剂。在国内，通过动物细胞培养，已有乙肝疫苗、单克隆抗体、组织纤溶酶原激活剂（tPA）、尿激酶、乙脑疫苗、狂犬病毒疫苗、鸡瘟疫苗、鱼疫苗等的大规模生产。

3.1.3.1 常用的培养方法

体外培养的动物细胞有两种类型。一种是非贴壁依赖性细胞，来源于血液、淋巴组织的细胞，许多肿瘤细胞（包括杂交瘤细胞）和某些转化细胞属于这一类型，可采用类似微生物培养的方法进行悬浮培养。另一种是贴壁依赖性细胞，大多数动物细胞，包括非淋巴组织的细胞和许多异倍体细胞属于这一类型，它们需要附着于带适量正电荷的固体或半固体表面上生长。

（1）贴壁培养

成纤维细胞和上皮细胞等贴壁依赖性细胞在培养中要贴附于壁上，原来是圆形的细胞，一经贴壁就迅速铺展，然后开始有丝分裂，并很快进入对数生长期。一般在数天后铺满生长表面，形成致密的细胞单层。大多数动物细胞属于贴壁依赖性细胞，如 HeLa、Vero、BHK、CHO 等都是细胞工作者常用的细胞系。

图 3-6　用于动物细胞培养的旋转瓶系统

培养贴壁依赖性细胞，最初采用旋转瓶系统（图 3-6），其结构简单、投资少、技术成熟、重现性好，这是最早采用而且很容易操作的动物细胞培养方式，在实验室和工业化生产中都能够使用，生产规模的放大只需要增加旋转瓶的数量就可以做到。目前许多大制药公司仍采用旋转瓶培养生产疫苗等产品，一般采用容积为 1～5L 的旋转瓶。动物细胞附着在瓶壁上生长，当旋转瓶旋转时，培养液液面不断更新，有利于氧和营养物的传质。但旋转瓶系统劳动强度大，单位体积提供细胞生长的表面积小，占用空间大，按体积计算细胞产率低，监测和控制环境因素受到限制等不利因素限制了它的进一步发展。

为了克服旋转瓶系统的不利因素，凡·维茨尔（Van Wezel）在 1967 年开发了微载体系统培养贴壁依赖性细胞。微载体是直径为 $60～250\mu m$ 的微珠。聚苯乙烯、葡聚糖和胶原等都是通用的微载体材料，通过加工而成为微珠。动物细胞能附着于微载体颗粒表面，在悬浮液中进行繁殖（图 3-7）。由于颗粒小，微载体培养方式可以提供较大的比表面积，达到动物细胞的高效率吸附和高密度培养，是非常有效的培养手段。吸附在微载体表面上的动物细胞还能避免流体剪切力造成的伤害，从而可以采用通用的微生物反应器（发酵罐）来培养动物细胞。由于微载体培养系统兼有固定化培养与悬浮培养双重特点，培养过程细胞产物量与常规单层培养相同，通过增加培养罐体积即可达到扩大培养规模的目的，从而可减少厂房及设备投资，节约动力消耗及人力，同时又便于对反应系统进行检测与控制，现已被广泛用于动物细胞的大量培养以生产各种生物制品。

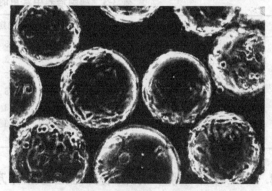

图 3-7　细胞在微载体颗粒表面上的分布

（大颗粒为放大的微载体，小圆点为

附着在微载体上的动物细胞）

（岑沛霖，生物工程导论. 2004）

（2）悬浮培养

所谓悬浮培养，是指细胞在培养器中自由悬浮生长的过程。主要用于非贴壁依赖性细胞培养，如杂交瘤细胞等。动物细胞的悬浮培养是在微生物发酵的基础上发展起来的。由于动物细胞的特点（如没有细胞壁保护，不能耐受剧烈的搅拌和通气），因此在许多方面又与经典的发酵不同。对于小规模培养多采用转瓶或滚瓶培养，大规模培养多采用发酵罐式的细胞培养反应器，悬浮培养设备结构简单，可以借鉴微生物发酵的部分经验。但是悬浮培养的细胞密度较低，转化细胞悬浮培养有潜在致癌危险，培养病毒易失去病毒标记而降低免疫能力。此外贴壁依赖性动物细胞不能悬浮培养。

动物细胞悬浮培养适用于杂交瘤细胞、肿瘤细胞、血液细胞及淋巴组织细胞等的培养，用于大量生产疫苗、干扰素-α、白介素及单克隆抗体（McAb）等药品。其优点在于可连续收集部分细胞进行移植继代培养，传代时无需消化分散，免遭酶类、EDTA 及机械损害。细胞收率高，并可连续测定细胞浓度，还有可能实现大规模直接克隆培养。但此法不适于包括二倍体细胞在内的正常组织细胞的培养。图 3-8 为悬浮细胞大规模培养流程图。

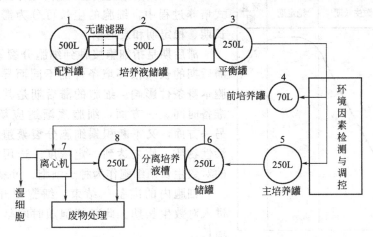

图 3-8　悬浮细胞大规模培养流程图

(李继珩. 生物工程. 2002)

（3）固定化培养

将细胞限制或定位于特定空间位置的培养技术称为细胞固定化培养法。动物细胞几乎皆可采用固定化方法培养。固定化方法有吸附法和包埋法。吸附法所用载体有陶瓷颗粒、玻璃珠及硅胶颗粒，或附着于中空纤维膜及培养容器表面。包埋法是将细胞包埋于琼脂、琼脂糖、胶原及血纤维等海绵状基质中的培养方法。动物细胞固定化培养优点主要有：①细胞可维持在较小体积培养液中生长；②细胞损伤程度低；③易于更换培养液；④细胞和培养液易于分离；⑤培养液中产物浓度高，简化了产品分离纯化操作。

目前已开发的动物细胞固定化培养装置有多层平板装置、螺旋卷膜培养器、多层托盘式培养器、卷带式培养器、中空纤维及流化床式培养器等。除后两者外，其他装置用于细胞培养时均需多套设备，且为手工操作，缺乏工程化配套设备。

3.1.3.2　动物细胞培养的操作方式

与微生物发酵反应器的容积高达数十甚至数百立方米不同，大规模动物细胞培养的反应器容积往往只有几百升或更小就可以满足市场需要。就操作方式而言，无论是贴壁细胞还是悬浮细胞，深层培养可分为分批式、流加式、半连续式、连续式和灌注式 5 种方式。不同的操作方式具有不同的特征，下面分别对这 5 种操作方式进行介绍。

（1）分批式操作

分批式培养是指将细胞和培养液一次性装入反应器内进行培养，伴随细胞的生长过程，细胞逐渐消耗着培养基中的营养物，同时，又分泌着产物与副产物。经过一段时间反应后，当培养基营养物消耗殆尽或者不良副产物积累过多时，将整个反应系取出。

分批式操作的特点如下。①操作简单，培养周期短，染菌和细胞突变的风险小。反应器系统属于封闭式，培养过程中与外部环境没有物料交换，除了控制温度、pH值和通气外，不进行其他任何控制，因此操作简单，容易掌握。②直观地反映细胞生长代谢的过程。由于培养期间细胞的生长代谢是在一个相对固定的营养环境，不添加任何营养成分，因此可直观地反映细胞生长代谢的过程，是动物细胞工艺基础条件或"小试"研究常用的手段。③可直接放大，由于培养过程工艺简单，对设备和控制的要求较低，设备的通用性强，反应器参数的放大原理和过程控制比其他培养系统较易理解和掌握。在工业化生产中分批式操作是传统的、常用的方法，其工业反应器规模可达12000L。

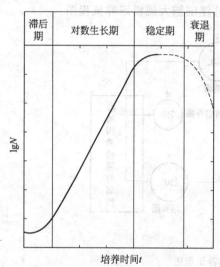

图 3-9　分批式培养细胞生长曲线

（N 为细胞数量）

（刘国诠等. 生物工程下游技术. 2002）

细胞分批式培养的生长曲线如图 3-9 所示。分批式培养过程中，细胞的生长可分为滞后期、对数生长期、稳定期和衰退期。

滞后期是指细胞接种到细胞分裂繁殖这段时间。滞后期的长短依环境条件的不同而异，且受种子细胞本身条件影响。细胞的滞后期是其分裂繁殖前的准备时间。一方面，细胞逐渐适应新的环境条件；另一方面，又不断积累细胞分裂繁殖所必需的某些活性物质，使之达到一定浓度。选用生长比较旺盛的对数生长期细胞作为种子细胞，可缩短滞后期。

细胞内的准备一结束，细胞便开始迅速繁殖，进入对数生长期。此时细胞随时间呈指数函数形式增长。

细胞通过对数生长期迅速生长繁殖之后，由于环境条件的不断变化，如营养物质不足、抑制物积累、细胞生长空间减少等原因，细胞经过减速期逐渐进入稳定期，细胞生长和代谢减慢，细胞数基本维持不变。

在经过稳定期之后，由于环境条件恶化，有时也可能由于细胞本身遗传特性的改变，细胞逐渐进入衰退期而不断死亡，或由于细胞内某种酶的作用而使细胞发生自溶。

（2）流加式操作

流加式操作又叫补料-分批培养，是指先将一定量的培养液装入反应器，在适宜条件下接种细胞，进行培养，细胞不断生长，产物也不断形成。随着细胞对营养物质的不断消耗，新的营养成分不断补充至反应器内，使细胞进一步生长代谢，到反应终止时取出整个反应系。

流加式操作的特点就是能够调节培养环境中营养物质的浓度。一方面，它可以避免某种营养成分的初始浓度过高而出现底物抑制现象；另一方面，能防止某些限制性营养成分在培养过程中被耗尽而影响细胞的生长和产物的形成，从而使细胞生长或产物形成在相当长的时期内处于最佳状态，使细胞副产物积累维持在比较低的水平，可延长细胞培养时间到 10d 甚至数周，这是流加式操作与分批式操作的明显不同。此外，由于新鲜培养液的加入，整个过程中反应体积是变化的，这也是它的一个重要特征。

根据不同情况，存在不同的流加方式。从控制角度可分为无反馈控制流加和有反馈控制流加两种。无反馈控制流加包括定流量流加和间断流加等。有反馈控制流加，一般是连续或间断地测定系统中限制性营养物质的浓度，并以此为控制指标，来调节流加速率或流加液中营养物质的浓度等。

最常见的流加物质是葡萄糖、谷氨酰胺等能源和碳源物质。

（3）半连续式操作

半连续式培养又称为反复分批式培养或换液培养，是指在分批式操作的基础上，不全部取出反应系，剩余部分重新补充新的营养成分，再按分批式操作的方式进行培养，这是反应器内培养液的总体积保持不变的操作方式。

图 3-10 为半连续式培养悬浮细胞（换液时细胞一起换出）的生长曲线。这种操作方式可以反复收获培养液，对于培养基因工程动物细胞分泌有用产物或病毒培养过程比较实用，尤其是微载体培养系统更是如此。例如，采用微载体系统培养基因工程 rCHO 细胞，待细胞长满微载体后，可反复收获细胞分泌的乙肝表面抗原（HBsAg）制备乙肝疫苗。

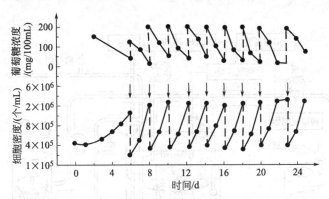

图 3-10　半连续式培养悬浮细胞的生长曲线

（刘国诠等. 生物工程下游技术. 2002）

（4）连续式操作

连续式操作是指将细胞种子和培养液一起加入反应器内进行培养，一方面新鲜培养液不断加入反应器内，另一方面又将反应液连续不断地取出，使反应条件处于一种恒定状态的操作方式。

与分批式操作和半连续式操作不同，连续式培养可以控制细胞所处的环境条件长时间的稳定，因此，可以使细胞维持在优化状态下，促进细胞生长和产物形成。此外，对于细胞的生理或代谢规律的研究，连续式培养是一种重要的手段。

连续式培养过程可以连续不断地收获产物，并能提高细胞密度，在生产中被应用于培养非贴壁依赖性细胞。如英国 Celltech 公司采用连续式培养杂交瘤细胞的方法，连续不断地生产单克隆抗体。

（5）灌注式操作

灌注式操作是指细胞接种后进行培养，一方面新鲜培养基不断加入反应器，另一方面又将反应液连续不断地取出，但细胞留在反应器内，使细胞处于一种不断的营养状态的操作方式。

当高密度培养动物细胞时，必须确保补充给细胞以足够的营养以及去除有毒的代谢废物。在分批式培养中，可以采用取出部分用过的培养基和加入新鲜的培养基的办法来实现。这种分批部分换液办法的缺点在于当细胞密度达到一定量时，废代谢物的浓度可能在换液前就达到了产生抑制作用的程度。降低废代谢物的有效方法就是用新鲜的培养基进行灌注。通过调节灌注速度，可以把培养过程保持在稳定的、废代谢物低于抑制水平的状态下。一般在分批式培养中细胞密度为（2～4）×10⁶ 个/mL，而在灌注培养中细胞密度可达到（2～5）× 10⁷ 个/mL。

灌注式操作常使用的生物反应器主要有两种形式。一种是用搅拌式生物反应器悬浮培养细胞，这种反应器必须具有细胞截流装置，细胞截留系统开始多采用微孔膜过滤或旋转膜系统，最近开发的有各种形式的沉降系统或透析系统。另外一种是固定床或流化床生物反应器。固定床是在反应器中装配固定的篮筐，中间装填聚酯纤维载体，细胞可附着在载体上生长，也可固定在载体纤维之间，靠上搅拌中产生的负压，迫使培养基不断流经填料，有利于营养成分和氧的传递，这种形式的灌流速度较大，细胞在载体中高密度生长；流化床生物反应器是通过流体的上升运动使固体颗粒维持在悬浮状态进行反应，适合于固定化细胞的培养。

目前灌注式培养系统规模可达到几十升至几百升，常用的细胞灌注式培养系统见图 3-11。

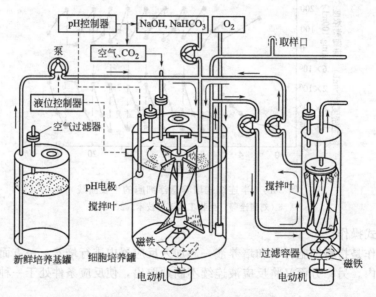

图 3-11　常用的细胞灌注培养系统

采用灌注式培养其优越性不仅在于大大提高了细胞生长密度，而且有助于产物的表达和纯化。以基因工程 CHO 细胞生产人组织纤溶酶原激活剂（tPA）为例。tPA 是培养过程中细胞分泌的产物，采用长时间的培养周期是经济和合理的工艺手段。在分批式培养中，培养基中的 tPA 长时间处于培养温度（37℃）下，可能产生包括降解、聚合等多种形式的变化，影响得率和生物活性。当采用连续灌注工艺时，作为产物的 tPA 在罐内的停留时间大大缩短，一般可由分批式培养时的数天缩短至数小时，并且可以在灌注系统中配有冷藏罐，把取出的上清液立即储存在 4℃左右的低温储罐中，使 tPA 的生物活性得到保护，从而产物的数量和质量都超过了分批式培养工艺。不同培养工艺对 tPA 产量和活性的影响见表 3-4。

表 3-4　不同培养工艺对 tPA 产量和活性的影响

项　　目	分批式	半连续式	灌注式
纯化得率/%	8	21	65
纯化物质的相对产量	1	1.33	7.74
比活性/(U/mg)	114.4	391.3	392.6

3.1.4 动物细胞大规模培养反应器

动物细胞培养生物反应器，需给动物细胞的生长代谢提供一个最优化的环境，从而能使其在生长代谢过程中产生出最大量、最优质的所需产物。目前按其规模大小，分为实验室规模（lab scale）、中试规模（pilot scale）和生产规模（industrial scale）。一般将小于20L的反应器定为实验室规模，它主要用于培养工艺的研究；20~100L为中试规模，它主要用于提供一定量的产品，供纯化、临床前的各种检测和临床观察，也包括进一步的工艺优化试验；大于100L则为生产规模用的生物反应器，它主要用于生产，提供产品。

早期培养动物细胞的生物反应器大部分借用的是微生物发酵设备。近些年来，用于动物细胞大规模培养的新型生物反应器不断出现；除对传统的搅拌式生物反应器经改造使之更适于动物细胞培养外，又出现了气升式生物反应器、固定床生物反应器、流化床生物反应器、袋式或膜式生物反应器、中空纤维生物反应器以及固定化培养的生物反应器等。

(1) 搅拌罐式生物反应器

这是最经典和最早被采用的一种动物细胞反应器，最先从微生物发酵罐借鉴而来，现在大多已根据动物细胞固有的特点而改造成更适于动物细胞的培养。改造后其主要特点如下。

① 罐体的高径比较小。由于动物细胞对氧的需求较高，因此罐体的高径比（H/D）一般采用（1~1.5）:1，较培养微生物的罐体高径比［（2~3）:1］小，这有利于增大液体与空气的接触面。此外，培养动物细胞的罐体要求罐底为圆形，以避免细胞和载体沉积在周边。

② 搅拌速度较低。由于动物细胞对搅拌产生的剪切力较微生物敏感，因此搅拌速度一般在20~100r/min，且多数倾向于采用较大的倾斜式桨叶搅拌器或船舶推进式桨叶搅拌器。

③ 采用无气泡通气系统。由于通气的气泡在破裂时产生的应力可损伤动物细胞，因此一般采用无气泡通气系统。常用的有笼式通气系统（如图3-12所示），通气的气

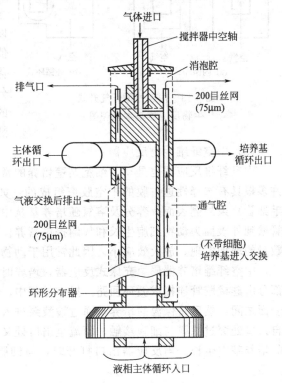

图3-12　笼式通气搅拌器示意
（郭勇. 生物制药技术. 2000）

气体进口
搅拌器中空轴
消泡腔
200目丝网（75μm）
排气口
主体循环出口
培养基循环出口
气液交换后排出
通气腔
200目丝网（75μm）
(不带细胞)培养基进入交换
环形分布器
液相主体循环入口

泡与细胞被笼网隔开。另一种是采用聚丙烯中空纤维膜或透气的硅胶管。采用孔径为0.33μm的聚丙烯中空纤维膜，每升用管长2.3m，其氧传递率为35mg O_2/(L·h)；而采用硅胶管（内径0.147cm，外径0.196cm），5m长，供纯氧，其氧传递率为8~10.6mg O_2/(L·h)。

④ 配备有进出液体系统。由于动物细胞培养常常需要达到高密度、长时期培养，以便尽可能地提高反应器的生产效率，因此用于动物细胞培养的反应器常常需要配备有进出液体系统，以便进行灌流式培养，并有使细胞与培养基分离、使细胞保留在反应器内的装置。

经过改进的搅拌罐式生物反应器目前仍是大规模培养动物细胞、用以生产各种药物的主

要设备。它主要用于悬浮细胞培养、微载体培养、微囊和巨载体培养以及结团培养。

（2）气升式生物反应器

气升式生物反应器早期主要用于微生物培养生产单细胞蛋白和处理废液，直至20世纪70年代后才被用于动物细胞的培养。与搅拌式生物反应器相比，气升式生物反应器产生的湍流温和而均匀，剪切力相当小，反应器内没有机械运动部件，因而细胞损伤率比较低；同时由于采用直接喷射空气供氧，氧传递速率高；液体循环量大，能使细胞和营养成分均匀地分布于培养基中。

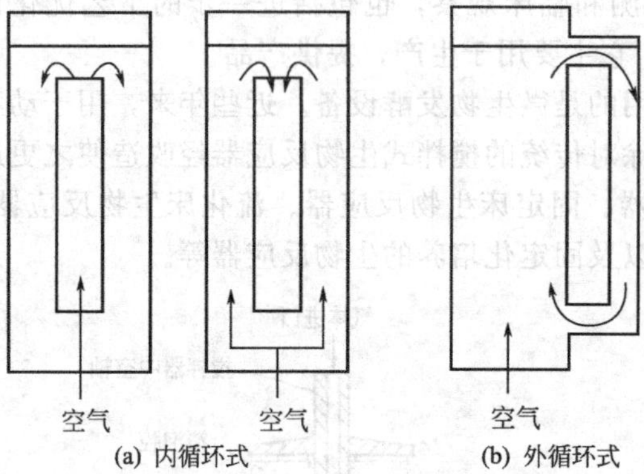

该反应器的特点是气体通过装在罐底的喷管进入反应器的导流管，致使该部液体的密度小于导流管外部的液体密度，从而使液体形成循环流。一般有两种构型，内循环式和外循环式，见图3-13。

在气升式生物反应器中，溶氧的控制可以通过自动调节进入的空气速率来实现；pH值可通过在进气中加入二氧化碳或加入氢氧化钠来控制。该反应器主要用于悬浮细胞的分批式培养，但近年也被开发用于贴壁细胞的微载体培养，并进行半连续式、连续式和灌流式培养。

图3-13　内、外循环气升式
生物反应器基本原理图

（a）内循环式　（b）外循环式

（3）中空纤维生物反应器

中空纤维反应器也是动物细胞贴壁培养的常用反应器。顾名思义，中空纤维反应器是由许多根具有选择性透过膜的中空胶束组成的。如图3-14所示，细胞贴附在中空纤维（微细毛细管）束外侧表面，养分及溶氧随培养基从中空纤维束内流动，养分及溶氧透过中空纤维管壁到外表面为动物细胞生长和代谢提供营养。中空纤维反应器的放大主要通过中空纤维管数量的增加实现，放大效应小，因此常用于动物细胞的大规模贴壁培养。

中空纤维培养器属填充床式反应器，培养时配备有培养基容器、供氧器及输液泵等，各部分由硅橡胶管连接成循环回路。操作过程中，先将细胞接种于中空纤维外表面与反应器内表面之间，然后将保温的培养基通过输液泵进入反应器。当反应器开口封闭后，部分培养液自入口处穿过滤膜与细胞接触，而流至出口处又穿过滤膜进入纤维内，从而使细胞在流动着的培养基中生长。当反应器出口打开时，与细胞接触的培养液又可排出反应器，用于分离产品。

（4）透析袋或膜式生物反应器

在动物细胞培养过程中，会产生一些代谢产物，如乳酸和氨等，其对细胞的生长和产物的生产会产生抑制作用，因此有些学者设计了透析袋或膜式反应器，它们可将这些有害代谢产物透析或过滤掉，从而使细胞生长至更高密度，同时可根据需要选用不同分子量的膜，使产物保留在膜内或与细胞分离开。

较典型的膜式反应器Membroferm已成为较完善的生物反应器。该反应器可由双室系统（培养基和细胞）或三室系统（培养基、细胞和产物）构成，如图3-15所示，室内高为0.6mm，大小为$28cm \times 32cm$，面积约为$900cm^2$（室内有不同的氟碳填料，其表面积为$1400 \sim 7000cm^2$），根据需要可反复重叠成$30 \sim 400$层，总面积达$7 \sim 35m^2$。室与室之间的膜或采用微孔滤膜（用以保留细胞），或采用可截留不同分子量物质的带不同大小孔径的超滤膜（用以保留产物）。它既可用于培养贴壁细胞，也可培养悬浮细胞。该反应器的优点是

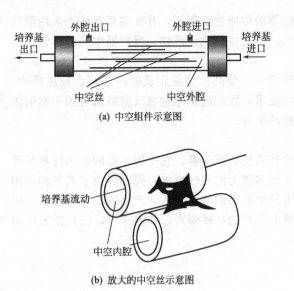

(a) 中空组件示意图

(b) 放大的中空丝示意图

图 3-14　动物细胞培养中空纤维反应器示意图
（岑沛霖. 生物工程导论. 2004）

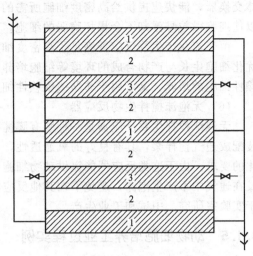

图 3-15　三室系统的膜式生物反应器示意图
（熊宗贵. 生物技术制药. 1999）
1—培养基；2—细胞；3—产物

既可使细胞达到很高密度（细胞室内达 $10^8/mL$），又可随意组合进行操作，达到保留和浓缩产品或及时分离提纯产品的目的。

（5）固定床或流化床生物反应器

此类反应器最早也是用于化学工业和废水的处理，以后才被开发用于动物细胞的培养，用以大量生产疫苗和基因工程产品。

固定床反应器的特点是结构比较简单，装填的材料可以是一切对细胞无毒又有利于细胞贴附的材料，如不锈钢、玻璃环、玻璃珠、光面陶瓷、塑料等实心的载体；也可以是有孔的陶瓷、有孔的玻璃、有孔的聚氨酯塑料等。前一类材料，细胞只能生长在表面，因而细胞密度不会太高，但比较经济，液体流动阻力较小，多数可重复使用。后者由于有孔，细胞可进入载体内，因而常可获得高密度。但当载体过大时，在载体内的细胞常会因营养物和氧的交换不够充分而影响其生长和代谢。

流化床生物反应器的基本原理类似于流态床化学反应器，不同的是，流态化的固体是带有细胞的微粒。培养液通过反应器垂直向上循环流动不断提供给细胞必要的营养成分，使细胞得以在微粒中生长；同时，不断地加入新鲜的培养液，并不断地排除培养产物或代谢产物。图 3-16 为

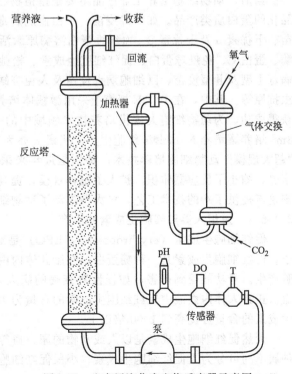

图 3-16　生产用流化床生物反应器示意图

生产用流化床生物反应器的示意图，这种反应器的传质性能很好，并在循环系统中采用膜气体交换器，能快速提供给高密度细胞所需的氧，同时排除代谢产物；反应器中的液体流速足以使细胞微粒悬浮却不会损坏脆弱的细胞。

由于流化床生物反应器满足了高密度细胞培养、使高产量细胞长时间停留在反应器中、优化细胞生长与产物合成的环境等细胞培养的要求，因此流化床生物反应器既可用于贴壁依赖性细胞的培养，又可用于非贴壁依赖性细胞的培养。

（6）无泡沫搅拌生物反应器

无泡沫搅拌生物反应器是一种装有膜搅拌器的生物反应器，它采用多孔的疏水性塑料管装配成通气搅拌桨，具有良好的氧通透性，从而实现无泡通气搅拌，同时解决了通气和均相化的要求。由于这类反应器能提供动物细胞生长中所需的溶氧要求，产生的剪切力较小，以及在通气中不产生泡沫，避免了在其他反应器中常见的某些弱点，如泡沫等，已广泛地应用于实验室研究、中试和工业生产。

3.1.5 动物细胞培养工业过程实例

20世纪80年代以来，由于现代生物技术迅速发展与成熟，发现动物细胞培养具有功能全能性，可产生许多有用物质，工业规模动物细胞培养的主要用途转向了高附加值蛋白质产品的生产，如面向治疗、诊断和研究的重组蛋白质。

最初利用哺乳动物细胞培养生产疫苗大都采用原代哺乳动物细胞在血清培养基中进行培养，易受污染、效率低、生产成本高。随后出现的动物细胞株重组化、培养基无血清化以及新型培养工艺，极大地促进了动物细胞培养的工业应用，使哺乳动物细胞培养成为新型的生物工程产业，原来只有通过动物培育后提取的医用蛋白质可以直接采用动物细胞培养来大量生产。

当前，动物细胞培养工业产品主要是指植物和微生物难以生产的并已实现了工业化和商品化的蛋白质类产品。如口蹄疫苗、牛白血病病毒疫苗、狂犬病毒疫苗、脊髓灰质炎病毒疫苗、干扰素-α及干扰素-β、血纤维蛋白溶酶原激活剂、尿激酶、凝血因子Ⅷ和Ⅸ、激肽释放酶、蛋白C、免疫球蛋白、促红细胞生成素、松弛素、生长激素、乙型肝炎病毒疫苗、疱疹病毒Ⅰ型及Ⅱ型疫苗、巨细胞病毒疫苗及人免疫缺陷病毒（HIV）疫苗的抗原、疟疾和血吸虫抗原等。其中，在1000L规模上采用微载体培养法培养人二倍体成纤维细胞生产干扰素-β获得成功，为动物细胞大规模培养技术领域中的一项重大突破；而英国韦尔科母公司采用8m³培养罐培养Namalwa细胞生产干扰素-α亦为工业化动物细胞培养的典型实例，被称为"超大规模"动物细胞培养技术；特别是近年来采用100L培养罐进行灌流式动物细胞连续培养，缩小了反应器体积，扩大了培养规模，提高了产品产量，该操作方式的成功为动物细胞培养提供了新的技术工艺，极大地推动了动物细胞培养工业的发展。

3.1.5.1 重组人促红细胞生成素的生产

促红细胞生成素（erythropoietin，EPO）是对红细胞生成的特异性刺激作用的细胞因子。促红细胞生成素是一种糖蛋白，在胎儿体内由肾脏及肝脏产生，而在成人体内主要由肾脏产生。肾功能受到损害，如慢性肾衰竭的病人，促红细胞生成素的产生受阻，可导致贫血。正常人体内血液中促红细胞生成素的含量为10～18mU/mL。当体内缺氧时，促红细胞生成素的含量可提高到1000倍以上。

天然促红细胞生成素是以人或动物的尿、血等为原料，经生物化学方法纯化得到。根据种属不同可分为人促红细胞生成素、小鼠促红细胞生成素、猴促红细胞生成素等。目前已知人促红细胞生成素有两种存在形式，即人EPO-α及人EPO-β，二者氨基酸组成及顺序相同，都含有 165 个氨基酸残基，分子量、等电点及生物活性也都类似，差别在于二者的糖型组成不同，EPO-α 含有较多的 N-乙酰氨基葡萄糖和 N-乙酰神经氨酸，总的含糖量也较 EPO-β 高。

重组人促红细胞生成素，是以重组 DNA 技术生产的促红细胞生成素，将促红细胞生成素的基因连接到表达载体上，转化 CHO 细胞，从细胞培养上清液中纯化得到促红细胞生成素。重组人促红细胞生成素与天然人促红细胞生成素具有相同的体内、体外活性，比活基本相当。同天然人促红细胞生成素一样，基因工程人促红细胞生成素依据糖基结构的差异也可分为 α、β 两种，即 rhEPO-α 和 rhEPO-β。

（1）基因工程人促红细胞生成素的基因克隆及其在哺乳动物细胞中的表达

1）构建促红细胞生成素表达载体　有两种方式获得编码人促红细胞生成素基因。一种是提取胎肝染色体 DNA，然后以特异性寡核苷酸为引物，经聚合酶链反应扩增出人促红细胞生成素的基因片段，然后与克隆载体连接，克隆基因。另一种是提取人胎肝 mRNA，经过逆转录合成 cDNA 文库；或者筛选人胎肝基因组文库，得到编码人促红细胞生成素的基因，切下人促红细胞生成素基因与表达载体相连接，导入哺乳动物细胞，提取 mRNA，再逆转录成 cDNA 文库，筛选 cDNA 文库，得到编码人促红细胞生成素的基因片段。

将人促红细胞生成素基因与表达质粒重组，导入哺乳动物细胞，经筛选得到表达人促红细胞生成素的细胞株。常用的表达载体有 pDSVL、pSV2，这两种质粒带有二氢叶酸还原酶基因（dhfr），也可以用不含 dhfr 基因的表达载体。

构建载体经过筛选后，必须通过测序，确证促红细胞生成素的 DNA 序列及其推导的氨基酸序列是正确的。

2）构建表达促红细胞生成素的细胞株　以二氢叶酸还原酶缺陷型的中国仓鼠卵巢细胞系（CHO dhfr⁻）为宿主细胞。将此细胞培养于 100mm 培养皿中，待细胞长满至 50%～60% 时，用无血清细胞培养基淋洗细胞，加入由无血清培养基、表达载体和共转化载体以及阳离子脂质体组成的共转染混合液，37℃ 培养 4h。吸出培养基，加入含 10% 胎牛血清的 F12 培养基，37℃ 培养过夜。随后在含青霉素、链霉素及 10% 胎牛血清的 DEME 中培养，获得抗性克隆。逐步提高甲氨蝶呤（MTX）终浓度，筛选抗性克隆。利用酶联免疫分析法确认所得到的细胞表达人促红细胞生成素。

（2）CHO 细胞培养工艺过程

在获得了能够高效表达目的蛋白的重组细胞株以后，需要解决的问题就是通过培养而大量生产出目的蛋白。常规动物细胞培养的方法是将细胞放在不同的容器中进行培养。如利用转瓶大量培养贴壁细胞或用生物反应器培养贴壁或悬浮细胞。以下介绍生物反应器培养工艺过程。

1）种子细胞制备

① 冻存的细胞株 37℃ 水浴复苏，无菌离心，弃去冻存液。

② 加入适量 DMEM 培养基（含 10% 小牛血清）。

③ 37℃ 二氧化碳培养箱培养，连续传三代。

④ 细胞消化后接种，接种的细胞浓度约为 2.5×10^6 个/mL。

2）反应器连续培养

① 加入纤维素载体片及 pH7.0 的磷酸盐缓冲液（PBS），5L 细胞反应器高压灭菌 1.5h。

② 将反应器接入主机，连接气体，校正电极，排出 PBS。加含有小牛血清的 DMEM 培养基，接种。控制条件 pH7.0，搅拌转速 <50r/min，37℃，DO50%～80%，进行贴壁

培养。

③ 转速提高到 80～100r/min，继续扩增培养 10d。

④ 更换为无血清合成培养基，由软件控制温度、溶氧、pH 值等培养条件，进行连续灌流培养。

⑤ 收获培养物，4～8℃保存。

(3) 培养工艺控制

① 在刚接种后细胞稀少时，搅拌速度缓慢，使细胞牢固地贴附于载体上，随着细胞数量的增加逐渐提高搅拌速度，以便使细胞周围的微环境中代谢产物和营养物质都在较短的时间内达到平衡。

② 动物细胞培养对温度波动的敏感性很大。因此，对温度的控制应较为严格。

③ pH 值也是细胞培养的关键性参数，它能影响细胞的存活力、生长及代谢。细胞生长的最适 pH 值因细胞类型不同而异，应先通过实验寻找出最适 pH 值，再通过输入 CO_2 和碳酸氢盐溶液维持其恒定。细胞生长与表达的 pH 值为 7.0～7.2。

④ 氧是细胞代谢中最重要的养分之一。它可以直接和间接地影响细胞的生长与代谢。溶解氧应在 10%～100% 的范围内。可根据需要向培养液内加入氧气、空气或氮气按比例的混合气体以控制溶氧。

⑤ 葡萄糖是细胞生长与表达过程中必不可少的碳源之一，其消耗程度直接反映出细胞代谢旺盛程度，细胞生长、表达旺盛时，需大量消耗，而缺乏时细胞生长速度与产物表达量均降低，故应及时充分地予以补充。此外还应监测氨、乳酸盐类等代谢废物在培养基中的含量，维持在较低的浓度，减少对细胞损害。

⑥ 虽然采用有血清培养基会更有效刺激细胞的分化和增殖，但无血清的合成培养基用于生产，可降低纯化过程中杂蛋白质的含量，减少纯化的负载，并延长色谱柱使用寿命，有效提高产品的纯度。

3.1.5.2 尿激酶原的生产

尿激酶原也称单链尿激酶型纤溶酶原激活剂（single-chain urokinase-type plasminogen activatior, scu-PA），与链激酶和尿激酶相比，尿激酶原具有较高的特异性溶血栓作用。

(1) 细胞株和培养基

采用分泌尿激酶原（pro-UK）的重组 CHO 细胞 GL-11G。

培养基为 DMEM：F12＝1：1，加入 0.5g/L 谷氨酰胺，1.8g/L 4-羟乙基哌嗪乙磺酸（Hepes），20000IU/mL 抑肽酶（Aprotini），1g/L 蛋白胨，补加多种氨基酸和 BIGBEF 低血清添加剂，另加适量小牛血清和胰岛素，过滤除菌。

(2) 生物反应器

生物反应器为 Biostat UC20（B. BraunCo., Germany）20L 搅拌式反应器。通过改变氮气、氧气、空气和二氧化碳的流量来控制溶氧和 pH，采用 23m 长、3mm 宽、0.35mm 厚的薄壁硅胶管无泡气体交换系统，灌流培养或换液培养时，通过孔径为 $20\mu m$ 的不锈钢旋转滤器截留细胞和微载体。

(3) 培养用微载体及其预处理

培养用微载体为 Cytopore 纤维素多孔微载体（Pharmacia Co.）。使用前用 0.1mol/L pH7.0 的 PBS 浸泡 4h 后倾去 PBS，再用 PBS 洗涤 3 次，在 121℃高压灭菌 40min 后，吸出 PBS，用含 1%小牛血清的 DMEM/F12 培养基浸泡备用。

(4) 培养方法

由方瓶→转瓶→搅拌瓶→5L CelliGen 反应器→20L Biostat 反应器逐级放大培养（图 3-

17）。在 20L 反应器中预先加入 15L 培养基和 30g 经过处理的多孔微载体，5L CelliGen 反应器制备的种子通过管道直接进入 20L 反应器中，控制 pH（7.1±0.1），DO＝40%±5%，温度 37.0℃±0.1℃，搅拌转速为 40r/min，多孔微载体的浓度为 2g/L 培养基。

（5）培养过程及操作

第一阶段为流加培养。由于种子细胞较少，为提高接种密度，细胞接种时装液量为 14L，接种密度为 $3.35×10^5$/mL，在第 2 天、第 3 天流加培养至 20L。第 4～16 天为换液培养，由于在此期间细胞密度较低，采

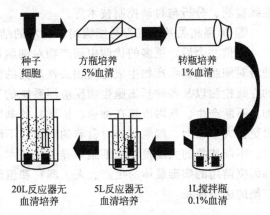

图 3-17　rCHO 动物细胞逐级
放大培养工艺流程

用换液培养可减轻代谢产物积累对细胞生长的影响，又可提高上清液中产物的浓度。这一阶段收获 pro-UK 平均活性为 2314IU/mL 的上清液 52L。培养至第 16 天后，葡萄糖的浓度已降至 2.5g/L 以下，换液量为 13.5L/d 已不能满足细胞生长的需要，此时改为灌流培养，灌流速度控制在 20L/d 左右，在第 16～22 天的灌流培养中，细胞生长旺盛，最高密度达到 $1.33×10^7$/mL，此时溶氧下降很快，以通 90% 的氧气为主，以空气替代氮气来调节溶氧。pro-UK 的最高活性达到 7335IU/mL，在 5d 灌流培养中收获上清液 91L，平均活性为 4712IU/mL。第 22 天截留细胞的旋转滤器已堵塞，灌流培养难以实现，换液培养 1d 后改为恒化培养，恒化培养细胞密度急剧下降，培养液中的产物活性也随之降低，在第 23～28 天培养中，细胞密度基本维持在 $4.5×10^6$/mL 左右，pro-UK 的活性在 3000IU/mL，共收集培养液 55L，平均活性为 3022IU/mL。在连续 28d 的大规模细胞培养期间，共收集 pro-UK 的平均活性为 3592IU/mL 的培养上清液 204L，含有 7.05g 产品。

3.1.6　动物细胞培养现状与展望

由于动物细胞体外培养的生物学特性、相关产品结构的复杂性以及质量一致性的要求，目前的动物细胞大规模培养工艺技术仍难于满足医用生物制品规模生产的需求，目前存在的问题主要如下。

① 细胞密度低、细胞产率低、产物浓度低。

② 细胞群体在大规模、长时间培养过程中分泌产物能力易丢失，或产物活性易降低。

③ 动物细胞培养基、培养设备以及培养用微载体很昂贵。因此限制了发展中国家对动物细胞培养工作的开展，大多仅能在小规模范围内研究，难以转化为生产力。

④ 目前对细胞代谢和生长动力学的研究还比较欠缺。

⑤ 在线监测水平技术不完善，限制了优良培养系统的开发并造成培养基的浪费。

有鉴于此，迫切需要进一步研究和发展细胞培养新工艺技术。当前，世界众多研究领域主要集中在优化细胞培养环境、改变细胞特性、提高产品的产率并保证其质量一致性上。主要包括如下内容。

① 细胞培养过程代谢和产物形成机制等方面的理论研究。

② 研究开发能高密度生长、大量分泌目标产品的细胞系。

③ 研究开发细胞生长性能优良、细胞解离容易、能重复使用的新型廉价的微载体。

④ 研制高效的培养模式与系统，包括新型的无菌生物反应器培养系统与工艺、先进的

在线检测、分析与自动控制技术等。

　　⑤ 加强相关基因工程与细胞培养技术的结合研究。

　　相信在今后，更多的代谢中间产物对细胞培养的细微影响和机制将逐渐得以充分认识。随着对细胞生长和产物生成之间相关性研究的深入，将会有对生物反应器更多培养状态参数的在线检测以及各种新细胞生物反应器系统的开发利用，新的培养/控制模式将会在现有基础上不断产生。基因改建在筛选、扩增目的基因及控制其表达或增强细胞寿命等方面将显示出更强大生命力。细胞培养对营养的要求将不断在提高产品的产率并保证其质量一致性上努力。不断成熟的大规模动物细胞培养工艺技术不仅在生产药用蛋白方面，而且在基因治疗、基因疫苗用的病毒载体的生产、人工器官和组织移植用分化细胞的培养等研究领域都将具有广阔的应用前景。

3.2　植物细胞培养

　　植物细胞培养是指将植物的器官、组织、细胞甚至细胞器进行离体的、无菌的培养。植物细胞培养的概念由 20 世纪初产生，20 世纪 80 年代以后植物细胞培养得到迅速发展。

　　与提取分离法相比，利用植物细胞培养生产各种天然产物具有许多无法比拟的优越性：植物细胞培养生产次级代谢物具有产率高、周期短、产品质量好及易于管理，劳动强度低等显著特点，而且不占用耕地，不受地理环境和气候条件等的影响，对于农业产品的工业化生产具有深远的意义。

　　植物细胞培养在工业上的另一个重要应用是利用植物细胞进行生物转化。即通过植物细胞内生成和积累的各种酶的催化作用，将外源底物转化为药物、食品添加剂等具有较高应用价值的产物。植物细胞生物转化具有转化率高、选择性强、副产物少等显著特点，并且显示出良好的基团选择性、区域选择性和对映体选择性。在各种所需化合物的生产，特别是在药物的生产方面越来越受到关注。

　　植物细胞培养在农业方面主要用于种质的保存、人工种子的制备和植物的大规模快速繁殖。

　　随着培养基的研制和培养技术的发展，目前，植物细胞可以在人工控制条件的生物反应器中通过细胞培养，生产出人们所需的色素、药物、香精、酶、多肽等多种初级和次级代谢产物。现在，植物细胞培养已拥有专门的技术，并已形成新的较完善的学科体系。

3.2.1　植物细胞体外培养特性

　　(1) 植物细胞培养液具有表观黏度较大的流变特性

　　由于植物细胞培养过程中易结团，同时不少细胞在培养过程中容易分泌黏多糖等物质，从而使传氧速率降低，影响细胞生长。目前对于植物细胞培养液的流变特性的认识还处于初级阶段，通常用黏度参数来描述植物细胞培养液的流变特性。黏度变化可以由细胞本身或其分泌物等引起，前者包括细胞浓度、年龄、大小、结团情况等，如在相同的浓度下，大细胞的培养液的表观黏度要明显高于小细胞团的培养液。

　　(2) 气体传递与光照对植物细胞培养过程有较大影响

　　与微生物不同，植物细胞培养一般需要光照，通过光合作用合成有机物，因此氧气和 CO_2 的含量与传递以及光照对培养过程影响较大。

　　① 氧的传递：与微生物不同，所有的植物细胞都是好氧的，需要连续不断地供氧。由于植物细胞对培养液中氧的浓度非常敏感，太高或过低都会对培养过程产生不良影响。因此

大规模培养植物细胞对氧的供给和尾气氧的监测十分重要，要严格控制溶解氧的水平。

氧气从气相到细胞表面的传递是植物细胞培养的一个最基本的问题。氧的传递与通气速率、培养液混合程度、培养液流变特性、气液界面面积等因素有关；而氧的吸收与反应器类型、细胞生长速率、温度、pH、营养组成、细胞浓度等相关。与微生物一样，通常用体积氧传递系数（K_La）来表示氧的传递情况。

② CO_2 的影响：CO_2 含量水平对细胞培养也相当重要，只有在氧气与 CO_2 的浓度达到某一平衡状态时，细胞才能很好地生长。而且 CO_2 与培养的 pH 密切相关，可以通入一定量的 CO_2 来维持一定的 pH 或与氧气达到平衡状态。

③ 光照：植物细胞与动物细胞、微生物细胞的主要不同点之一，是大多数植物细胞的生长以及次级代谢物的生产要求一定的光照强度和光照时间，并且不同波长的光具有不同的效果。但植物培养细胞的碳源供应仅有很少一部分是通过光合作用实现的，这是由于入射光的穿透性不强所导致的植物培养细胞的光合作用效率低下的缘故。此外，在培养细胞数量很多时，很难实现同一水平的光照，并可能出现局部过热的问题。因此在植物细胞大规模培养过程中，如何满足植物细胞对光照的要求，是反应器设计和实际操作中要认真考虑并有待研究解决的问题。

（3）泡沫与器壁表面有黏附性

与微生物细胞培养相比，植物细胞培养过程中产生的气泡更大。由于会覆盖有蛋白质或黏多糖，因此黏度也更大。由此细胞很容易被包埋在泡沫里，从循环的营养液中带出来，形成非均相培养。可以采用微生物培养过程消泡的一些方法对泡沫进行消除，否则也会对混合和培养的稳定性产生影响。

植物细胞培养过程中，细胞会经常黏附于培养容器或反应器内一些挡板、反应器部件、电极等表面。有些黏附的细胞不容易去除（如电极表面），可以采用在一些容易黏附细胞的物体表面涂以硅油等消除或降低黏附现象。

（4）需根据目的严格把握培养过程

悬浮培养的单个细胞在 3～5d 内就可以观察到细胞分裂。经过 1 周左右的培养，单个细胞或小的聚集体不断分裂而形成肉眼可见的小细胞团。如果培养的目的是为了快速繁殖经济型植物种苗，大约 2 周后就可以将细胞分裂再形成的小愈伤组织团块及时转移到分化培养基上，连续光照，一般 3 周后可分化出试管苗。如果是以生产代谢产物为目的的大规模细胞培养，则应该采取适当手段分散开不断聚集的细胞团，使细胞保持继续增殖，达到最高细胞密度，收获目的产物。

（5）分批培养悬浮细胞生长和增殖过程与微生物细胞相似

悬浮细胞的分批培养生长曲线与微生物细胞生长基本相同，也经历延迟（适应）期、对数生长期、直线生长期、减缓期、静止期和衰亡期等阶段，其过程曲线如图 3-18 所示，各生长阶段的特点如下。

① 延迟期：细胞由于接种后刚刚进入一个新的环境，有一段适应期。此时细胞很少分裂。

② 对数生长期：细胞开始分裂，数目缓慢增加。

③ 直线生长期：细胞生长旺盛，数目

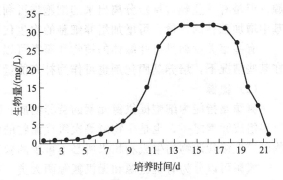

图 3-18 植物细胞分批培养生长曲线

（李志勇. 细胞工程. 2003）

快速增加。

　　④ 减缓期：由于营养、细胞老化等因素限制，细胞分裂速度减慢。

　　⑤ 静止期：死亡的细胞和生成的细胞数量基本达到平衡，总体数量基本不增加。

　　⑥ 衰亡期：细胞死亡速度加快，细胞开始快速自溶、死亡。

　　一般在静止期前进行继代培养，以获得尽量多的细胞产量。

3.2.2　植物细胞培养基及其制备

　　培养基是指人工配制的用于细胞生长、繁殖和代谢产物生成、积累的各种营养物质的混合物。它实际上是植物离体器官、组织或细胞等的"无菌土壤"，其特点是其营养成分可以进行调节和控制。

　　按照培养基的流动性不同，可以分为液体培养基和固体培养基两大类。固体培养基是在液体培养基的基础上加一定量的琼脂制成。用于微生物培养的固体培养基一般加入 1.5% 左右的琼脂，而用于植物细胞培养的固体培养基一般加入 0.7%～0.8% 的琼脂制成半固体状态。

　　在培养基的设计和配制时，应当根据细胞的特性和要求，特别注意各种组分的种类和含量，以满足细胞生长、繁殖和新陈代谢的需要，并调节至适宜的 pH 值。还必须注意到，有些细胞在生长繁殖阶段和生产代谢物的阶段所要求的培养基有所不同，必须根据需要配制不同的生长培养基和生成培养基。

　　植物组织和细胞培养所用培养基种类较多，但通常都含有无机盐、碳源、有机氮源、植物生长激素、维生素等化学成分。在植物细胞培养所用培养基中，一些必需营养物质如氮、磷、钾、钙、镁等的加入与否、浓度的高低、各组分的相对浓度都会对培养结果产生重大影响，甚至起到关键性的作用。

3.2.2.1　植物细胞培养基的基本成分

　　(1) 碳源

　　碳源是指能够为细胞提供碳素化合物的营养物质。在一般情况下，碳源也是为细胞提供能量的能源。

　　碳是构成细胞的主要元素之一，也是所有植物次级代谢物的重要组成元素。所以碳源是必不可少的营养物质。

　　不同的细胞对碳源的利用有所不同，在配制培养基时，应当根据细胞的营养需要而选择不同的碳源。蔗糖和葡萄糖是常用的碳源和能源。植物细胞对蔗糖或葡萄糖的利用较好，对果糖的利用效果较差。除此之外的其他碳水化合物或有机碳化物不适合做单一的碳源和能源。但是有一些经过特殊分离出来的细胞株可利用其他代谢物作为碳源和能源。通常在培养基中增加蔗糖的含量，可增加培养细胞的次生代谢产物量。

　　有些培养物如具有叶绿体的植物和藻类可以利用二氧化碳为碳源，此为光自养培养物。在某些情况下，培养基固化剂也可作为补充能量和碳源之用。

　　(2) 氮源

　　氮源是指能为细胞提供氮元素的营养物质。氮元素是各种细胞中蛋白质、核酸等组分的重要组成元素之一，也是生物碱等次级代谢物的组成元素。氮源是植物细胞生长、繁殖和生物碱等次级代谢物的生成和积累所必不可少的营养物质。

　　氮源可以分为有机氮源和无机氮源两大类。有机氮源主要是各种蛋白质及其水解产物，例如酪蛋白、豆饼粉、花生饼粉、蛋白胨、酵母膏、牛肉膏、蛋白水解液、多肽、氨基酸等。无机氮源是各种含氮的无机化合物，如氨水、硫酸铵、磷酸铵、硝酸铵、硝酸钾、硝酸钠等铵盐和硝酸盐等。

不同的细胞对氮源有不同的要求。应当根据细胞的营养要求进行选择和配制。一般来说，动物细胞要求有机氮源；植物细胞主要使用无机氮源；微生物细胞中，异养型细胞要求有机氮源，自养型细胞可以采用无机氮源，也可以采用含有有机氮源和无机氮源的混合氮源。

植物细胞培养基通常采用一定量的硝酸盐和铵盐作为混合无机氮源，铵盐和硝酸盐的比例对植物细胞的生长和新陈代谢有显著的影响，在设计和配制时应该充分注意。在植物细胞培养过程中，必要时可以添加一定量的有机氮源，如酪蛋白水解物、酵母提取液等，以促进细胞生长繁殖和新陈代谢。

此外，碳和氮两者的比例，即碳氮比（C/N）对细胞生长和某些次级代谢物的产量有显著影响。所谓碳氮比一般是指培养基中碳元素（C）的总量与氮元素（N）总量的摩尔比。可以通过测定和计算培养基中碳素和氮素的物质的量（mol）而得出。有时也采用培养基中所含的碳源总量和氮源总量之比来表示碳氮比。这两种比值是不同的，有时相差很大，在使用时要注意。

（3）无机盐

无机盐的主要作用是提供细胞生命活动所必不可缺的各种无机元素，并对细胞内外的pH值、氧化还原电位和渗透压起调节作用。

不同的无机元素在细胞的生命活动中作用有所不同。有些是细胞的主要组成元素，如磷、硫等；有些是酶分子的组成元素，如磷、硫、锌、钙等；有些作为酶的激活剂调节酶的活性，如钾、镁、锌、铜、铁、锰、钙、钼、钴、氯、溴、碘等；有些则对pH值、氧化还原电位、渗透压等起调节作用，如钠、钾、钙、磷、氯等。

根据细胞对无机元素需要量的不同，无机元素可以分为大量元素和微量元素两大类。大量元素主要有磷、硫、钾、钠、钙、镁等；微量元素是指细胞生命活动必不可少，但是需要量微小的元素，主要包括铜、锰、锌、钼、钴、溴、碘等。微量元素的需要量很少，过量反而对细胞的生命活动有不良影响，必须严加控制。

无机元素是通过在培养基中添加无机盐来提供的。一般采用添加水溶性的硫酸盐、磷酸盐、盐酸盐或硝酸盐等。有些微量元素在配制培养基所使用的水中已经足量，不必再添加。

（4）植物生长调节剂

植物激素是指植物代谢过程中形成的生长调节物质，在极低浓度（<1μmol/L）时即能调节植物的生育过程，并能从合成部位转运到作用部位而发挥作用。植物激素只限于天然产生的调节物质，到目前为止，已发现植物组织中可以形成5种植物激素，即生长素、分裂素、赤霉素、脱落酸和乙烯。植物生长调节剂既包括人工合成的具有生理活性的化合物，也包括一些天然的化合物以及植物激素。

对正常生长的植物体来说，其自身也合成一定量的内源激素，以保证植物各组织、器官的正常分化、生长。但对植物培养细胞来说，除了某些植物组织具有合成足够量内源性植物激素的能力外，绝大多数植物组织和细胞培养基中均须加入一定量的植物生长调节剂。另外某些培养物在经历了多次继代培养后也可能自发成长为激素自养型，即不加入外源激素它们也能够进行脱分化生长、增殖，这样的驯化细胞具有表型不稳定的特征，而不同于体细胞突变。使用此类组织的优点是其生长率高和费用低（不用激素）。此外，由于含有双酚脲类成分，天然培养基的成分可可奶具有类似分裂素的作用。

（5）维生素

植物细胞通常是维生素自养型的，但大多数情况下，其自身合成的量均不能满足植物细胞的需要，即便是光合成活性细胞或组织也是如此。故对大多数培养基而言，除了必须加入的 B 族维生素（如维生素 B_1、维生素 B_6 和泛酸）外，通常还需加入一定量的生物素和肌醇，后者是构成磷酸肌醇（细胞膜脂质部分含磷酸肌醇 2%～8%）极性端的组分。

（6）有机酸

加入丙酮酸，或者柠檬酸、苹果酸和琥珀酸等三羧酸循环的中间产物，能够保证植物细胞在以铵盐作为单一氮源的培养基上生长，并且使细胞对钾盐的耐受能力至少提高到 10mmol/L。除此之外，这些有机酸还能提高低密度接种的细胞和原生质体的生长。

（7）复合物质

通常作为细胞的生长调节剂，如酵母抽提液、麦芽抽提液、椰子汁和水果汁。目前这些物质已被已知成分的营养物质所替代。在许多例子中还发现，有些抽提液对细胞有毒性。目前仍在广泛使用的是椰子汁，在培养基中浓度是 1～15mmol/L。

典型的植物细胞培养基配方组成见表 3-5。

表 3-5　典型的植物细胞培养基配方组成　　　　　　　mg/L

组　　分	Murashige-Skoog(1962)	White(1963)	Heller(1953)	Schenk-Hildebrandt(1972)
$(NH_4)_2SO_4$				
$MgSO_4 \cdot 7H_2O$	370	720	250	400
Na_2SO_4	—	200	—	—
KCl	—	65	750	—
$CaCl_2 \cdot 2H_2O$	440	—	75	200
$NaNO_3$	—	—	600	—
KNO_3	1900	80	—	2500
$Ca(NO_3)_2 \cdot 4H_2O$	—	300	—	—
NH_4NO_3	1650	—	—	—
$NaH_2PO_4 \cdot H_2O$	—	16.5	125	—
$NH_4H_2PO_4$	—	—	—	300
KH_2PO_4	170	—	—	—
$FeSO_4 \cdot 7H_2O$	27.8	—	—	15
EDTA-2Na	37.3	—	—	20
$MnSO_4 \cdot 4H_2O$	22.3	7	0.1	10
$ZnSO_4 \cdot 7H_2O$	8.6	3	1	0.1
$CnSO_4 \cdot 5H_2O$	0.025	—	0.03	0.2
H_2SO_4				
$Fe_2(SO_4)_3$	—	2.5	—	—
$NiCl_2 \cdot 6H_2O$	—	—	0.03	—
$CoCl_2 \cdot 6H_2O$	0.025	—	—	0.1
$AlCl_3$	—	—	0.03	—
$FeCl_3 \cdot 6H_2O$	—	—	1	—
$FeC_6O_5H_7 \cdot 5H_2O$				
KI	0.83	0.75	0.01	1.0
H_3BO_3	6.2	1.5	1	5
$Na_2MoO_4 \cdot 2H_2O$	0.25	—	—	0.1
蔗糖	30000	20000	20000	30000
肌醇	100	—	—	1000
烟酸	0.5	0.5	—	0.5
维生素 B_6	0.5	0.1	—	0.5
维生素 B_1	0.1～1	0.1	—	5
泛酸钙	—	1	—	—
甘氨酸	2	3	—	—

3.2.2.2 植物细胞培养基的制备

植物细胞培养基的组成成分较多，各组分的性质和含量各不相同。为了减少每次配制培养基时称取试剂的麻烦，同时为了减少微量试剂在称量时造成的误差，通常将各种组分分成大量元素液、微量元素液、维生素溶液和植物激素溶液等几个大类，先配制成 10 倍或 100 倍浓度的母液，放在冰箱中在 10℃ 以下保存待用。使用时，吸取一定体积的各类母液，按照比例混合、稀释，制备得到所需的培养基。但要注意的是一般含有有机物或激素类物质的培养基母液或稀释液最好保存时间不超过 10d。

制备培养基时，培养基中使用的无机盐、碳源、维生素、有机酸和植物生长激素都应该采用最高纯度级的试剂和药品。有些生长激素在使用前需要进行重结晶提纯。由于一些生长激素难溶于水，配制时可先溶于 2～5mL 的酒精中，其酒精-水溶液要用吸附法进行脱色处理，然后慢慢加入蒸馏水，稍微加热后，再稀释至所需体积。

配制培养基的用水应严格地采用蒸馏水或高纯度的去离子水，其中以玻璃器皿制备的蒸馏水最好。培养基的 pH 值用 0.5mol/L 的 HCl 或 0.2mol/L 的 NaOH 进行调节。当需要使用固体培养基时，须加入琼脂。

配制好的培养基按要求装入三角烧瓶或试管中，121℃ 下灭菌 20min，待冷却后就可以使用。对于一些热敏性化合物，如 L-谷氨酰胺、植物生长激素等，灭菌时不可采用加热法，而应该采用过滤法灭菌，然后无菌操作加入到已灭菌的培养基中。

在培养基配制过程中需要注意的是，为了防止在高浓度下，培养基组分间相互作用产生沉淀，诸如 $CaCl_2$、KI、EDTA 的钠或亚铁盐需要单独配制保存，使用时再稀释混合。

3.2.3 植物细胞培养的基本过程

植物细胞培养与微生物细胞培养类似，可采用液体培养基进行悬浮培养。进行植物细胞大规模培养的基本过程如下。

① 外植体获得及预处理：选择次生代谢物含量高的植物种类或某一高产植株，获得其外植体并对其预处理。

② 获得悬浮细胞株：用外植体直接分离植物细胞、愈伤组织诱导获取植物细胞、原生质体再生法获取植物细胞（通常为融合细胞）的方法，得到能够自我复制的悬浮细胞株。

③ 悬浮细胞株筛选：将悬浮细胞转移到新鲜培养基培养增殖并从中筛选出目标产物产量高、性能优良的无性繁殖系，并确定其细胞生长和产物积累的最佳条件。

④ 扩大培养：将上述选出的细胞株扩大培养，得到一定量的细胞，作为接种用的"种子"。

⑤ 大规模培养：接种到通气搅拌罐或其他植物细胞生物反应器进行几百升至几立方米的大规模培养。

由于植物细胞培养的目标产物都属于次级代谢产物，要在细胞生长的后期才开始合成，因此，为了使植物细胞生长和产物合成阶段能够分别予以优化，现已建立了针对植物细胞的"二步培养法"，即使用生长培养基使细胞大量增殖，达到一定的细胞密度，然后再改用适合细胞产物积累的培养基，促进细胞启动次级代谢途径并提高产物的产量。

3.2.4 植物细胞大规模培养方法与操作方式

在人工控制下，对植物细胞进行高密度大量的培养称为植物细胞大规模培养，其目的在于通过对植物细胞工业规模培养，获得细胞、初级及次级代谢产物，为药品、食品及化工行业提供产品。

3.2.4.1 植物细胞大规模培养的方法

植物细胞大规模培养方法按培养对象，可分为（固定化）原生质体培养和小细胞团培养；按培养基类型可分为固体培养和液体培养；按培养方式可分为悬浮细胞培养和固定化细胞培养等。

（固定化）原生质体培养通常采用液体悬浮培养，即将（固定化）原生质体悬浮在液体培养基中，在一定条件下进行培养。液体培养基中必须含有适量的渗透压稳定剂，以免原生质体受到破坏。在固定化原生质体培养过程中，要使胞内产物不断地分泌到细胞膜外，必须尽可能防止细胞壁的再生，以保持固定化原生质体的分泌能力，为此，可以在固定化原生质体的培养过程中，添加适量的纤维素酶和果胶酶进行处理。培养所使用的反应器主要有气升式反应器、鼓泡式反应器、流化床式反应器和膜反应器等。植物原生质体培养可以用于原生质体的融合、外源基因的转化、次级代谢物的生产和进行生物转化等。

小细胞团培养是植物细胞培养中最常用的方法。在植物细胞悬浮培养过程中，培养液中的细胞大多数以小细胞团的形式存在，也有一些单细胞，所以平常所说的植物细胞悬浮培养主要是指小细胞团液体悬浮培养。小细胞团液体悬浮培养所使用的反应器主要有搅拌式反应器、气升式反应器、鼓泡式反应器等。通过植物小细胞团液体悬浮培养可以得到大量所需的植物细胞，获得各种植物次级代谢物；进行生物转化，将底物转化为所需的产物。小细胞团在固体培养基上的继代培养可以用于种质保存，长时间保持植物细胞的特性等。

植物细胞悬浮培养是最常见的培养方式，可分为静止和振荡两类。静止液体培养和固体培养一样，具有简便易行的特点。振荡液体培养，是使细胞悬浮在液体培养基中，在不断振（转）动下进行培养。

3.2.4.2 植物细胞大规模培养的操作方式

植物细胞的大规模培养方式主要是悬浮培养，其次是固定化培养。其中悬浮培养的操作方式可分为分批培养、半连续培养、连续培养以及两相培养等。培养设备有桨式搅拌罐、多孔板式搅拌罐、卡普兰式螺旋桨搅拌罐及空气提升式培养罐等。

（1）分批培养

分批培养（batch culture）是指在培养过程中，一次性加入培养液，在一定条件下培养一段时间后，一次性放出培养液的培养方式。分批培养方式较为简单、方便，受微生物感染的机会相对较少，是当今植物细胞悬浮培养最常用的方式。但是分批培养方式的生产周期较长，设备利用率较低。以往曾采用平叶轮式培养器，通过搅拌使细胞转动，但细胞易破碎，通气受限制，易受污染，经济效益差。目前主要采用气升式反应器，其培养过程用通气代替搅拌，细胞产量高于平叶轮培养器。本培养方法中植物细胞生长规律与微生物相似，随着细胞增长，培养液营养物质不断下降。细胞增长过程也分为延迟期、对数生长期、减缓期、静止期及衰亡期等阶段。

由于植物细胞培养过程中，次级代谢产物的大量累积往往发生在细胞生长的稳定期，人们基于此原理设计了植物细胞的两步培养法，即使用两个生物反应器，第一个反应器用于细胞生物量的累积，第二个反应器用于次级代谢产物的生产。日本科学家使用此法成功地开发出了世界上第一个植物细胞工程商品——紫草素，他们通过提高第二个反应器中 Ca^{2+} 浓度的方法，大幅度增加了培养液中的紫草素含量，从而实现了生物工程法生产紫草素的工业化。

（2）半连续培养

半连续培养（semi-continuous culture）是指在培养过程中，每隔一段时间从反应器中放出部分培养液，并补充部分新鲜培养基的培养方式。此法可不断补充培养液中营养成分，减少接种次数，使培养细胞所处环境与分批培养法一样，随时间而变化。工业生产中为简化操作过程，确保细胞增殖量，常采用半连续培养法，有些植物细胞及其他物质产量，用半连续培养法较分批法为高。

半连续培养可以提高设备利用率，可以适当提高单位体积反应器的产量。但在添加新鲜培养基的时候，要注意防止微生物的污染。

半连续培养可以认为是一种具有定时进出装置的成批培养系统。每一天或两天时间间隔收获一部分培养物（最多可达50%），然后再加入新鲜培养基，通过调整收获细胞的数量和次数来保持细胞重量的恒定。如 Kato 等（1972）用大规模半连续培养方法培养烟草细胞，在培养的第 5 天以后，每天收获和替代 50% 的培养物。

（3）连续培养

连续培养（continuous culture）是指在培养过程中，以一定的流量连续地添加培养基，同时放出相同体积的培养液，保持反应器内培养液的体积不变以使细胞生长环境长期维持恒定的培养方式。该培养方式可以显著提高设备利用率，在固定化细胞培养中经常采用。在连续添加培养基时，要特别注意防止微生物的污染。在连续培养一段较长的时间以后或者在培养出现不正常情况时，需要终止连续培养，对反应器进行彻底的清洗、消毒，然后再进行新一轮的连续培养。

连续培养法细胞生产能力一般较分批法高，但因细胞生长缓慢，培养时间长，要维持系统无菌状态，技术条件要求相当苛刻。故在培养特定细胞或生产次生物质时，单罐连续培养法不一定是最适宜方式。鉴于此，人们又设计出了二阶段连续培养法，见图 3-19。该法是在第一罐中投入适于细胞增长的培养基（即生长培养基）并连续加入该培养基，而在第二罐中投入适于次级代谢产物产生的培养基（即生产培养基）。两罐间通过管道连接，第一罐培养液不断流入第二罐，同时第二罐培养液不断放出，可大大提高细胞生长速度。如用此法生产烟草细胞，于第一罐中加入适于细胞增殖的培养基，第二罐中加入低氮源培养基，可使细胞生长速度达到 6.3mg（干重)/(L·h)。

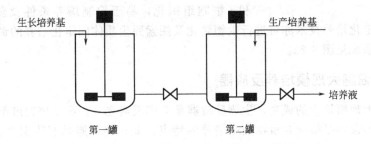

图 3-19　植物细胞的两阶段连续培养法示意

（4）两相培养

两相培养（two-phase culture）是指在生物反应器中，除了植物细胞（或固定化细胞）以外，培养体系中还存在互不相溶的两相介质。两相介质系统可以是液-液两相，也可以是固-液两相。

1）液-液两相培养体系　液-液两相培养体系的培养液由互不相溶的两种液体组成，例如水溶液和有机溶剂组成的两相体系。细胞在水相中生长、繁殖，通过细胞的生命活动合成的次级代谢产物分泌到细胞外后，亲水性的代谢物留在水相中，疏水性产物转移到有机相。这样一方面可以减弱某些产物的反馈抑制作用，使细胞内不断合成产物，并增加产物的分泌，从而提高代谢物的产量；另外还可以直接从有机相分离得到所需的疏水性产物。例如，在紫草细胞悬浮培养中，加入一定量的十六烷，可以使紫草宁（shikonin）的产量提高，并可以直接从有机相提取得到紫草宁。

2）固-液两相培养体系　固-液两相培养体系是由水溶液和对一些次级代谢物具有吸附作用的不溶于水的高分子聚合物组成。细胞合成的某些次级代谢物分泌到培养液以后，被高分子聚合物吸附，使培养液中该次级代谢物的含量降低，降低甚至解除由产物引起的反馈抑制作用，并增加产物的分泌速度，使次级代谢物的产量得以提高。例如，在长春花细胞培养液中加入一定量的大孔吸附树脂，可以显著提高吲哚生物碱的产量。培养完成后，取出高分子聚合物，从中分离得到所需的物质。

（5）固定化培养

植物细胞生长后期，生长速度降低，有利于细胞分化及次生物质积累，如许多生物碱通常在细胞培养物致密及生长缓慢时积累最多，表明细胞成块而趋于分化时，细胞块中各个细胞处于一定理化梯度之下，细胞功能产生明显而微妙的变化，有利于次生物质累积，此现象与完整植株相似，因此人们提出了植物细胞固定化培养技术。固定化培养采用固定化反应器，这类反应器有网状多孔板、尼龙网套及中空纤维膜等形式，将细胞固定于尼龙网套内装入填充床，或固定于中空纤维反应器的膜表面，或固定于网状多孔板上，使细胞处于既有梯度分布又有多个生长点的反应器中，投入培养液循环培养，或连续流入新鲜培养液实现连续培养和连续收集培养产物，必要时也可通入净化空气代替搅拌。固定化培养法优点在于细胞位置固定，易于获得高密度细胞群体及建立细胞间物理学和化学联系，维持细胞间物理化学梯度，利于细胞组织化，易于控制培养条件及获得次生产物。

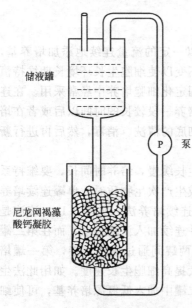

储液罐

P　泵

尼龙网褐藻
酸钙凝胶

图 3-20　植物细胞立柱培养系统

此外，利用固定化培养技术亦可进行生物转化及探索原生质体固定化培养的最佳条件。植物细胞立柱培养系统见图 3-20。

3.2.5　植物细胞大规模培养反应器

植物细胞大规模培养的成功，生物反应器是关键因素之一。由于植物细胞有很多独有的特性，反应器的选择必须结合植物细胞培养的特点，如植物细胞具有体积大、易聚集成团、不易混合均匀、植物细胞对剪切力比微生物细胞敏感得多及植物细胞的需氧量比微生物小而且过高的溶氧量会抑制细胞生长等特点。搅拌对保持反应体系的均一性非常重要，但植物细胞对剪切力的高度敏感限制了使用高速搅拌装置。用于植物细胞培养的反应器及其应用见表3-6 所示。

表 3-6　用于植物细胞悬浮培养的一些生物反应器及其应用

反应器类型	植物细胞体系
搅拌式反应器	*Catharanthus roseus*（长春花）；*Daucus carota*（胡萝卜）；*Digitalis lanta*（毛地黄）；*Dioscorea deltoidea*（三角薯蓣）；*Morinda citrifolia*（海巴戟）；*Nicotiana tabacum*（烟草）等
鼓泡柱反应器	*Glycine max*（大豆）；*Nicotiana tabacum*（烟草）等
气升式反应器	*Berberis wilsome*（金花小檗）；*Catharanthus roseus*（长春花）；*Tripterygium wilfordii*（雷公藤）等
膜生物反应器	*Nicotiana tabacum*（烟草）；*Catharanthus roseus*（长春花）；*Ginseng*（人参）等
转鼓式反应器	*Lithospermum erythrorhizon*（紫草）；*Vinca rosea*（夹竹桃科植物长春花）等

（1）搅拌式生物反应器

20世纪70年代开始研究植物细胞大规模培养时，主要借用微生物培养时广泛使用的搅拌式生物反应器，但在具体使用前调整了搅拌桨叶结构和转速或反应器构型，以便减小反应器内的流体剪切力，尽可能地减小对细胞的伤害。图3-21为植物细胞培养搅拌式生物反应器设计图。

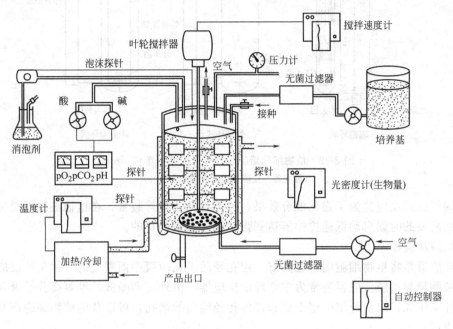

图 3-21　植物细胞培养搅拌式生物反应器设计图
（R. Endress，1994）

（2）鼓泡床反应器

鼓泡床反应器是最简单反应器之一，它利用从反应器底部通入的无菌空气产生的大量气泡在上升过程中起到供氧和混合两种作用，无搅拌装置，具有密封性好、操作容易、剪切力小、氧的传递效率高、易于放大等优点，是植物细胞培养常用的一种反应器。

鼓泡床反应器的缺点是反应器内部流体的流型不确定。由于植物细胞形成了有较大尺寸的细胞团颗粒，鼓泡床反应器实际上属于流化床反应器。在鼓泡床反应器中，通入的气体既要提供氧又要为细胞混匀提供能量，因此很难协调氧传递系数与细胞混匀两者之间的关系。气速过大，虽能保证良好的混合状况，但过量的氧供给不利于细胞生长；反之，气速过小，当氧供给正常时，细胞团可能又易沉降下来。

（3）气升式反应器

气升式反应器是利用通入反应器的无菌空气的上升气流带动培养液进行循环，起供氧和混合两种作用的一类生物反应器。按照结构的不同气升式反应器可以分为内循环和外循环两种，如图3-22所示。其流动性比鼓泡塔更为均匀。气升式反应器中，空气在导流筒中与培养基混合，由于降低了流体的密度，从而向上流动，带动了流体的循环，既为植物细胞的生长提供了必需的氧气和良好的混合，流体剪切力又比较适合植物细胞生长和代谢，而且没有机械传动，运动部件不易污染，操作费用也很低，因此在植物细胞培养中得到了广泛应用。大量比较实验表明，气升式反应器非常适合于植物细胞培养，但当细胞密度比较高或反应器高径比过大时，也会出现混合不好、细胞粘壁生长等现象。

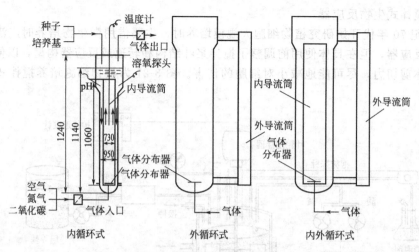

图 3-22　植物细胞培养气升式反应器（单位：mm）

(陈坚等. 发酵工程实验技术. 2003)

有些气升式反应器为了强化混合效果，另设有低速搅拌装置，在植物细胞不受破坏的前提下，在需要的时候启动低速搅拌器达到强化混合效果的目的。

（4）膜反应器

膜反应器是将植物细胞固定在具有一定孔径的多孔薄膜中而制成的一种生物反应器。用于植物细胞培养的膜反应器通常为中空纤维反应器，由外壳和醋酸纤维等高分子聚合物制成的中空纤维组成，中空纤维的壁上分布许多孔径均匀的微孔，可以截留植物细胞而允许小分子物质通过。

植物细胞被固定在外壳和中空纤维的外壁之间。培养液和空气在中空纤维管内流动，营养物质和氧气透过中空纤维的微孔供细胞生长和新陈代谢之需。植物细胞生成的次级代谢物分泌到细胞外以后，再透过中空纤维微孔，进入中空纤维管，随着培养液流出反应器。收集流出液，可以从中分离得到所需的次级代谢物。分离后的流出液可以循环使用。

中空纤维膜反应器结构紧凑，集反应与分离于一体，利于连续化生产。但是其清洗比较困难，只适用于植物细胞胞外代谢产物的生产。

（5）固定床和流化床反应器

固定床和流化床反应器是一种用于植物细胞团和固定化细胞培养的生物反应器，如图3-23 所示。

固定床反应器中的细胞团或者固定化植物细胞堆叠在一起，固定不动，通过培养液的流动，实现物质的传递和混合。其优点是单位体积的细胞密度大，对于具有群体生长特性的植物细胞，由于改善了细胞之间的接触和相互作用，可以提高次级代谢物的产量。缺点是由于混合效果较差，氧气的传递、气体的排出都受到一定的影响，温度和 pH 值的控制也相对较为困难。此外，填充床底层细胞所受到的压力较大，容易变形或者破碎。

流化床反应器中，通过培养液和无菌空气的流动使细胞团或者固定化植物细胞始终处于悬浮状态。由于细胞团或者固定化细胞以及气泡在培养液中悬浮翻动，因而混合均匀，传质效果好，有利于细胞生长和次级代谢物的产生。缺点是流体流动产生的剪切力以及细胞团或固定化细胞的碰撞会使颗粒受到破坏。此外，流体动力学变化较大，参数复杂，使放大较为困难。

（6）转鼓式反应器

如图 3-24 所示的转鼓式反应器为一内装有挡板的卧式圆柱体，在其自旋转过程中，挡板不断将培养基携带上去，形成内器壁上液体薄层，加强了溶氧传质系数。同时，浸没在液体中的通气管不断地向培养基通入空气。这种反应器的最大优点是适合高密度和高黏度细胞培养。

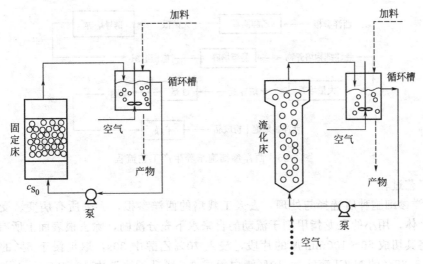

图 3-23　固定化细胞的固定床和流化床反应器

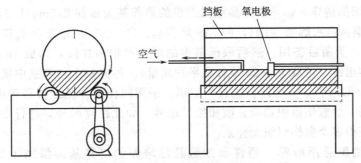

图 3-24　由 Tanaka 设计的转鼓式反应器

(岑沛霖. 生物工程导论. 2004)

3.2.6　植物细胞培养工业过程实例

　　植物细胞大规模培养的产物有种苗、细胞、初级及次级代谢产物和生物大分子等。植物细胞工业规模的培养首先是细胞生物量的增长，细胞本身即为植物细胞培养的重要产品之一。目前来自植物细胞培养的有用物质有 600 种左右，包括色素、固醇、生物碱、维生素、激素、多糖、植物杀虫剂及生长激素等数十个类别。植物细胞培养生产的各类初级及次级代谢产物均为可再生资源，其生产不受地理环境及气候等自然条件影响，为取之不尽、用之不竭、值得重视和开发的生物量。目前已实现工业化培养的细胞有烟草、人参、紫草、洋地黄及黄连等多种。今后有希望实现工业化生产的品种有苦瓜细胞的类胰岛素、喜树细胞的喜树碱、十蕊商陆细胞的植物病毒抑制剂与抗生素、莨菪细胞的天仙子胺及 L-莨菪碱和红古豆碱、东莨菪细胞的蛋白酶抑制剂及油麻藤细胞的左旋多巴等。深信不久将会有更多植物细胞产品实现工业化生产。

3.2.6.1　西洋参细胞的培养生产

　　西洋参（*Panax quinquefolium*）属五加科（Araliaceae）人参属植物，为名贵的中药材之一，具有降血脂、镇静、造血及健胃作用，其所含的主要有效成分为皂苷（saponin），目前尚不能人工合成。目前，通过植物细胞培养可得到西洋参细胞。

（1）工艺流程（图3-25）

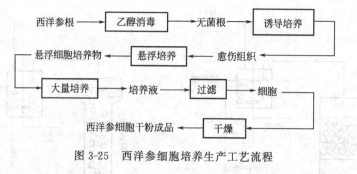

图3-25　西洋参细胞培养生产工艺流程

（2）工艺过程

1）西洋参细胞种质选择与处理　去人工栽培的西洋参根，弃去所有病变、受伤及形态不规则的个体，用小的尼龙指甲刷于流动的自来水下充分洗刷，除去根表面上所有尘粒和污物，然后将其切成50～100mm厚的片段，浸入70％乙醇中30s，取出浸于5％的安替福民（含有效氯5.25％的NaCl溶液）、10％漂白粉或0.1％升汞溶液中10～20min，取出后用无菌水充分洗去消毒剂，备用。

2）愈伤组织的诱导　诱导西洋参愈伤组织的培养基为添加2.5mg/L 2,4-D、0.8mg/L KT及0.7g/L酪蛋白水解物（LH）的MS培养基。50mL三角瓶培养基装量为20mL，琼脂浓度为0.8％，灭菌后备用。然后取已消毒的西洋参根的片段，切成1mm厚、4～5mm见方的立方小体组织（可取10～20块称取平均质量），再向每个培养瓶中接1g左右的小组织块，于25～26℃培养20d后即长成愈伤组织。采用同样培养基进行移植继代培养，移植过程每瓶均用同一块愈伤组织切割分散和接种培养。如此往复循环，进行20～30次移植继代培养，即可获得多个愈伤组织无性系。

3）西洋参细胞悬浮培养　西洋参细胞悬浮培养的培养基为添加1.25mg/L 2,4-D、0.4mg/L KT及0.7g/L酪蛋白水解物的MS培养基。500mL三角瓶中培养基装量为100mL，pH5.8，在99～100kPa压力下灭菌15～20min，冷却至室温，备用。然后在无菌操作条件下用50mL培养基将每瓶西洋参愈伤组织无性系洗下并通过筛网流入无菌量筒中，沉淀10～15min，倾去上清液，下层细胞倾入含100mL培养基的500mL培养瓶中，接种量为1～2g/L细胞干重，然后置摇床中于27～29℃，以120r/min速度振荡，振幅为2.5cm，培养20～25d后即得西洋参细胞悬浮培养物。

4）西洋参大量培养　西洋参细胞大量培养用培养基与细胞悬浮培养基相同，反应器为10L通气搅拌罐，培养基充满系数为0.7～0.8。将上述细胞悬浮培养物直接接种至搅拌罐反应器中，细胞接种量为1～2g/L细胞干重，在27～29℃下，以50～70r/min搅拌速度及0.6～0.8m³/(m³·min)通气速度培养18～20d，即得西洋参细胞培养物。

5）细胞收获与干燥　细胞大量培养后，用过滤或离心方法收获细胞，用去离子水洗涤3～5次，每次抽干，然后于50℃以下真空干燥或冻干，即得培养的西洋参细胞干粉，收率一般为3～5g/L干重。

3.2.6.2　辣椒素的固定化细胞培养生产

辣椒素是青椒（*Capsicum* spp.）的一个辛辣成分。辣椒素既可以作为食品添加剂，又可作为药物。例如，辣椒素制剂用作腰痛、神经痛和风湿痛的反刺激剂；内服辣椒素制剂对治疗消化不良特别有用；在单宁或玫瑰含漱剂中添加辣椒油可用于治疗咽喉炎，缓解咽喉炎；另外，辣椒素还具有抑制细菌和真菌的作用。

辣椒素的商业化生产是以天然辣椒作物为原料，先提取辣椒油，然后从辣椒油中分离得到辣椒素，其后续的纯化涉及几个步骤。由于辣椒作物的种植需要 4～5 个月的时间，因而不能提供连续生产的原料。相反，固定化细胞培养物来生产辣椒素，不仅可提供一种在人为控制条件下连续生产辣椒素的方法，而且由于辣椒素能从细胞泄漏到培养基中，从而更有利于分离与纯化。这一生产工艺已经有许多成功的报道。1996 年 Johnson 和 Ravishankar 报道了他们的一种创新方法，将辣椒素合成部位——胎座固定化，用于外源前体物香豆酸（对羟基苯丙烯酸）的生物转化生产辣椒素，结果证明产量提高了 11 倍。其反应装置及流程见图 3-26，工艺操作如下。

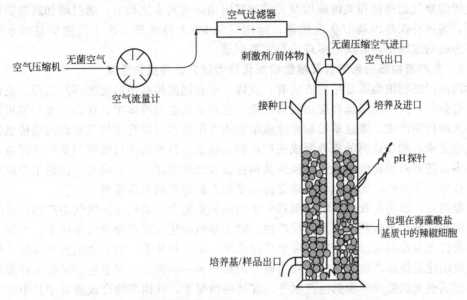

图 3-26　固定化辣椒细胞生物转化生产辣椒素反应装置及流程
（郭勇等. 植物细胞培养技术与应用. 2003）

① 取 100g（鲜重）20 日龄的辣椒胎座培养细胞，制成 1L 2.5g/100mL 的海藻酸钠细胞悬浮液。

② 将细胞悬浮液滴入 2L 0.9% $CaCl_2 \cdot 2H_2O$ 溶液中，得到珠状固定化细胞。

③ 珠状固定化细胞用水洗涤后，转移到装有 1L 培养基（MS 培养基＋蔗糖 3%＋2,4-滴 2mg/mL＋细胞分裂素 0.5mg/L＋香豆酸 2.5mmol/L）的反应器中。

④ 在 2000lx 连续光照和（25±2）℃培养，混合空气（生产前 7d，CO_2 与空气的比例是 2：1，后 7d，CO_2 与空气的比例是 4：1）的流量为 4VVM。

⑤ 培养期间，pH 值调节为 5.8。

⑥ 培养 7d 后，放出培养液进行辣椒素的回收与分析，并补充新鲜培养基继续培养 7d。

用这一方法，在 14d 的转化反应中辣椒素的产量为 1.15g/L。如果采用辣椒素吸附连续培养以及培养基回用，还可以提高产量，降低成本。

3.2.7　植物细胞培养展望

植物细胞培养始于 20 世纪初，并不可争议地具有工业化潜力。自从 20 世纪 90 年代以来，利用植物细胞培养进行天然产物的生产进入了一个新的发展阶段，它与基因工程、快速繁殖形成了三大主流。目前植物细胞培养生产的化合物很多，包括糖类、酚类、脂类、蛋白质、核酸以及萜类和生物碱等初生和次生代谢产物。尽管利用植物细胞培养进行有效成分的生产发展到现在，已经取得了令人瞩目的成就。但由于植物细胞大规模培养技术的局限性使得植物细胞仍难以实现大规模工业化生产，迫切需要进一步研究和发展细胞培养条件的优化控制及其工艺。

植物细胞培养取得成功的关键是必须提高目标产物的产量、降低培养成本。目前，世界上众多研究工作集中在优化细胞培养环境、改变细胞特性、提高目标产物的产率并保证其生产稳定性上。

3.2.7.1 基因方法将越来越多引入到植物细胞培养研究及过程中

随着分子生物学技术的发展，基因方法会越来越多引入到植物细胞培养研究及过程中，如次生代谢物代谢途径和关键酶以及关键酶基因编码及其表达调节，通过增加新基因调节次生代谢，通过特殊基因调节次生代谢，运用反义 RNA 技术调节次生代谢等基因水平的调控，将为植物细胞培养解决众多理论与实践问题。

3.2.7.2 高产植物细胞系筛选及植物组织化培养新方式将更加重视

筛选高产植物细胞系常用的方法有：克隆（有相同遗传基因的细胞群）选择、抗性选择和诱导选择等，其中克隆选择应用较为广泛。在培养细胞的群体中，存在少量细胞可以积累较多的次级代谢产物。通过单细胞克隆或细胞团克隆技术可以将这些具有相同遗传基因的细胞群挑选出来，加以适当的培养形成高产植物细胞系。目前高产植物细胞系中选择成功的例子还不多。随着对植物细胞代谢途径及其调控机理研究的深入，直接采用代谢工程原理将基因重组技术用于高产植物细胞株的建立将会受到人们越来越多的重视。

一般而言，迅速生长的植物细胞趋向于增加细胞量而不是积累次级代谢产物，而成熟的高度组织化细胞则更有利于积累目标产物。对于非组织化的某些悬浮培养体系，即使改变各种培养条件也很难提高目标产物的痕量分泌水平。对这种体系，紧密的细胞间接触、细胞的聚集或组织化是提高产物产量的重要措施。而对于另一些体系，甚至连固定化这种类组织化的培养方式也无法提高产物的生产水平。在这些情况下，代谢产物合成途径中其中的一种或多种酶的表达肯定与细胞的分化过程相联系。这时，采用形态上已完全组织化的形式进行培养是提高次级代谢产物产量的必要条件。

近年来，采用器官培养物（根、胚）代替细胞悬浮培养物，已作为克服生物合成特异性与器官相关性的一种手段。一般用发根土壤农杆菌（*Agrobacterium rhizogenes*）诱导植物根系增殖而形成大量的发根，发根的增殖速率一般相当于或高于悬浮培养细胞，而且不容易被杂菌污染，反应器也比较简单。发根培养的最重要优点是可以使用目标产物的前体或诱导物强化目标产物的积累，有人已经成功地用洋葱及大蒜的发根培养生产调味品，采用发根培养得到的托烷碱产量也大大超过了原植物体的生产水平。发状根培养技术正在迅速发展，但可能仅限于生产原植物体根部合成的代谢产物。

3.2.7.3 固定化细胞技术及产物促进释放技术将会得到更多的应用

固定化植物细胞培养技术的出现和发展使植物细胞培养向工业化前进了一大步。通过固定化技术能解决植物细胞悬浮培养过程中存在的许多问题：可在反应器内进行高密度细胞培养，降低了培养成本；可加强细胞之间的接触，提高了目标产物产量；可减少剪切力对植物细胞的伤害，提高植物细胞的存活率和稳定性；可以简便地在不同的培养阶段更换不同的培养液，从而利于生产各种所需的次级代谢物；易于与培养液分离，利于产品的分离纯化，从而可提高产品质量等。由于固定化植物细胞也会带来一些问题，如操作步骤增加、染菌的可能性提高及设备投资高等。另外固定化方法都可能或多或少地对细胞的生理产生正面或负面的影响，因此需加强其应用研究。

　　植物细胞培养的一个显著特点便是多数细胞合成的次级代谢产物储存在细胞内，只有极少数植物细胞的次级代谢产物附着在细胞壁上或分泌到细胞外。对胞内分泌体系，传统的分离方法是必须通过破碎细胞来释放出产物，这种方法大大减少了细胞的使用周期，给本已生长缓慢的植物细胞培养增加了一个非常不利的因素，而且会降低收率、增加生产成本。为此，科学家们在不降低细胞活性的前提下，发展了促使胞内产物释放到胞外培养基中的促进释放技术。如改变培养基组成、电刺激法、二甲基亚砜（DMSO）类物质的化学渗透法和由培养基与萃取剂组成的双液相培养等，这些方法都取得了较好的效果，将会在以后越来越多地应用到植物细胞培养研究及工业化过程中。

3.2.7.4　产物合成与分离耦合过程将会更加重视

　　植物次级代谢产物的积累都会对植物细胞生长和代谢产生抑制作用，从而限制了细胞密度及目标产物产量的提高。采用产物合成与分离耦合过程可以在目标产物被合成的同时将产物从生物反应体系中分离，解除了产物抑制，就可以大大提高生产效率。例如，在细胞悬浮培养生产阿玛啉的过程中，由于阿玛啉反馈抑制作用，其产量不足 1mg/L，但如在培养液中加入吸附树脂将所产生的阿玛啉吸附，则总产量可以提高到 30mg/L；若采用固定化细胞和产物分离耦合过程，阿玛啉产量可进一步提高到 90mg/L。

3.2.7.5　利用动力学模型对植物细胞悬浮培养条件进行优化

　　在植物细胞放大培养的过程中，最关键的问题是建立对培养过程中各种现象进行合理描述的模型，为细胞的大量培养奠定基础。由于植物细胞固有的性质代谢途径和代谢产物与细胞生长关系的复杂性，细胞与培养环境相互作用，使得对植物细胞的放大培养变得难以实现，只有针对不同的植物细胞，采用相应的简化策略建立细胞培养模型，逐级模拟和优化培养过程才能够最终实现细胞的大量培养。随着对植物细胞培养过程研究的深入以及对植物细胞代谢过程的明朗，对植物细胞培养的多样性也有了较多的认识，人们开始运用复杂的数学模型——结构化数学模型来描述植物细胞的培养过程。目前较为流行的模型有：植物细胞培养非结构化动力模型、植物细胞培养结构化动力模型、植物细胞培养人工智能仿真模型等。但今后如何对植物细胞培养过程进行建模以建立出更适合不同植物细胞培养体系优化和放大的模型用于细胞培养规模放大的研究仍然是一项十分有意义而又艰巨的研究任务。

3.2.7.6　其他

　　除上述之外，未来在植物细胞大规模培养所用的培养基的开发上以及在更适合植物细胞大规模培养的新生物反应器系统的研究设计上都值得人们重视和必须去做。

3.3　微生物发酵

　　在生物科学和技术的发展历程中，微生物始终扮演着举足轻重的角色。利用微生物发酵技术生产微生物代谢产物一直是微生物发酵的主要应用方式之一，因此很久以前人类就已采用微生物自然发酵技术制造许多产品。随着现代生物技术的发展，特别是以基因工程为代表的现代生物工程的诞生使微生物发酵进入了崭新发展阶段，微生物发酵的应用领域得到进一步拓宽，工业发酵过程内容也日益丰富，对重组微生物（或称工程菌）培养过程中的一些共性基本规律的研究受到关注，如培养过程中质粒的复制与表达的规律，各种典型的诱导表达体系的动力学，工程菌高密度培养的限制性因素和抑制因素，质粒稳定性等。同时，为解决大规模培养中出现的问题，还提出了一些有特色的发酵方式，如控制比生长速率的流加发酵、分段发酵、在发酵的同时在线去除抑制性产物或副产物等。这一系列的发展和进步为人们展现出了工业化微生物发酵过程更加美好的未来前景。

3.3.1 微生物的营养与培养基

3.3.1.1 微生物的营养需求

微生物生长所需的各种物质即为其营养物质，后者即为培养基成分。培养基有液体、固体（含 1.5%～2% 琼脂）及半固体（含 0.2%～0.5% 琼脂）之分，工业上多用液体培养基，而菌种保存及实验研究多用固体及半固体培养基。此外，根据营养成分来源，又分为合成培养基与天然培养基，前者组成明确，后者尚不清楚。

不同微生物所需营养成分差异甚大，不可能用同一种培养基满足所有微生物需求，对特定发酵过程，通常需专门设计和配制相应培养基。为了解微生物营养需求，需根据微生物细胞组成成分进行分析，以确定培养基的组成。根据分析，*E.coli* 细胞的元素组成见表 3-7。由表 3-7 可知，碳、氧、氮、氢四种元素占细胞总干重的 90% 以上，其中碳元素居首位，此外，尚有磷、硫、钾、钠、镁及钙等无机元素。故从元素平衡观点出发，微生物生长需要碳源、氮源、无机盐及某些维生素，对需氧菌尚需供氧。因此，配制培养基的成分应包括碳源、氮源、无机盐、维生素及水五类物质。

表 3-7　微生物细胞的大致元素组成

元　　　素	占干物质比例/%	元　　　素	占干物质比例/%
碳	50	钠	1
氧	20	钙	0.5
氮	14	镁	0.5
氢	8	氯	0.5
磷	3	铁	0.2
硫	1	其他	约 0.3
钾	1		

（1）碳源及其功用

碳元素是构成菌体的主要元素，同时也是微生物各种代谢产物的主要原料。含碳化合物在微生物代谢过程中被氧化降解，释放出能量，并以 ATP 方式储存于细胞内，供微生物代谢需要，故碳元素也是为微生物生命活动提供能量的重要元素。

微生物培养过程所用碳源主要是糖类物质。实验室用培养基多用葡萄糖。但工业化过程，主要用淀粉水解物，如谷物、马铃薯、红薯及木薯淀粉水解物，其中主要用玉米淀粉经酸法或酶法水解制得的可发酵糖（寡糖及葡萄糖）。此外，麦芽糖、糖蜜、乳清及玉米浆等所含的糖类也是良好的发酵糖。工业植物油，如橄榄油、玉米油、亚麻子油、棉子油及黄豆油等，既是表面活性剂，有消泡作用，也可作为培养基碳源。其他如黄豆粉，既是氮源，也含碳源。有些微生物还可利用醇类、简单有机酸、石油及天然气作为碳源，生产单细胞蛋白、有机酸、氨基酸、维生素、核苷酸、抗生素及酶制剂等。另外，秸秆、玉米芯、稻草、木材及麦草等所含的纤维素及半纤维素，经酸或酶水解后转为单糖，也是微生物发酵的良好碳源。且纤维素及半纤维素属再生性廉价生物量，消耗多少，同时产生多少，取之不尽，用之不竭，往复循环。因此，纤维素及半纤维素是值得开发的重要资源。

（2）氮源及其功用

氮元素是构成微生物细胞的主要元素之一，也是微生物培养过程仅次于碳源的重要元素。氮元素是菌细胞蛋白质的重要成分，也是构成细胞内核酸的重要成分，同时也是细胞合成蛋白质、酶、氨基酸、核苷酸及抗生素等重要代谢物的成分。但除硝化细菌外，氮元素一般不为微生物提供生命活动所需能量。

工业发酵微生物氮源有无机氮及有机氮之分。前者有铵盐、硝酸盐及氨气等，其中铵盐应用最多，其次是硝酸盐，氨气应用较少。有些微生物，如根瘤菌及蓝细菌等，也可利用分子态氮（N_2）为氮源。有机氮源有氨基酸、蛋白质水解物及尿素。实验室用培养基氮源多为蛋白胨、牛肉膏及酵母膏等蛋白水解物，而工业上常用硫酸铵、尿素、氨水、黄豆粉、花生粉、鱼粉、棉籽粉、玉米浆、酒糟水及屠宰场废水等作为氮源。

（3）无机盐及其功用

无机盐也为微生物代谢所需的重要物质，其功用主要是构成菌体成分，作为酶的辅基或激活剂，调节微生物体内 pH 值及维持渗透压。但无机元素对菌体生长的影响颇为复杂，如浓度较低时，促进生长，浓度过大时抑制生长。

无机元素分主要元素及微量元素。前者包括磷、硫、镁、钾及钙等，需在配制培养基时添加；后者需要量极微，常以"杂质"形式存在于其他主要成分中，无需另加。常用无机盐有 KH_2PO_4、K_2HPO_4、NaH_2PO_4、$MgSO_4$、$MnSO_4$、$FeSO_4$ 及 KNO_3 等。

（4）维生素及其功用

维生素是生物体生长繁殖不可缺少的一类小分子有机化合物，它是微生物细胞的重要营养物质，许多维生素需由外界提供，微生物合成甚微或不能合成。缺乏维生素则微生物不能生长。此外许多维生素是菌体内酶的辅酶，是大多数微生物不可缺少的。在天然氮源及碳源中，均含多种维生素。故配制培养基时，通常无需另外添加。

此外，氧气无需在培养基中加入，而是在菌体培养时以搅拌或通气方式供给之，故微生物培养时空气是氧元素的来源。需氧微生物培养时若缺氧则难以生长，甚至死亡。

3.3.1.2 培养基要求及配制原则

（1）工业生产用培养基的一般要求

工业生产用培养基除廉价外，尚需符合如下要求：①单位质量培养基的产物或菌体生成量应尽可能高；②菌体及产物浓度应尽可能大；③不引起副反应；④质量稳定，易于获得；⑤发酵过程易于通气或搅拌，产品易于回收精制，三废少等。

（2）培养基配制原则

所有微生物生命活动过程均需要水、能源、碳源、氮源、无机盐及维生素，培养需氧菌时尚需供氧。工业上常用碳源为蔗糖、葡萄糖、乳清、谷物淀粉糖及蔗糖和甜菜糖的糖蜜等；常用氮源有铵盐、尿素、玉米浆、豆饼粉、硝酸盐及屠宰废物和发酵工业残留物等。实验研究用培养基多用纯净化合物配制。但在工业化生产中，为降低成本，多不采用纯化合物。

工业生产用培养基配制过程应注意如下问题。①营养成分配比应恰当，尤其是碳源及氮源的比例（C/N）应符合要求，C/N 过小，菌体生产过于旺盛，不利于产物累积，且菌体衰老和自溶；C/N 过大则菌体生长缓慢。C/N 不仅与菌体生长有关，也影响发酵过程的代谢途径。②渗透压应合适，即基质浓度应合理，浓度太低、渗透压过低，难以满足微生物生长需要，也影响生成物的产率；但若基质浓度过大，渗透压太高则抑制微生物生长。③pH 值应合适，配制培养基时需根据不同菌株的要求调整 pH 值，通常采用磷酸缓冲液来维持培养基 pH 值。有些微生物（如乳酸菌）培养时，常在培养基中加碳酸钙，以中和不断产生的乳酸。由于微生物培养过程易引起 pH 变化，若不进行调整，则既影响菌体生长，也抑制产物的形成。④氧化还原电位需符合要求，大多数微生物生长过程其氧化还原电位范围较广，但对于专性厌氧菌而言，自由氧对其有毒害，故常在培养基中添加还原剂，如硫基乙酸钠、

Na_2S、$Na_2S_2O_3$ 及抗坏血酸等，以降低氧化还原电位。

3.3.2 微生物发酵基本过程及操作

3.3.2.1 微生物发酵的基本过程

从原料到产品的微生物发酵生产过程非常复杂。微生物培养过程始自试管斜面保存的菌种到摇瓶及种子罐培养，以至大规模发酵，需经过一系列扩大培养过程。而微生物发酵的生产过程则包含一系列相对独立又紧密联系的工艺过程。一般来说，微生物发酵生产过程包括的主要环节有：①原料预处理；②菌种扩培与生产培养基配制；③发酵设备和培养基的灭菌；④无菌空气的制备；⑤菌种的制备和扩大培养；⑥生产发酵；⑦发酵产品的分离和纯化。在上述环节中，很多环节需要紧密联系同步进行，有些环节则需要提前进行，才能使微生物发酵生产过程井然有序地进行。微生物发酵生产过程简图如图 3-27 所示。

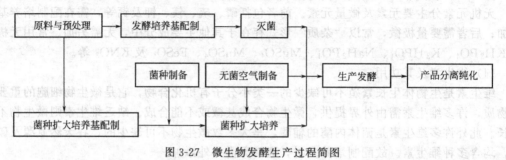

图 3-27　微生物发酵生产过程简图

3.3.2.2 微生物发酵主要环节的操作

（1）原料的预处理

微生物发酵工业中经常选用玉米、薯干、谷物等相对廉价的农产品作为微生物的"粗粮"，为了提高这些原料的利用率以及方便对这些原料的进一步加工，通常需要将这些原料粉碎。对于很多不能直接利用淀粉或者直接利用淀粉效率不高的微生物，发酵前还需要将淀粉质原料水解为葡萄糖。如先用淀粉酶将淀粉部分水解为糊精，再用糖化酶将糊精水解成葡萄糖。

除碳源外，微生物的生长还需要氮源、磷、硫及许多金属元素。这些原料有些也需要经过适当的预处理，如用作氮源的大豆饼粉、鱼粉等有时也需要预先水解为微生物能够利用的多肽或氨基酸。

（2）发酵培养基的配制和灭菌

发酵培养基大多数是液体培养基，它是根据不同微生物的营养要求，将适量的各种原料溶解在水中，或者与水充分混合而制成的悬浮液。对于工业上广泛采用的间歇发酵过程，培养基的配制过程通常就在发酵罐中进行。这样可以在培养基配制完成后就地灭菌，冷却后接种预先培养的种子就可以进行微生物的培养，而不必增加额外的设备。

由于环境的 pH 值对很多微生物的生长和目标产物的合成都有非常重要的影响，因此在配制培养基时，需根据微生物对环境的 pH 值的要求，用酸或碱将培养基的 pH 值调到合适的范围。

工业发酵一般是单一微生物的纯种培养，因此必须预先将培养基中的微生物消灭。最常用的培养基灭菌方法是采用高压水蒸气直接对培养基进行加热，从而杀死其中的微生物，称为蒸汽灭菌或湿热灭菌。一般需将培养基加热到 121℃并保持这一温度 20～30min 以杀死其中的微生物，然后冷却，这样的灭菌方法称为间歇灭菌或实罐灭菌，可使培养基、发酵罐及相关的管道都能同时得到灭菌。对于对温度敏感的营养物质及在高温下能发生反应的物质，应采用其他灭菌方法单独灭菌，最后再混合。

（3）无菌空气的制备

发酵工业上一般都采用空气作为氧气的来源。自然界的空气中含有很多各种各样的微生物，因此在将空气通入发酵罐之前，必须除去空气中的微生物以保证发酵过程不受杂菌污染，使好氧发酵能正常进行。这样制备的不含微生物的空气称为无菌空气。

工业上空气除菌的过程比较复杂，为了保证生产过程的稳定，往往需要高空采风，经空气压缩机加压后采用加热和过滤等手段灭菌。离地面越高的地方空气中的微生物越少，从高空采集空气可以大大降低空气除菌系统的负荷。加热和过滤是灭菌的两种主要方法，可以相互取长补短，以尽可能地保证通入发酵罐中的是无菌的洁净空气。

（4）微生物接种与种子制备

1）实验室接种　接种是将纯种微生物在无菌操作条件下移植到已灭菌并适宜该菌生长繁殖所需的培养基中。为了获得微生物的纯种培养，要求接种过程中必须严格进行无菌操作。实验室接种过程一般可在无菌室、超净工作台火焰旁或实验室火焰旁进行。

根据不同的实验目的及培养方式可以采用不同的接种工具和接种方法。常用的接种工具有接种针、接种环、接种铲、玻璃涂棒、移液管及滴管等。常用的方法有斜面接种、液体接种、穿刺接种和平板接种等。

① 斜面接种。从已长好微生物的菌种管中挑取少许菌苔接种至空白斜面培养基上。

② 液体接种。将斜面菌种接到液体培养基（如试管或三角瓶）中的方法。

③ 穿刺接种。这是常用来接种厌氧菌，检查细菌的运动能力或保藏菌种的一种接种方法。具有运动能力的细菌，经穿刺接种培养后，能沿着穿刺线向外运动生长，故形成的菌生长线粗且边缘不整齐；不能运动的细菌仅能沿穿刺线生长，故形成细而整齐的菌生长线。

④ 平板接种。平板接种即用接种环将菌种接至平板培养基上，或用移液管、滴管将一定体积的菌液移至平板培养基上的接种方法。平板接种的目的是观察菌落形态、分离纯化菌种。

2）发酵罐接种

① 实验室小型罐的接种。实验室小型发酵罐通常使用摇瓶种子来接种。如果不是每个摇瓶都有侧臂，通常在接种前将所有的种子转移到一个容器中。这个容器一般在底部都有放料口，通过软管与发酵罐连接。这种情况下，两者之间的连接管在灭菌时一定要夹紧，以免培养基从连接管中溢出。可以将装种子的容器及接种前与发酵罐相连的管路单独灭菌。可以采用重力接种（将种子瓶置于比发酵罐高的地方）或用蠕动泵泵入接种。首先应该将发酵罐中的罐压降低，尤其是采用重力接种时。接种后，先夹紧接种管，再从发酵罐上取下。接种口在杀菌后盖好。在接种过程中，出口空气管路应打开。以保持罐内的压力不会急剧上升，并保持一定的正压。

② 工厂大型发酵罐的接种。大型发酵罐通常采用种子罐培养种子并接种，种子罐在发酵和接种过程中也要保持无菌，接种结束后迅速关闭与发酵罐相连接的阀门。在接种前用高温蒸汽将与种子罐和发酵罐相连接的相关移种管道进行灭菌，同时，管路内的阀门也必须进行灭菌。

通常，在实验室发酵过程中，接种步骤一般不超过两级，而在实际工业生产中种子可以进行 6 级发酵培养。

3）微生物种子的制备　每次发酵前都需要准备一定数量的优质纯种微生物，即制备种子。种子必须是生命力旺盛、无杂菌的纯种培养物。种子的量也要适度，根据微生物的不同，通常接种体积要达到发酵罐体积的 1%～10%，少数情况甚至更高。种子通常在小型的发酵罐中培养，由于其目的是培养种子，为有别于最后以生产产物为目的的大发酵罐，一般称为种子罐。

许多工业发酵罐规模庞大，单个发酵罐体积达到几十甚至几百立方米。为了保证合适的接种量，种子培养需要一个逐级扩大的过程，包括从斜面接种到摇瓶，再从摇瓶接入种子罐，通过若干级种子罐培养后再接种到发酵罐，如图3-28所示。一般根据种子罐从小到大的顺序将最小的称为一级种子罐，次小的称为二级种子罐，依次类推。

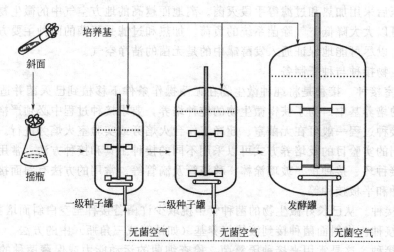

图 3-28 三级发酵扩大培养过程

菌种扩大培养的关键就是做好种子罐种子的扩大培养，影响种子罐种子培养的主要因素包括营养条件、培养条件、染菌的控制、种子罐的级数和接种量等。种子罐的种子培养应根据菌种特性创造一个最合理的培养条件。

3.3.2.3 微生物发酵过程影响因素及控制

微生物发酵过程除了需要满足营养需求的培养基之外，还需保证温度、pH、溶解氧等外部条件并进行有效的控制。

（1）温度影响及其控制

菌体生长及产物形成均是在酶作用下实现的，但温度对酶活性影响极为显著。在一定温度范围内，菌体生长快，温度升高，酶活力增大，反应速率增大，生产期提前。但当温度超过一定范围后，随着温度的升高，酶亦逐渐失活，温度越高，失活越快，因此菌体衰老，周期缩短，产物生成率降低。故要保持正常发酵过程，需维持最适温度。

对微生物而言，最适温度有最适生长温度和最适次级代谢温度之分。对于不同菌种、不同条件及不同生长阶段，最适温度均可能不同，因此需分别对待。某些微生物不同生理阶段的最适温度见表3-8。

表 3-8 某些微生物不同生理阶段最适温度

菌 名	最适生长温度/℃	最适发酵温度/℃	菌 名	最适生长温度/℃	最适发酵温度/℃
乳酸链球菌	34	40	卡尔斯伯酵母	25	4～10
灰色链霉菌	37	28	枯草杆菌(Bf7658)	37	37～38
酒精酵母	28	32～33	丙酮丁醇梭状芽孢杆菌	37	38～40

微生物发酵过程，通常在培养基消毒后的冷却过程对温度加以控制，但随着菌体对培养基的利用及机械搅拌作用，将使温度上升，而反应器的散热及水分蒸发亦带走部分热量，因

此基质温度将发生改变，故需采取适当措施控制反应温度。

（2）pH值影响及其控制

不同种类的微生物对环境中的pH有不同的要求，一般来说真菌喜欢酸性的环境，放线菌喜欢碱性的环境，细菌因种类的不同而二者皆有之，但大部分细菌是在微酸性的条件下生长。与温度一样，适合微生物生长的pH范围比较广，一般有5个pH单位，但最适pH范围一般只有零点几个pH单位（见表3-9）。在大多数情况下，微生物生长繁殖所需的最适pH与次级代谢时的最适pH是不一致的，且微生物的初级代谢对pH的敏感度较低而次级代谢对pH的敏感度较高。由于营养成分的消耗和代谢产物的分泌都会影响到发酵液中的pH，因此在发酵过程中当有生理酸碱性物质消耗或产生时，必须在配制培养基时提高培养基的pH缓冲能力，必要时可以通过补料来控制发酵液中的pH。目前国内已研制出监测发酵过程的pH电极，用于连续测定及记录pH变化，并由pH控制器调节酸、碱及糖的加入量以控制发酵液最适pH值。

表 3-9　微生物生长的 pH 范围及最适 pH 范围

微生物类型	最低 pH 值	最适 pH 值	最高 pH 值
细菌和放线菌	5.0	7.0~8.0	10.0
酵母菌	2.5	3.8~6.0	8.0
霉菌	1.5	3.0~6.0	10.0

（3）溶解氧的影响及其控制

由于在制药工业中所使用的微生物菌种基本上都是好氧微生物，因此在发酵生产中溶解氧的控制连同搅拌的控制也是微生物培养条件中的重要内容之一。在液体培养条件下，微生物只能吸收溶解在发酵液中的溶解氧，因此发酵过程中氧的供应通常是个关键因素。从葡萄糖氧化的需氧量来看，1mol葡萄糖完全氧化生成水和CO_2时，需耗6mol氧。但是当糖用于细胞合成时，1mol葡萄糖仅需耗1.9mol氧。即每耗1g葡萄糖需耗0.3g氧。但在同一溶液中氧的饱和度仅为0.0007%（7mg/L），是糖浓度的1/7000，故为使50g/L浓度的葡萄糖转化为细胞材料，必须向培养液连续补充大量氧。在实际生产中影响溶解氧浓度的因素包括培养温度、通气量、罐压、搅拌转速、菌体的生长速率（即微生物的不同生长阶段的速率）、发酵液的黏度、发酵罐内培养液的装量等。从供氧方面考虑就是尽可能地通过增加通气量、提高搅拌速度（搅拌使微生物和氧气充分接触）、提高罐压、使用空气分布器和挡板等措施来保证氧的供应量大于氧的消耗量。

3.3.3　微生物发酵方法与操作方式

微生物培养基分为液体培养基和固体培养基。因此，根据培养基流动性差异，微生物细胞培养与发酵方法可分为液体培养法与固体培养法。按微生物培养的操作方式的差异，又有分批培养法、分批补料培养法及连续（或半连续）培养法。此外，还有些其他特殊培养法，如透析培养法、萃取培养法及闪蒸培养法等，这些方法可在培养的同时，分离出产物或除去有害物质。至于基因工程菌还有其特殊培养方法。

3.3.3.1　固体培养法

培养基为固体的培养方法即是固体培养法，琼脂斜面培养即是典型的固体培养法。但工业上是指利用麸皮、豆渣及其他杂物等固体材料为基质，并添加其他营养和水分供菌体生长及产生有用物质的培养方法。固体发酵技术历史久远，上古之时，中国、日本及东南亚等地采用固体发酵生产酱油、醋、白酒及豆酱等产品；在欧美各国利用固体发酵主要生产干酪、蘑菇栽培、堆肥及青贮材料。近年来固体发酵工艺已用于生产酶类及柠檬酸等重要产品；今后利用木质纤维等固体基质废料转化为生物量、乙醇、甲烷、氨基酸、有机酸及其他药物等重要产品有可能形成重要产业。

固体发酵方式有多种，根据所用设备和通气方式又分为如下几种。①浅盘培养，本法是将固体培养基平铺于浅盘内的培养和发酵方法。国内制曲工艺即是在木盘、竹盘或竹帘上铺3～5cm厚固体培养基，于适当温湿度曲房内进行发酵和培养。日本亦有用麸皮培养基堆积于铝盘内培养生产酶制剂的工厂，且机械化程度高，管理先进，污染很少。②转桶培养法，本法是指向固体培养基内接种后，置于可旋转桶内，经缓慢转动达到通气目的的培养方法。小规模培养时，于玻璃瓶内装入适量培养基，定时摇瓶，亦类似于转桶培养法。若将转桶倾斜，可使物料连续缓慢地向较低一端移动和卸出，从较高端补料即成为固体连续培养法。③厚层通风培养法，本法是将固体培养基蒸煮灭菌、冷却和掺入菌种后，平铺于有多孔假底的水泥池内的培养方法。培养基厚度20～30cm或更厚。微生物生长过程，培养基温度升高，可从池底通入一定温湿度的空气，使微生物比较均匀地生长繁殖和形成产物。

3.3.3.2　液体培养法

应用液体培养基进行微生物的生长繁殖和发酵的技术称为液体培养法。根据通气方式不同又分为液体表面培养及液体深层培养两种方法。

（1）液体表面培养法

本法又称为液体浅盘培养或静置培养法。其过程是将已灭菌的液体培养基装入浅盘中使成1～2cm厚度的薄层，置于可密闭的培养箱内，盘架上通入无菌空气进行培养的方法。本法由培养基表面进行气体交换。

（2）液体深层培养法

本法又称为沉没培养法，是目前应用较普遍的方法。将微生物置于装有液体培养基的封闭发酵罐中进行培养和发酵的技术称为液体深层培养法。厌氧培养或发酵时无需通气，好氧培养时则需配备搅拌和通气装置。根据操作方式的差异，液体深层培养法分为分批培养法、连续培养法及流加式培养法三种，分述如下。

1）分批培养法　这是一种最简单的操作方式。将发酵罐和培养基灭菌后，向发酵罐中接入种子，开始发酵过程。在发酵过程中，除气体进出外，一般不与外界发生其他物质交换。在某些情况下，根据发酵体系的要求，须对发酵过程的pH值进行控制。发酵结束后，整批放罐。这种操作方式的优点是操作简单、不容易染菌、投资低；主要缺点是生产能力效率低、劳动强度大，而且每批发酵的结果都不完全一样，对后续的产物分离将造成一定的困难。

在分批式发酵中，微生物细胞的生长曲线如图3-29所示。一般，当微生物从种子罐接种到发酵罐后，为了适应新的环境需要一段缓冲期，称为迟滞期，为接下来的快速生长做好必要的准备工作。在适应了新的环境后，微生物数量开始成倍增长。如果以微生物浓度的自然对数对时间作图，可以发现这段时期两者呈线形关系，所以这个时期称为指数生长期或对数生长期。当微生物对数生长期维持一段时间后，由于某些养料消耗殆尽，微生物生长代谢过程中产生了抑制微生物生长的代谢产物，以及因微生物密度已经很高造成氧供应不足等原因，生长速度开始减慢，而同时有一部分微生物逐渐死亡，这就是降速生长期。

随着微生物生长速率降低而死亡速率增加，会出现细胞生长和死亡的速率基本相同、微生物的数量维持不变的阶段，称为稳定期。最后，微生物的死亡速率逐渐超过生长速率，总的微生物数量迅速减少，发酵罐中的微生物就会进入死亡期。很多发酵过程在死亡期到来之前就结束了。

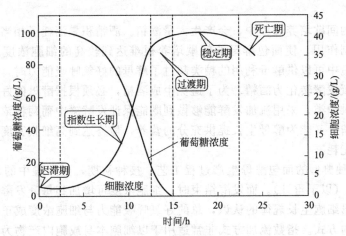

图 3-29　间歇发酵中微生物细胞的生长曲线

(岑沛霖. 生物工程导论. 2004)

值得指出的是上述微生物生长规律只适用于单细胞微生物，对于丝状菌，如放线菌和霉菌，它们的生长依赖于丝状菌顶尖的延伸和分枝而逐渐形成菌丝团，因此一般表现为菌丝团直径的增加，在相当于单细胞微生物的指数增长阶段，菌丝的生长速率常常与其直径的平方成正比。

从图 3-29 中还可以看到，限制性底物葡萄糖的消耗速率基本上与微生物生长对应，生长速率快时，糖的消耗速率也高，反之亦然。但是糖除了用于菌体增长外，还用于产生能量及直接用于代谢产物的合成。

2）连续培养法　连续培养是指在发酵过程中向生物反应器连续地提供新鲜培养基（进料）并排出发酵液（出料）的操作方式。通常在稳定操作时，进料和出料的流量基本相等，因而反应器内发酵液体积和组成（菌体、糖及代谢产物等）保持恒定。连续发酵的 pH 值和溶氧需要受到严格控制。连续发酵的进料流量与发酵液体积之比称为稀释率 D，这是一个很重要的操作指标，当 D 大于细胞的最大比生长速率时，就会发生细胞流失，使发酵无法继续进行。

连续培养法的优点是可以长期连续运行，生产能力可以达到间歇发酵的数倍。若能将微生物细胞固定化后用于连续发酵，其生产能力还可以更高。但连续发酵对操作控制的要求比较高，投资一般要高于间歇发酵。连续发酵中两个比较难以解决的问题是：长期连续操作时杂菌污染的控制和微生物菌种的变异。由于工业发酵所采用的菌种都经过长期诱变育种或基因工程改造，在多次传代过程中难免发生基因突变，而且突变后及污染的微生物都可能比高产菌株的生长速率快，因而它们往往成为生物反应器中的优势菌，使目标产物产量大幅度下降。正是由于上述原因，连续发酵主要用于实验室进行发酵动力学研究，在工业发酵中的应用不多见，只适用于菌种的遗传性质比较稳定的发酵，如酒精发酵等。

3）流加式培养法　流加发酵是介于间歇发酵与连续发酵之间的一种操作方式。它同时具备间歇发酵和连续发酵的部分优点，是一种在工业上比较常用的操作方式。流加发酵的特点是在流加阶段按一定的规律向发酵罐中连续地补加营养物和/或前体，由于发酵罐不向外排放产物，罐中的发酵液体积将不断增加，直到规定体积后放罐。流加发酵适合于细胞高密度培养，文献报道的最高细胞培养密度已经超过每升发酵液含 200g 干细胞。流加发酵也广泛用于次级代谢产物生产，如抗生素发酵，因为流加发酵能够大大延长细胞处于稳定期的时间，增加抗生素积累。根据发酵体系和目标产物的不同，流加发酵的具体操作策略也有所差别。

在面包酵母的间歇培养过程中，会产生大量酒精。酒精积累消耗了相当一部分糖，而且对酵母生长有抑制作用，使面包酵母的间歇培养很难达到较高的细胞浓度。为什么会这样呢？原来，当环境中可以供酵母利用的糖类超过了酵母的好氧呼吸能力时，酵母细胞就会把多余的糖通过厌氧发酵转化为酒精。为了避免生成酒精，必须根据酵母的好氧呼吸能力适时适量地向酵母提供糖类。采用流加发酵能够做到既能保证发酵罐中葡萄糖浓度维持在很低水平，防止生成酒精，又能为酵母生长提供充分的营养，最终达到高细胞密度，提高了酵母细胞产率，降低了能耗。

图 3-30 是一种典型的面包酵母生产过程工艺。接种初期，生产罐中的每升发酵液大约含 0.5g 酵母细胞（以干重计）。而发酵结束时，细胞浓度可增加到每升发酵液含 50～60g 干细胞。根据对酵母细胞生长规律的认识，总的好氧呼吸能力与细胞浓度成正比，因此工业上都采用指数流加的方式。指数流加方式非常适用于以细胞本身或胞内产物为目标产物的发酵过程，如聚羟基烷酸、以包含体形式存在的基因工程产物等。达到更高的细胞浓度也是可能的，但为了满足氧的供应，往往需要使用纯氧代替空气。

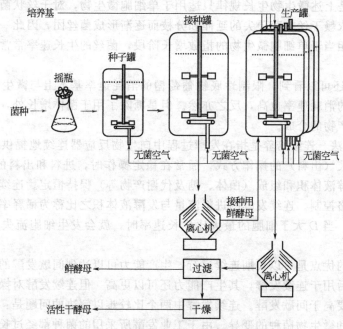

图 3-30　面包酵母生产过程工艺简图

(岑沛霖. 生物工程导论. 2004)

流加操作的另一个重要应用领域是抗生素发酵。抗生素一般都属于微生物的次级代谢产物，在细胞指数生长的后期才开始积累。因而，抗生素发酵中流加操作的目的不是高细胞密度，而是尽可能地延长细胞处于稳定期的时间，增加产物积累。以青霉素的生产为例，许多公司采用一种称为"重复流加操作的方法"的工艺生产青霉素。这种方法分两个阶段：第一阶段采用间歇操作培养以达到一定的菌丝浓度，这期间青霉素产量很少；然后，在间歇操作的指数生长末期，开始向反应器中流加碳源和氮源，其速率以满足抗生素生产所需为宜。在流加期间，发酵液体积不断增加。流加到一定时候，将反应器中的发酵液放出 10％～25％，然后再重复流加操作。这样，每次放出的发酵液都含高浓度的青霉素，对后续的分离工序极为有利。

3.3.4 微生物发酵反应器和过程动力学

3.3.4.1 微生物发酵反应器

微生物发酵反应器亦即发酵罐，是发酵工业中最重要的反应设备。发酵罐必须具有适宜微生物生长和产物形成的各种条件，如维持适当的温度和 pH 值、不同程度的无菌条件的要求等，以促进微生物的新陈代谢，使之能在低消耗下获得高产量。

一个优良的发酵罐应具有如下特点：结构简单、不易污染杂菌、能维持纯种培养；有良好的液体混合性能、反应器内混合均匀、流体剪切力适宜；有较高的传质传热速率；能够对发酵罐中的 pH 值、温度、溶氧、氧化还原势、搅拌桨转速及液位等参数进行测量和控制；能够适应市场变化的需要，适合于多种发酵产品的生产；机械化和自动化水平高、劳动强度低；单位时间单位体积的生产能力高等。

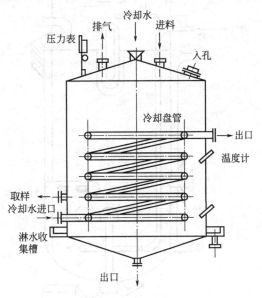

图 3-31　酒精发酵罐

目前工业生产用的发酵罐正趋向大型化。谷氨酸生产罐已达 480m³，氧的利用率高；单细胞蛋白的发酵罐容积已达 2600m³；生产抗生素的发酵罐容积已达 400m³；处理废水的生物化学反应器的容积甚至超过 2700m³。一般来说，反应器的容积越大，生产单位数量产品所需的平均人力和能源消耗就越少，相应地生产效率也就越高。

按微生物对氧的需求，发酵罐可分为厌氧发酵罐和好氧发酵罐。厌氧发酵罐主要用于酒精、啤酒、丙酮、丁醇和乳酸等产品的生产，由于没有溶解氧的要求，其结构相对比较简单，如图 3-31 所示的酒精发酵罐。

好氧发酵罐结构相对复杂，有鼓泡式、气升式、机械搅拌式、自吸式、喷射自吸式、溢流喷射自吸式等多种类型发酵罐。可用于药用酵母、饲料酵母、活性干酵母、液体曲、谷氨酸、柠檬酸、抗生素、维生素、酶制剂、食用醋、赖氨酸等的生产。好氧发酵要将空气不断通入发酵液中，供给微生物所需的氧，气泡越小，气液接触面积越大，氧的溶解速率也越快，氧的利用率也越高。

好氧发酵罐中，机械搅拌通风发酵罐以其实用性能好、适用性强、放大相对容易著称。因此又称为通用型发酵罐。目前发酵工业以其使用为主导，其他形式的应用较少。其典型的缺点是机械搅拌产生的剪切力容易使耐剪切力较差的菌体造成损伤，影响菌体的生长和代谢。

通用型发酵罐的主要组成部分有罐体、搅拌装置、传热装置、通气部分、进出料口、温控测量系统和附属系统等，如图 3-32 所示。

目前，微生物发酵工业用通用型发酵罐的基本要求如下。

① 发酵罐应具有适宜的高径比。发酵罐的高度与直径比为（2.5～4）:1。罐身长，氧的利用率较高。

② 发酵罐能承受一定压力。由于发酵罐在消毒及正常工作时，罐内有一定的压力（气压与液压）和温度，因此罐体各部件要有一定的强度，能承受一定的压力。罐加工制造后，

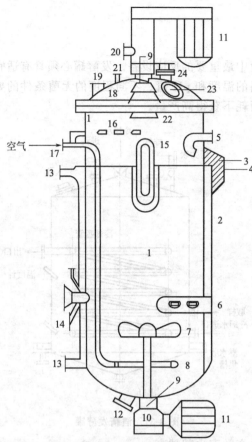

图 3-32 典型的搅拌式发酵罐

(岑沛霖. 生物工程导论. 2004)

1—反应器；2—夹套；3—绝热层；4—绝热层外罩；

5—接种口；6—传感器接口；7—搅拌器；

8—气体分布器；9—机械密封；10—减速箱；

11—电动机；12—出料阀；13—夹套接口；

14—取样阀；15—视镜；16—酸、碱、消泡剂进口；

17—空气进口；18—上封头；19—补料口；

20—出气阀；21—仪表端口；22—消泡器；

23—顶部视镜；24—安全阀

必须进行水压试验，水压试验压力为工作压力的 1.5 倍。

③ 发酵罐的搅拌通风装置要能使气泡分散细碎，气液充分混合，保证发酵液必需的溶解氧，提高氧的利用率。

④ 发酵罐应具有足够的冷却面积。微生物生长代谢过程放出大量的热量，不同产品的发酵放出的热量也有不同。为了控制发酵过程不同阶段所需的温度，应装有足够的冷却面积。

⑤ 发酵罐内应抛光，尽量减少死角，避免藏垢积污，使灭菌彻底，避免染菌。

⑥ 搅拌器的轴封应严密，尽量减少泄漏。

3.3.4.2 微生物发酵过程动力学

为了理解和掌握发酵过程机理，控制和优化发酵过程及发酵工艺和设备的设计，需对发酵过程细胞生长、营养物质消耗和目标产物合成的速率等进行研究，并建立相应的动力学数学模型，这对于优化微生物发酵过程具有非常重要的意义。因此，发酵过程动力学研究是生物工程的重要研究领域之一。细胞的生长和代谢过程中，细胞从环境中吸收各种营养物质到细胞内，然后经过诸多代谢途径，在酶的催化下根据需要合成细胞物质，同时向环境中释放各种代谢产物。这个过程非常复杂，其复杂性表现有以下几点。

（1）发酵过程生物反应是一个多相体系

气相：好氧发酵需要通入空气，即使厌氧发酵也会代谢产生二氧化碳、氢气、甲烷等气态产物。

液相：水及溶于水的各种营养物质及细胞的代谢产物；萃取发酵及用于氧载体加入的有机溶剂等，有时营养物质也可能是不溶于水的有机物，形成第二个液相。

固相：细胞本身是微小的固相，有时还会加入不溶于水的固体底物、固定化载体等。

（2）发酵过程生物反应是一个多组分体系

细胞生长的营养物质多种多样；细胞代谢的产物也是多种多样的；即使在纯种培养时细胞本身也存在着多样性。

（3）发酵过程生物反应是一个多尺度体系

发酵过程生物反应是一个多尺度体系，具体表现在如下几点。

① 微观尺度（分子水平）：酶催化（基元）反应动力学。

② 亚微观水平（细胞水平）：细胞个体生长动力学。

③ 介观尺度（微混合水平）：理想全混反应器动力学。

④ 宏观尺度（反应器水平）：真实反应器动力学。

（4）发酵过程生物反应往往是一个动态体系

由于间歇发酵和流加发酵都是动态过程，细胞的数量、大小及性质都会随着时间进程发生变化，发酵液中营养物和细胞代谢产物的浓度、发酵液的 pH 值及黏度等都是时间的函数。即便是连续发酵过程，由于微生物细胞很容易发生基因突变等因素的影响，也很难保持长时间的稳态操作。因此，发酵过程的动态特征为过程的动力学研究带来很大的困难。

就目前而言，要全面描述发酵过程动力学几乎是不可能的。通常需要一些假设将复杂的问题进行适当的简化后来建立起合适的数学模型。常用的简化假设有下面几点。

① 与生物反应器的尺寸相比，细胞的个体非常小，可以认为是一个组分。

② 细胞的数量非常大，因此可以不考虑细胞个体性质（年龄、大小等）的差异。

③ 在细胞需要的许多营养物质中，只有一两种营养物质（一般是碳源、氮源或溶氧）是限制细胞生长的物质，其他营养物质都大大过量，不会影响细胞的生长。

④ 在产物合成的诸多代谢途径中，只有一条代谢途径的代谢速率是控制产物合成的关键途径；同样，在该途径的诸多酶催化反应中，只有一个或若干个反应是速率限制反应。

有了以上假设，相对就可以方便地写出发酵过程的动力学模型。实践证明，这种简化的数学模型能够描述发酵过程动力学，也能用于过程的优化和控制。

3.3.4.3　微生物发酵过程的传质

由于发酵过程是一个多相共存的体系，而多相系统就存在着相际的物质和能量传递。因此，有时传质速率会成为发酵过程的速率限制步骤。目前发酵过程传质的主要研究对象是好氧过程的氧传递问题。由于氧在水溶液中的溶解度很小，而微生物消耗氧气的速率却很高，因此强化氧传递是许多好氧发酵取得成功的关键。氧传递速率公式可以表示为：

$$N = K_L a (C^* - C) \tag{3-1}$$

式中，K_L 为液相传质系数；a 为相界面积；C^* 及 C 分别表示氧在水溶液中的饱和溶解度和实际溶解度，因此，$(C^* - C)$ 又称为传质推动力。

从式(3-1)可以看到，要提高传质速率 N，必须提高液相传质系数、增加相界面积及传质推动力。由于氧在水溶液中的饱和溶解度 C^* 很小，即使氧的实际溶解度为零（实际上这在好氧发酵中是不允许的），$(C^* - C)$ 也很小；增加 C^* 的唯一方法是提高氧分压或采用纯氧，但这将大大增加生产成本，在工业发酵生产中是不可行的。

目前增加相界面积除了增加空气供应量外，另一个重要措施就是降低气泡直径。在搅拌罐中，改变搅拌桨桨形、增加搅拌桨直径、提高搅拌转速及增加挡板数等都可以减少气泡直径、提高相界面积。也可增加气液两相间的相对运动速率而提高液相传质系数。但是这些措施都会增加流体剪应力，对于那些对剪应力敏感的微生物，高剪应力将影响微生物的生长和产物生成。如何平衡这一矛盾对发酵罐的设计和操作有非常重要的意义，也是目前发酵过程放大中最重要、最困难的问题。

3.3.5　微生物发酵工业过程实例——青霉素的发酵生产

几千年来，人类就一直在经验地利用微生物生产面包、馒头、酒、醋、奶酪、腌菜等传统发酵和酿造食品。尽管到了 18 世纪、19 世纪，某些产品如啤酒等已经较大规模地生产，但它们的生产方式还是更接近于手工作坊。即便是今天，尽管一些产业早已完成了工业化改造，但由于习惯的原因，一般还是将它们归入食品和酿造工业，而不将它们统计到发酵工业。

今天的发酵工业已经发展成强大的工业体系，由于发酵工业的主要原料都是可再生的农副产品，完全符合绿色化学和可持续发展的原则，发酵产品已经应用于资源、能源、农业、人类健康及环境等各个领域，并将不断发展。

目前的微生物工程产品种类极多，根据产物的性质可分为微生物菌体、初级代谢物、次级代谢物及生物大分子等。

1928年，Fleming发现了青霉素。20世纪30年代后期，Florey Chain和Heatley研究了抑菌化合物——青霉素，并发明了一种制备纯培养物的操作方法。

青霉素表现出典型的次级代谢产物特性，是在对数生长后期形成的，其形成取决于培养基成分。开始是采用表面培养生产青霉素，最初发现的点青霉只能产生不超过1mg/L的抗生素。而在培养基中加入玉米浆后，产量增加了20～25倍。这种玉米加工的副产品含有各种氮源、生长因子和侧链前体，一直是大多数青霉素生产的主要成分。在使用了产黄青霉（P. chrysogenum）菌种以后，又提高了青霉素产量。最初的产黄青霉是从腐烂的香瓜中分离出来的。在采用沉没发酵生产后，产量又进一步增加。第二次世界大战时对青霉素的需求刺激了大型沉没培养体系即带搅拌器发酵罐的快速发展。发酵罐用涡轮叶轮推动的垂直轴连续搅拌，并且不断通气。这些技术的应用推动了整个发酵技术的快速发展。

（1）青霉素的生产工艺

天然青霉素的生产工艺流程如图3-33所示。

（2）菌种

青霉素生产菌株一般为产黄青霉，根据深层培养中菌丝体的形态，分为球状菌和丝状菌。在发酵过程中，产黄青霉的生长发育可分为六个阶段。

① 分生孢子的Ⅰ期。

② 菌丝繁殖，原生质嗜碱性很强，有类脂肪小颗粒产生为Ⅱ期。

③ 原生质嗜碱性仍很强，形成脂肪粒，积累储藏物为Ⅲ期。

④ 原生质嗜碱性很弱，脂肪粒很少，形成中、小空泡为Ⅳ期。

⑤ 脂肪粒消失，形成大空泡为Ⅴ期。

⑥ 细胞内看不到颗粒，并有个别自溶细胞出现为Ⅵ期。

其中Ⅰ～Ⅳ期为菌丝生长期，菌丝的浓度增加很多，但产生的青霉素较少，处于该时期的菌丝体适用于做发酵的种子。Ⅳ～Ⅴ期是青霉素的分泌期，此时菌丝体生长缓慢，并大量产生青霉素。Ⅵ期是菌丝体的自溶期。

20世纪40年代以来，通过诱变育种和生产菌株的筛选，青霉素的产率和发酵产量大大提高。改进青霉素产率的传统方法包括随机诱变和高产菌株的筛选。产生的突变株在液体培养基中生长，因此通过分析培养物滤液的青霉素浓度计算青霉素产率。因为大量的菌株需要测定，所以其工作量非常大。不过自从发现青霉素以来，这种方法是提高产率的关键。现在青霉素的产率已经超过50g/L。比Fleming最初的菌种增加了50000倍。

（3）培养基

青霉素生产的培养基包括碳源、氮源、前体、无机盐等。青霉菌可以利用多种碳源，如葡萄糖、乳糖、蔗糖、乙醇和植物油。其中65%的碳源用于维持细胞代谢，25%用于生长，10%用于生产青霉素。过去使用葡萄糖和乳糖的混合物，葡萄糖可以获得良好的细胞生长，但只有很低的青霉素收率，而乳糖有相反的效果。碳源的流加方式极其重要，因为它会影响这种次级代谢产物的产量。氮源常选用玉米浆、精制棉籽饼粉或麸皮粉，并补加无机氮源。

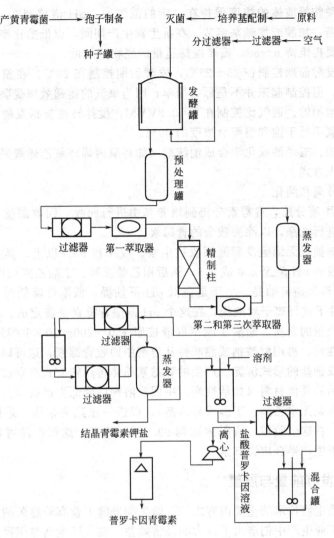

图 3-33 青霉素生产工艺流程
(曹军卫等. 微生物工程. 2007)

玉米浆除作为氮源外，还提供附加营养和侧链前体。加入的无机盐包括硫、磷、钙、镁、钾等，由于铁离子对青霉菌有毒害作用，所以必须严格控制铁离子的浓度，一般控制在 $30\mu g/mL$ 以内。

（4）发酵操作及条件控制

青霉素生产通常采用无菌分批发酵工艺，采用的发酵罐体积为 40000～200000L。发酵包括最初的繁殖生长阶段，随后是抗生素产生阶段。

接种物的扩大方法一般是将冷冻孢子以 5×10^3 个孢子/mL 的浓度接入小发酵罐。菌丝经过一或两个阶段的生长，直至适合于接种到生产发酵罐。最初，有一个对发展生物量有贡献的繁殖生长期，倍增时间为 6h。头两天一直维持这种高生长比率。为了保证生产期有最佳的青霉素收率，菌丝必须形成松散的球状，这比紧密的形态要好。

发酵过程的条件主要是通过补料来完成的，如根据发酵液中的残糖量、pH 值、排气中的二氧化碳和氧气的含量来控制加糖速率，一般残糖降到 0.6% 左右，pH 上升时开始加糖。氮源主要补加硫酸铵、氨水或尿素，发酵液的氨氮控制在 0.05%。前体是在发酵的适当时间添加，使苯乙酰胺等前体的浓度保持在一定的范围内。pH 值控制在 6.4～6.6 之间，可以通过添加葡萄糖、加酸或加碱来调节。在抗生素生产期间，以低的比率流加碳源，青霉素产量才会增加。要再维持 6～8d，需要维持适量的底物流加量。

温度一般在发酵前期控制在 25～26℃，发酵后期控制在 23℃。在整个过程中，氧气水平是非常重要的，但控制起来并不是那么简单，因为氧气的传递效率受黏度影响，而在发酵过程中黏度是在增加的。通气比控制在 1∶0.8VVM，搅拌转速根据发酵不同阶段的需要进行调整。使溶解氧不低于饱和溶解氧浓度的 30%。

通常采用豆油、玉米油或化学合成消沫剂（如环氧丙烯环氧乙烯聚醚类）进行消沫，注意控制用量和加入方式。

（5）青霉素分离和纯化

发酵结束后固-液分离，青霉素分泌到培养基中进行回收。回收菌丝在作为动物饲料或肥料之前，要再进行洗涤，以除去残余的青霉素。

一般采用溶剂抽提无细胞发酵液回收抗生素。收率在 90% 以上。其程序是首先加入硫酸或磷酸，将溶液的 pH 降至 2.0 或 2.5，然后用乙酸戊酯、丁酸乙酯或甲基异丁酮，在 0～3℃ 进行快速两步连续逆流抽提。由于是在低 pH 下抽提，低温可降低对青霉素的损害。或者在 pH5～7 条件下进行离子对抽提，在这个 pH 范围青霉素是稳定的。随后，通过活性炭处理所有色素和痕量的杂质。醋酸丁酯萃取液按照 150～200g/10×10⁸U 的量加入活性炭，然后过滤除去活性炭。再用醋酸钠或醋酸钾从溶剂中回收青霉素，这可以降低青霉素的可溶性，使其以钾盐或钠盐的形式沉淀。产生的青霉素晶体再用转鼓式真空过滤器分离。需从分离出的液体和使用的其他材料（如活性炭）中回收溶剂以降低生产成本。青霉素晶体与挥发性溶剂混合（通常是无水乙醇、丁醇或异丙醇），以进一步除去杂质。采用过滤和空气干燥等方法收集晶体。在这个阶段，青霉素达到 99.5% 的纯度。这种产品可以进一步加工，生产医药产品或用于生产半合成青霉素。

3.3.6 微生物发酵前景与展望

微生物发酵是生物技术的重要内容之一。微生物发酵工业有着悠久的历史，现今已逐渐趋于成熟，并在工业生产中创造出了巨大的经济效益，在人民生活与国民经济中发挥着越来越重要的作用。在世界各国，以美国微生物工业的规模最大、产值最高，目前大规模生产的发酵产品已有 100 多种。日本的微生物工业在近几十年也取得较大发展，特别是在微生物发酵技术的某些领域如氨基酸、核酸发酵生产方面居世界领先地位。

从微生物发酵工业发展趋势可以看出，近代微生物发酵工业有以下几个特点。

（1）人工控制发酵

近代微生物工业已由糖分解生产简单化合物阶段转入复杂化合物的生物合成阶段，从自然发酵转为人工控制的突变型发酵、代谢控制发酵、遗传因子的人工支配发酵。这意味着新的发酵开发工艺将从过去的尝试技术阶段转移到有理论根据的科学阶段，强调发酵中研究代谢控制机理应用和微生物工程技术的重要性。

（2）菌种生产能力强

所使用的微生物是经过选育的优良菌种并经过纯化，具有更强的生产能力。

（3）产品种类繁多

近代微生物工业的发展，使越来越多的化学合成产品全部或部分转为微生物发酵生产，特别是微生物酶反应合成和化学合成相结合工程技术的创立，使发酵产物通过化学修饰及化学结构改造生产更多精细的有用物质。同时，近代微生物工业由于人工诱变育种和代谢控制的广泛应用，使微生物得到进一步开发利用，开发的新产品、新用途层出不穷。

（4）生产规模大、自动化程度高

近代微生物工业向大型发酵罐和连续化、自动化方向发展。发酵工厂已发展成为规模庞大的现代化企业，常用20～120t甚至用500t的发酵罐进行自动化生产。

随着生物工程技术特别是基因工程技术的发展，微生物发酵过程与技术也将会不断改进和提高，其应用领域也将不断拓宽，并将日益显示出它的巨大潜力。未来微生物发酵工业将呈现以下特点。

（1）发酵与其他过程或技术的结合将更加紧密

从半合成抗生素的研究中可以看出，采用发酵与化学合成相结合的途径是优化产品生产的一个很好的方法。临床上的成效表明，利用半合成的方法改造抗生素的结构，研究它们的构效关系，有目的地去改变抗生素的性能是获得新抗生素的有效途径之一，尤其在高效、低毒的新抗生素难于发现的今天，更有其重要性。

在未来，将发酵与细胞固定化技术相结合、将发酵与酶工程相结合、将发酵与提取相耦合将成为热门课题，它可以提高生产力，避免反馈抑制作用，提高产物的产量。

（2）新工程技术将会在发酵工业中得到更加广泛应用

在生物技术与现代化工程技术相结合的基础上发展起来的新型工程技术，将会为发酵工业提供更加高效的生物反应器、新型分离技术和介质以及现代的工程装备技术。

此外，生物化工技术在微生物发酵产业化方面起着重要作用，生产设备单元化、工艺过程最优化、在线控制自动化、系统设计综合化等工程概念与技术用于生物过程的优化控制，使微生物发酵的应用范围将更加广泛。

（3）微生物及其他自然资源将得到更好的开发和利用。

未来将设计和开发更多的自动化、定向化、快速化的菌种首选技术和模型，筛选更多的新型菌种和代谢产物；另外利用遗传工程等先进技术，人工选育和改良苗种。

随着近代微生物工业发展规模的日益扩大，面临自然资源的日益匮乏问题，迫切需要开辟原料新来源。目前，用纤维废料发酵生产酒精、乙烯等能源物质已取得成功。发酵原料的改变正推动着微生物工业的迅速发展，并对解决环境污染问题具有重要意义。

微生物工业除利用纤维素、石油等资源外，长远的设想是用二氧化碳、氧以及添加适量氮源、无机盐来制造微生物菌体蛋白。目前，美国、日本正从事此项研究，并在实验室取得初步成果。还有研究指出，有些细菌可以固定大气中的氮、二氧化碳等来生成蛋白质。这些研究对于开辟人类未来粮食新来源有重大意义。

（4）重视新发酵技术的研究开发

除了继续改进和提高传统发酵技术外，从事生态发酵技术（混合培养工艺）研究和开发具有非常重要意义。生态发酵技术是利用微生物生态学原理，使多种微生物生态组合在一起协同发酵获得人们需要的发酵产品的新型发酵技术，是纯种发酵技术的更高层次和发展趋势。生态发酵技术不但可以提高发酵效率和产品数量、质量，甚至还可以获得新的发酵产品，它是一种不需要进行体外DNA重组，也能获得类似效果的新型培养技术，其前景十分广阔和诱人。生态发酵技术的类型很多，主要有联合发酵、顺序发酵、共固定化细胞混合发酵、混合固定化细胞发酵等。

（5）加强新型发酵设备的研制和开发

发酵设备正逐步向容积大型化、结构多样化、操作控制自动化的高效生物反应器方向发展，为了节省能源、原材料和劳动力，降低发酵产品的生产成本，今后将会加强这类新型发酵设备的研制和开发步伐。

3.4 酶工程

酶工程包括研究和开发酶的生产、酶的分离纯化、酶的固定化、酶及固定化酶的反应器、酶与固定化酶的应用等。通常，人们把从动植物体及微生物发酵物中制取的酶称为第一代酶，已形成一定规模的产业；目前固定化酶称为第二代酶，已得到推广应用；而固定化生长态细胞、多酶体系及固定化辅酶称为第三代酶，也已实现工业化。后二者又称为现代酶工程。目前，酶工程已在医药、食品、轻工、化工、环保、能源等领域得到广泛的应用，酶工程已经成为连接生物技术和产业之间的重要桥梁。

经过 100 多年的发展，现代酶工程已成为现代生物工程的重要领域之一，在世界科技和经济的发展中起重要作用，今后将会以更快的速度向纵深发展，显示出广阔而诱人的前景。

3.4.1 酶反应动力学及影响酶促反应的因素

3.4.1.1 酶反应动力学

酶促反应动力学是研究酶的反应速率，以及决定反应速率的各种因素。20 世纪初，Michaelie 和 Menten 就正确地指出，在不同底物浓度下酶催化的反应有两种状态，即：在低底物浓度时，酶分子的活性中心未被底物饱和，于是反应速率随底物浓度而变；当底物分子的数目增加时，活性中心更多地被底物分子结合直至饱和，就不再有活性中心可以发挥作用了，这时酶充分发挥了效率，反应速率则不再决定于底物浓度了。

用 Michaelie-Menten 方程（米氏方程）可以确定酶反应速率与底物浓度之间的定量关系，并满足其双曲线的特征。

$$v = \frac{V[S]}{K_m + [S]} \tag{3-2}$$

式中，v 表示一定底物浓度 [S] 时测得的反应速率；K_m 为米氏常数，mol/L；V 为底物饱和时的最大反应速率。

3.4.1.2 酶促反应影响因素

研究影响酶促反应速率的各种因素，可以得到有关酶作用机理的资料和建立酶的定量测定方法，在酶的分离提纯以及工业应用上，掌握这些动力学的知识非常重要。影响酶促反应的因素主要包括酶的浓度、底物的浓度、pH、温度、抑制剂和激活剂等。

（1）底物浓度的影响

底物浓度对酶促反应表现特殊的饱和现象。图 3-34 表示在酶浓度不变的条件下，底物浓度 [S] 与反应速率 v 的相互关系。在低的底物浓度时，底物浓度增加，反应速率随之急剧增加，反应速率与底物浓度成正比；当底物浓度较高时，增加底物浓度，反应速率虽随之增加，但增加的程度不与底物浓度成正比。当底物达到一定浓度后，若再增加其浓度，则反应速率将趋于恒定，并不再受底物浓度的影响。此时的底物浓度已达到饱和程度。以反应速率 v 对底物浓度 [S] 作图，可得到一条矩形双曲线。

底物浓度对酶促反应的影响可以设想为当

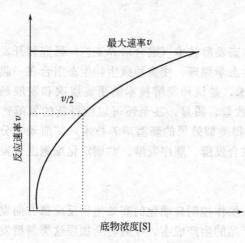

图 3-34　底物浓度对酶促反应速率的影响

底物浓度低时，酶的活性中心没有全部与底物结合，因此，反应速率随着底物浓度的增加而加快；当底物浓度增加到可占据全部酶的活性中心时，反应速率即达到最大值（临界速率）。此时底物的浓度称为饱和浓度。高于饱和浓度时，由于酶的活性中心已全部为底物占据，故增加底物浓度不能继续提高反应速率（图3-35）。所有的酶都表现出这种饱和效应，但各种酶产生饱和效应时所需要的底物浓度有很大的差异。

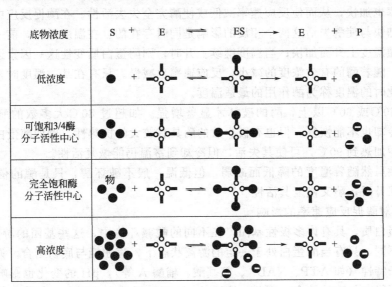

图 3-35 底物浓度对酶分子活性中心的饱和度的影响

(周晓云. 酶技术. 1995)

值得注意的是，有些酶的催化反应会由于底物浓度过高而引起反应速率的下降，这种现象称为底物的抑制作用。

(2) 酶浓度对反应速率的影响

在酶促反应中，根据中间产物学说，催化反应可以分为两步进行，酶促反应的速率是以反应产物 P 的生成速率来表示。根据质量守恒定律，产物 P 的生成决定了中间产物 ES 的浓度。ES 的浓度越高，反应速率也就越快。

在底物大量存在时，形成中间产物的量就取决于酶的浓度。酶分子愈多，则底物转化为产物也就相应地增加，这就意味着底物的有效转化随着酶浓度的增加而成直线地增加。如图 3-36 所示。

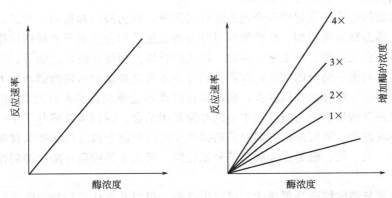

图 3-36 酶浓度对反应速率的影响

生产中底物浓度一般是过量的，所以反应速率取决于酶浓度，而酶的实际使用量又是同发酵工艺的制定及生产效益结合起来考虑的，一般应根据具体情况而定。

（3）温度对酶促反应速率的影响

化学反应速率一般都受温度的影响。温度升高，反应速率加快；温度降低，反应速率减慢。酶促反应在一定范围内（0～40℃）也服从这个规律。但酶是蛋白质，温度升高，则蛋白质变性速率也加快，从而使反应速率减低或使酶完全失去活性。在酶促反应中，提高温度使反应速率加快与使酶失活这两个相反的影响是同时存在的。在温度低时，前一影响大，所以反应速率随温度上升而加快；当温度继续上升时，则酶蛋白质变性这一因素逐渐成为主要矛盾。因此，随着酶的有效浓度的减小，反应速率也减慢。只有在某一温度时，酶促反应的速率最大。此时的温度称为酶作用的最适温度。

一般在50℃或60℃以上，酶的破坏才显著增强。如超过80℃大多数的酶都会丧失活性，即使再冷却也不能恢复。但也有极少数的酶具有较大的抗热性，例如胰蛋白酶在体外于稀盐酸溶液中加热到90℃，可使其失活，但冷却到室温仍能恢复活性。

酶的活性虽然随着温度的降低而减弱，但低温一般不破坏酶，只是酶的催化活性很微弱，当温度回升后，酶又恢复其活性。

（4）pH对酶促反应速率的影响

酶都是蛋白质，具有许多极性基团，在不同的酸碱环境中，这些基团的游离状态不同，所带电荷也不同，只有当酶蛋白处于一定的游离状态下，酶才能与底物结合。许多底物或辅酶也具有离子特性（如ATP、NAD^+、氨基酸、辅酶A等），pH的变化也影响它们的游离状态，同样可影响与酶的结合。因此，溶液的pH对酶活性影响很大。若其他条件不变，酶只有在一定的pH范围内才能表现催化活性。且在某一pH时，酶的催化活性最大，此pH称为酶作用的最适pH。各种酶的最适pH不同，但多数是在中性、弱酸性或弱碱性范围内。例如，植物及微生物所含的酶，其最适pH多在4.5～6.5；动物体内酶的最适pH多在6.5～8.0。但也有例外，如胃蛋白酶的最适pH约为1.8，肝中精氨酸酶的最适pH约为9.8。

溶液的pH偏离最适pH时，酶的活性降低。偏离最适pH愈远，酶的活性就愈低。若pH过高或过低达一定程度，则可导致酶的变性而失活。故测定酶活性时，常选择适宜的缓冲剂，以维持其pH的相对恒定。

所有的酶反应都有一个最适pH值，这是酶作用的一个重要特征。但酶的最适pH值并不是一个特有的常数，它受许多因素的影响，如酶的纯度、底物种类和浓度、缓冲剂的种类和浓度等。

（5）抑制剂对酶促反应速率的影响

凡能降低酶的活性甚至使酶完全丧失活性的物质，称为酶的抑制剂。反之，凡能增加酶活性的物质，称为酶的激活剂。酶的激活可分为酶原激活和金属离子的激活作用两种。抑制剂的种类很多，包括药物、抗生素、毒物、抗代谢物以及酶促反应的产物等。

根据抑制剂与酶相结合的情况，抑制作用分为不可逆抑制和可逆抑制两种类型。

抑制剂与酶分子结合后难以除去，酶的催化活性不能恢复的抑制作用称为不可逆抑制。这类抑制作用通常指抑制剂与酶活性中心的必需基团结合，因而涉及酶分子中一个或多个功能基团的破坏或改变。不可逆抑制剂对酶的抑制程度随抑制剂浓度的增加和抑制时间的延长而增大。例如，汞、银、铅等重金属离子和氰化物、硫化氢等物质对酶的抑制作用就属于此类抑制。

可逆抑制剂与酶的结合是可逆的，可以用透析、超滤等方法将抑制剂除去而使酶的催化活性得到恢复。

3.4.2　酶和细胞的固定化

随着酶工程的发展，酶的应用也越来越广泛。在酶的使用过程中，人们也注意到存在着如下一些问题。

① 酶的稳定性较差的问题。除了某些耐高温的酶，如在食品、轻工领域广泛应用的 α-淀粉酶、在 PCR 技术中普遍采用的 *Taq* 酶和某些可以耐受较低 pH 值条件的酶如胃蛋白酶等以外，大多数的酶在高温、强酸、强碱和重金属离子等外界因素影响下，都容易变性失活。

② 酶的一次性使用问题。酶一般都是在溶液中与底物反应，这样酶在反应系统中，与底物和产物混在一起，反应结束后，即使酶仍有很高的活力，也难于回收利用。这种一次性使用酶的方式，不仅使生产成本提高，而且难于连续化生产。

③ 产物的分离纯化较困难的问题。酶反应后成为杂质与产物混在一起，无疑给产物的进一步的分离纯化带来一定的困难。

为此，人们针对酶在使用过程中的问题不断寻求其改善方法，其办法之一就是固定化技术的应用。

3.4.2.1　固定化技术的发展

在固定化酶的研究制备过程中，起初都是采用经提取和分离纯化后的酶进行固定化。随着固定化技术的发展，也可采用含酶菌体或菌体碎片进行固定化，直接应用菌体或菌体碎片中的酶或酶系进行催化反应，这称之为固定化菌体或固定化死细胞。1973 年，日本首次在工业上成功地应用固定化大肠杆菌菌体中的天冬氨酸酶，由反丁烯二酸连续生产 L-天冬氨酸。

固定化酶和固定化菌体的研究成功和在工业化生产中的应用，进一步推动了固定化技术的发展。20 世纪 70 年代后期出现了固定化细胞技术。固定化细胞是指固定在载体上并在一定的空间范围内进行生命活动的细胞，也称为固定化活细胞或固定化增殖细胞。1976 年，法国首次用固定化酵母细胞生产啤酒和酒精。1978 年，日本固定化枯草杆菌细胞生产 α-淀粉酶的研究取得成功。

20 世纪 70 年代中期以来，动物细胞和植物细胞培养技术迅速发展。动物细胞培养主要用于生产疫苗、抗体、多肽药物、酶等功能蛋白质，其中大多数动物细胞具有贴壁生长的特性，采用固定化动物细胞培养技术，更加有其重要意义；植物细胞主要用于生产色素、香精、药物、酶等次级代谢物，也可以采用固定化植物细胞培养。动、植物细胞固定化的研究和应用进一步扩展了固定化技术的研究、开发。

固定化细胞通常只能用于胞外酶等胞外产物的生产。对于细胞内的产物，如果采用固定化细胞生产，将使产物的分离纯化更为复杂。1982 年，日本首次研究用固定化原生质体生产谷氨酸取得进展，说明细胞制备成固定化原生质体后，由于解除了细胞壁这一扩散障碍，有利于胞内物质的分泌，同时由于有载体的保护作用，稳定性较好，可以反复使用或者连续使用较长的一段时间。

固定化细胞和固定化原生质体以酶等各种代谢产物的生产为目的，它们可以代替游离细胞进行酶的发酵生产，具有提高产酶率、缩短发酵周期并可连续发酵生产等优点，在酶的发酵生产中有广阔的发展前景。

3.4.2.2　固定化生物催化剂及其特点

(1) 固定化酶及其特性

固定化酶是指固定在一定载体上并在一定的空间范围内进行催化反应的酶。此外，将酶溶液置于不能透过大分子化合物而只允许小分子透过的半透膜内，放于小分子底物溶液中，则小分子底物及产物可扩散通过膜进行反应，故酶可连续进行反应并得以回收，因此这种酶亦与固定化酶相当。1971年第一届国际酶工程会议确定了固定化酶"immobilized enzyme"名称，并对统一名称及有关问题进行了讨论。

酶类大致可分为天然酶及修饰酶，固定化酶可认为是修饰酶。

固定化酶有包埋型及结合型。包埋型有凝胶包埋及微囊化包埋法两类。结合型是使酶结合于载体上的方式，又分为吸附与共价两种方式。

实际上，酶工程中应用的酶具有水溶性、水溶性固定化状态及水不溶性固定化状态三种，后两者称为固定化酶而不宜称为水不溶酶。因此被包埋、吸附及共价的固定化酶皆为水溶性的固定化生物催化剂。

固定化酶最大特点是既具有生物催化剂功能，亦具有固相催化剂特性。与天然酶相比，固定化酶优点如下。①稳定性较天然酶高。如聚氯杂环丁烷固定化 E. coli 的 L-天冬氨酸酶连续反应2年，其活力仍保持97%；又如固定化氨基酰化酶用于拆分 DL-氨基酸时，反应半衰期为65d。②反应后酶与底物易于分开，并可长期反复使用。如固定化黄色短杆菌的延胡索酸酶用于生产 L-苹果酸，连续反应1年，乃保持其活力不变，因此固定化酶又称为"长效酶"或"长寿酶"。③反应液中无残留酶，产物易于纯化，产品质量高。④可实现转化反应连续化和自动控制。⑤酶的利用效率高。如每千克葡萄糖异构酶干粉固定化后可生产2.1t果葡糖，较相同数量天然酶高20倍，因此产品成本低。⑥转化过程基本无三废排出，因此称之为"无公害酶"。鉴于此，固定化酶技术及其应用深受世人所关注，各国相继展开研究，其发展甚速。

（2）固定化细胞及其特点

被限制或定位于特定空间位置的细胞称为固定化细胞，与固定化酶一起统称为固定化生物催化剂。细胞固定化技术是酶固定化技术的延伸，因此固定化细胞可称为第二代固定化酶。如今，该技术已扩展至动植物细胞，甚至线粒体、叶绿体及微粒体等细胞器的固定化。故细胞固定化技术应用较固定化酶更为普遍。其在医药、食品、化工、医疗诊断、农业、分析、环保及能源开发以及理论研究中的应用已取得了举世瞩目的成就。

生物细胞虽属固相催化剂，但因其颗粒微小难于截留或定位，亦需固定化。固定化细胞既具有细胞特性，也有生物催化剂功能，又具有固相催化剂特点，其优点在于：①无需进行酶的分离纯化，减少起始投资；②细胞保持原初生命活动状态，固定化过程酶回收率高；③细胞内酶较固定化酶稳定性更高；④细胞内辅助因子可以自动再生；⑤细胞本身含多酶体系，可催化一系列反应；⑥抗污染能力强。

由于固定化细胞除具有固定化酶特点外，尚有其自身优点，故其应用更为普遍，其对传统发酵工艺的技术改造具有极重要影响，有可能逐渐取代传统发酵工艺。目前，工业上已应用的固定化细胞有多种，如固定化 E. coli 生产 L-天冬氨酸或6-氨基青霉烷酸（6-APA）、固定化黄色短杆菌生产 L-苹果酸、固定化链霉菌生产异构糖及固定化假单胞菌生产 L-丙氨酸等。

3.4.2.3 固定化生物催化剂制备

（1）固定化酶制备

1）吸附法制备固定化酶 利用载体表面性质或电荷作用将酶吸附于其表面的固定化方法称为吸附法，其又分为物理吸附法及离子交换吸附法。物理吸附法是将酶的水溶液与具有高度吸附能力载体混合，然后洗去不吸附杂质和酶即得固定化酶，该法中蛋白质与载体结合力较弱，一般每克无机载体吸附的蛋白质量不大于1mg，且酶易从载体上脱落，活力下降，故不常用。离子交换吸附是将解离状态的酶溶液与离子交换剂混合后，洗去未吸附酶及杂质即得固定化酶，该法中多糖离子交换剂结合蛋白质能力较强，每克载体吸附蛋白质量在50～150mg。

吸附法的优点在于操作简单，可选用带不同电荷和不同形状的载体，固定化同时可能与纯化过程同时实现，酶失活后载体仍可再生。吸附法缺点在于最适吸附酶量无规律遵循，对不同载体和不同酶的吸附条件不同，吸附量与酶活力不一定呈平行关系，同时酶与载体之间结合力不强，酶易于脱落，导致酶活力下降而污染产物。

2）包埋法制备固定化酶　包埋法又分为凝胶包埋法及微囊化包埋法两类。凝胶包埋法是将酶或细胞限制于高聚物网格中的技术。微囊化包埋法是将酶或细胞定位于不同构型膜外壳内的技术。

① 凝胶包埋法。本法基本构思是使酶定位于凝胶高聚物网络中的技术，其基本过程是先将凝胶材料（如卡拉胶、海藻胶、琼脂及明胶等）与水混合，加热使溶解，再降至其凝固点以下的温度，然后加入预保温的酶液，混合均匀，再冷却凝固成型和破碎即成固定化酶。此外，亦可在聚合单体产生聚合反应同时实现包埋法固定化（如聚丙烯酰胺包埋法），其过程是向酶、混合单体及交联剂缓冲液中加入催化剂，在单体产生聚合反应形成凝胶同时，将酶限制于网格中，经破碎后即成固定化酶。

用合成和天然高聚物凝胶包埋时可通过调节凝胶材料的浓度来改变包埋率及固定化酶的机械强度，高聚物浓度越大，包埋率越高，固定化酶机械强度越大。为防止酶或细胞自固定化酶颗粒中渗漏，可在包埋后再用交联法使酶更牢固地保留于网格中。

通过单体聚合反应形成凝胶的包埋过程中，有些单位未参与反应，有致癌性，故固定化酶制成后需用1mol/L盐溶液或甲苯等有机溶剂充分洗涤，除去有毒单体及其他游离物后方可用于医药及食品工业。

② 微囊化包埋法。将酶定位于具有半透性膜的微小囊内的技术称为微囊化包埋法，包有酶的微囊亦称为人工细胞。人工细胞半透膜厚约20nm，膜孔径4nm左右，其表面积与体积比很大，包埋酶量也多。其基本制备方法有界面沉降及界面聚合法两类。

界面沉降法属简单的物理方法。其基本原理是利用某些在水相和有机相界面上溶解度极低的高聚物成膜过程将酶包埋。其基本过程是将含酶的血红蛋白在与水不混溶的、沸点比水低的有机相中乳化，使用油溶性表面活性剂形成油包水微滴，再将溶于有机溶剂的高聚物加入搅拌下的乳化液中，然后再加入另一种不能溶解高聚物的有机溶剂，使高聚物在油水界面上沉淀、析出及成膜，最后在乳化剂作用下使人工细胞从有机相中转移至水相，即成固定化酶。用于制备人工细胞的高聚物材料有硝酸纤维素、聚苯乙烯及聚甲基丙烯酸甲酯等。微囊化条件温和，制备过程不致引起酶变性，但要完全除去半透膜上残留的有机溶剂十分不易。

包埋法制备固定化酶的操作条件温和，不改变酶的结构，操作时保护剂及稳定剂均不影响酶的包埋率，适用于多种酶、粗酶制剂、细胞器及细胞的固定化。但包埋的固定化酶只适用于小分子底物及小分子产物的转化反应，不适用于催化大分子底物或产物的反应，且因扩散阻力将导致酶动力学行为改变而降低活力。

3）共价结合法制备固定化酶　酶分子上含有多种化学基团，酶分子的活性基团与载体表面活泼基团之间经化学反应形成共价键的连接法称为共价结合法。是研究最广泛而内容最丰富的固定化方法。

与吸附法相比，共价结合法反应条件苛刻，操作复杂，且由于采用了比较激烈的反应条件，容易使酶的高级结构发生变化而导致酶失活，有时也会使底物的专一性发生变化，但由于酶与载体结合牢固，一般不会因为底物浓度过高或存在的盐类等原因而轻易脱落。需注意结合的基团应当是酶催化活性的非必需基团，否则可能会导致酶活力完全丧失。为防止活性中心的反应基团被结合，通常采用酶原前体及修饰后的酶或酶-抑制剂复合物等与载体进行结合反应。此外，还应注意载体的选择，尽可能选用亲水性强、表面积尽可能大、具有一定的机械强度和稳定性的载体，它可以是天然高分子，也可以是合成高分子或无机支持物如纤维素、尼龙、多孔玻璃等。

在共价结合法中，载体活化是个重要问题，活化过程首先应考虑使载体获得能与酶分子特定基团产生特异反应的活泼基团，且要求与酶偶联时反应条件要尽可能温和。目前用于载体活化的方法有酰基化、芳基化、烷基化及氨甲酰化等反应。利用酶的巯基与载体进行结合在商业上具有十分重要的意义，因为该反应是可逆的，在还原条件下，可以把不活化或不需要的酶从载体上除掉，再换上新鲜的酶，这样可以大大减少载体的浪费。

尽管共价结合法制备固定化酶研究较多，但因固定化操作繁琐，酶损失大，起始投资大，因而医药及食品工业中应用者实际很少。

4）交联法制备固定化酶　具有两种相同或不同功能基团的试剂叫做交联剂，共价交联法是通过双功能或多功能试剂，在酶分子间或酶分子和载体间形成共价键的连接方法。共价交联法与共价结合法一样，反应条件比较激烈，固定化酶的回收率比较低，一般不单独使用，但如能降低交联剂浓度和缩短反应时间，则固定化酶的比活会有所提高。常见的交联剂有顺丁烯二酸酐和乙烯共聚物、戊二醛等，其中以戊二醛最为常用。

（2）固定化细胞制备

将细胞限制或定位于特定空间位置的方法称为细胞固定化技术。细胞固定化技术是酶固定化技术的延伸，亦为利用细胞内酶及酶系的捷径，且其应用较固定化酶更为普遍。但细胞固定化主要适用于胞内酶，要求底物和产物易于透过细胞膜，细胞内不存在产物分解系统及其他副反应。若存在副反应，应具有相应消除措施。细胞固定化方法分为载体结合法、包埋法、交联法及无载体法等。

1）无载体法　靠细胞自身絮凝作用制备固定化细胞的技术称为无载体法。本法可通过助凝剂或选择性热变性方法实现固定化。如含葡萄糖异构酶的链霉菌细胞经柠檬酸处理，令其酶保留于细胞内，再加絮凝剂脱乙酰甲壳素，获得的菌体干燥后即得固定化细胞；亦可在60℃对链霉菌加热10min，即得固定化细胞。本法优点在于可获得高密度细胞，固定化条件温和，缺点是机械强度差。

2）载体结合法　本法是将细胞悬浮液直接与水不溶性载体相结合的固定化方法。本法与吸附法制备固定化酶基本相同。所用载体主要为阴离子交换树脂、阴离子交换纤维素、多孔砖及聚氯乙烯等。其优点是操作简单，符合细胞生理条件，不影响细胞生长及其酶活性；其缺点是吸附容量小，结合强度低。目前虽有采用有机材料与无机材料构成杂交结构的载体，或将吸附的细胞通过交联及共价结合以提高细胞与载体结合强度，但吸附法在工业上尚未得到推广应用。

3）包埋法　将细胞定位于凝胶网格内的技术称为包埋法，为细胞固定化应用最多的方法。常用载体有卡拉胶、聚乙烯醇、琼脂、明胶及海藻酸等，其操作与包埋酶法相同。优点在于细胞容量大，操作简便，酶活力回收率高；缺点在于扩散阻力大，易改变酶动力学行为，不适于催化大分子底物与产物的转化反应。目前已有凝胶包埋的 *E.coli*、黄色短杆菌及玫瑰暗黄链霉菌等多种固定化细胞，并已实现 6-APA、L-天冬氨酸、L-苹果酸及果葡糖的工业化生产。

4）交联法　用多功能试剂对细胞进行交联的固定化方法称为交联法。如用戊二醛交联的 E.coli 细胞，其天冬氨酸酶活力为原细胞活力的 34.2%。用戊二醛交联的酵母细胞亦可用于转化葡萄糖生产果糖-1,6-二磷酸，但交联法应用甚少。

5）固定化生长态细胞　固定化生长态细胞又称为固定化增殖细胞（immobilization of growth cell），制备生长态细胞通常采用包埋法，其过程是将细胞培养物与聚合介质混合，再滴入凝聚浴中同时轻轻搅动，即获得固定化活细胞凝胶颗粒，细胞容量为 0.1～1.0mg/mL 湿细胞，将其置于培养基中培养，细胞即生长繁殖，最终细胞量可比培养前增加 1～2 个数量级，且多数集中于载体表面。本法优点在于可增加载体表面细胞密度，制备"壳状"生物催化剂，减少内扩散阻力，不过其作用本质与静止态细胞相同。此外本技术有时能达到优选菌种作用，如固定化生长态酵母在生产高浓度乙醇时，受底物及产物抑制作用小的酵母细胞被保留，而抑制作用大的细胞被淘汰，因此有利于提高产率。目前用卡拉胶包埋的生长态 E.coli、黏质沙雷菌及酿酒酵母已用于 L-天冬氨酸、L-异亮氨酸及乙醇的工业生产。

3.4.2.4　固定化生物催化剂的形状与性质

（1）固定化酶的形状与性质

1）固定化酶的形状　目前，已有多种物理形状的固定化酶，如酶膜、酶管、酶纤维、微囊和颗粒状固定化酶。固定化酶的物理形状与基质的性质和制备方法有关，不同的材料可制成相同形状固定化酶，同一种材料也可以制成不同形状的固定化酶，同一种方法可以制造出不同形状的固定化酶，不同的方法也可以制造出相同形状的固定化酶。因此，制造何种形状的固定化酶，需要根据底物和产物的性质、基质材料的性能、固定化的方法、酶反应的性质、反应器的类型和应用目的来决定。

① 颗粒状固定化酶。颗粒状固定化酶包括酶珠、酶块、酶片和酶粉等。其比表面积大，转化效率高，适用于各种类型的反应器。如海藻胶溶液和酿酒酵母的混合液经喷珠机压入到 $CaCl_2$ 溶液中即可制成固定化的酵母酶珠，可用于工业化中乙醇的大规模生产。

② 纤维状固定化酶。某些材料，如三醋酸纤维素，用适当的溶剂溶解后与酶混合，再采用喷丝的方法就可制成酶纤维。如将含酶的甘油水溶液滴入三醋酸纤维素的二氯甲烷溶液中，乳化后经喷丝头喷入含丙酮的凝固浴中即成为纤维状，取出后真空干燥即得固定化酶。纤维状固定化酶的比表面积大，转化效率高，但只适用于填充床反应器。此外，酶纤维也可以织成酶布用于填充床反应器。

③ 膜状固定化酶。膜状固定化酶也称为酶膜，可以通过共价结合法将酶偶联到滤膜上制备，也可以将酶和某些材料如火棉胶、硝酸纤维素、骨胶原和明胶等，用戊二醛交联或其他方法处理后制成膜状。酶膜的表面积大，渗透阻力小，可用于酶电极，破碎后也可用于填充床反应器。目前已制备出木瓜酶、葡萄糖氧化酶、过氧化物酶、氨基酰化酶和脲酶等多种酶膜。

④ 管状固定化酶。管状固定化酶称为酶管，某些管状载体如尼龙、聚氯苯乙烯和聚丙烯酰胺等，经活化后与酶偶联即得固定化酶管。如尼龙管用弱酸水解后释放出氨基和羧基，用亚硝酸破坏其氨基，在碳二亚胺的存在下，酶分子的氨基与载体的羧基缩合生成管状的固定化酶；也可以将酶与经弱酸部分水解的尼龙管用戊二醛交联来制备酶管。目前已制备出糖化酶、转化酶和脲酶等酶管，酶管在化学分析中可用于连续测定。酶管的机械强度大，切短后可用于填充床反应器，也可以组装成列管式反应器。

2）固定化酶的性质　天然酶经过固定化后即成为固定化酶，其催化反应体系也由均相反应转变为非均相反应。由于固定化的方法和所用的载体不同，制得的固定化酶可能会受到扩散限制、空间障碍、微环境变化和化学修饰等因素的影响，可能会导致酶学性质和酶活力的变化。

①　酶活力的变化。酶经过固定化后活力大都下降，其原因主要是酶的活性中心的重要氨基酸与载体发生了结合，酶的空间结构发生了变化或酶与底物结合时存在空间位阻效应。包埋法制备的固定化酶活力下降的原因还有底物和产物的扩散阻力增大等。要减少固定化过程酶活力的损失，反应条件要温和。此外，在固定化反应体系中加入抑制剂、底物或产物可以保护酶的活性中心。

②　酶稳定性的变化。固定化酶的稳定性包括对温度、pH、蛋白酶变性剂和抑制剂的耐受程度。蛋白酶经过固定化后，限制了酶分子之间的相互作用，阻止了其自溶，稳定性明显增加。但是如果固定化的过程影响到酶的活性中心和酶的高级结构的敏感区域，也可能引起酶的活性降低，不过大部分酶在固定化后，其稳定性和有效寿命均比游离酶高。稳定性包括以下几方面。

a. 操作稳定性。固定化酶的操作稳定性是其能否实际应用的关键因素。操作稳定性通常用半衰期表示，固定化酶的活力下降为初活力一半时所经历的连续操作时间称为半衰期。进行长时间的实际操作是一种直接的观察方法，但往往通过较短时间的操作便可以推算出半衰期。

固定化酶稳定性的测定过程必须注明测定和处理条件，通常半衰期达到 1 个月以上时，即具有工业应用价值。

b. 储藏稳定性。酶经过固定化后最好立即投入使用，否则活力会逐渐降低。若需长期储存，可在储存液中添加底物、产物、抑制剂和防腐剂等，并于低温下放置。有些酶如果储存适当，可较长时间保存活力，如固定化的胰蛋白酶于 20℃保存数月，其活力仍不减弱。

c. 热稳定性。固定化酶的热稳定性反映了它对温度的敏感程度，热稳定性越高，工业化的意义就越大。热稳定性高可以提高反应温度和反应速率，提高效率。许多酶如乳酸脱氢酶和脲酶等，固定化后的热稳定性均比游离酶高。此外，有些酶的不同存在形式或用不同的固定化方法，其热稳定性也不同，如游离的葡萄糖异构酶用多孔玻璃吸附后，在 60℃下连续操作，其半衰期为 14.4d；但细胞内的葡萄糖异构酶用胶原固定后，于 70℃连续操作，半衰期为 50d。因此，要制备热稳定性高的固定化酶，需要考虑多种因素。

d. 对蛋白酶的稳定性。大多数天然酶经固定化后对蛋白酶的耐受力有所提高，可能由于空间位阻效应使蛋白酶不能进入固定化酶颗粒的内部。如用尼龙、聚脲膜或聚丙烯酰胺凝胶包埋的固定化天冬酰胺酶对蛋白酶极为稳定，而在同样条件下的游离酶几乎完全失活。因此，在工业生产中应用固定化酶是极为有利的。

③　酶学特性的变化。天然酶经过固定化后，许多特性如底物专一性、最适 pH、最适温度、动力学常数及最大反应速率等，均可能发生变化。

a. 底物专一性。酶经过固定化后，由于位阻效应，对高分子底物的活性明显下降。如糖化酶用 CM-纤维素叠氮衍生物固定化后，对于相对分子质量为 8×10^3 的直链淀粉的水解活力为游离酶的 77%，而对于相对分子质量为 5×10^5 的直链淀粉的水解活力仅为游离酶的 15%～17%，反映了固定化酶的底物专一性有所改变。

b. 最适 pH。酶经固定化后，其反应的最适 pH 可能变大，也可能变小；pH-酶活曲线也可能发生改变，其变化与酶蛋白和载体的带电性质有关。在固定化酶的反应体系中，酶的颗粒周围存在着一个极薄的扩散层，带电的载体使固定化酶的微环境中的带电状态不同于微环境以外的料液。固定化酶的 pH-酶活曲线与游离酶相比，或保持相同的钟罩形，或变得更陡，或变得更平坦。

c. 最适温度。酶经过固定化后可能导致其空间结构更为稳定，大多数酶经固定化后，最适温度升高。如 CM-纤维素共价结合的胰蛋白酶和糜蛋白酶的最适温度比天然酶高 5～

15℃。有些酶则不变，如多孔玻璃共价结合的葡萄糖异构酶和亮氨酸氨肽酶的最适温度与游离酶一样。

d. 米氏常数（K_m）。K_m 值是表示酶和底物的亲和力大小的客观指标。天然酶经固定化后，其 K_m 值均发生变化，有的增加很少，有的增加很多，但 K_m 值不会变小。K_m 值变化的幅度视具体情况而定，当底物为大分子时，如果对酶采用包埋法固定，则 K_m 值增加较大；若底物为小分子时，K_m 值变化甚微，例如凝胶包埋法制备的固定化葡萄糖异构酶的 K_m 值变化不大。

e. 最大反应速度（v_m）。大多数的天然酶经固定化后，其 v_m 与天然酶相同或接近，但也有由于固定化的方法不同而有差异者。如多孔玻璃共价结合的转化酶，其 v_m 与天然酶相同；但用聚丙烯酰胺包埋的转化酶，其 v_m 比天然酶小 10%。

（2）固定化细胞的形状与性质

1）固定化细胞的形状　由于细胞的固定化技术是酶的固定化技术的延伸，许多方法都相同，因此许多固定化细胞的形状与固定化酶的形状相同，如珠状、块状、片状或纤维状等。固定化细胞的方法主要是包埋法，其次是交联法或二者相结合的方法，工业上应用最多的就是用包埋法制备的各种形状的固定化细胞。

2）固定化细胞的性质　细胞被固定化后，其中酶的性质、稳定性、最适 pH、最适温度和 K_m 值的变化基本上与固定化酶相仿。细胞的固定化主要是利用胞内酶，因此固定化的细胞主要用于催化小分子底物的反应，而不适于大分子底物。无论采用哪种固定化方法，都需采用适当的措施来提高细胞膜的通透性，以提高酶的活力和转化效率。

细胞固定化后最适 pH 的变化无特定规律，如聚丙烯酰胺凝胶包埋的 E.coli（含天冬氨酸酶）和产氨的短杆菌（含延胡索酸酶）的最适 pH 与各自游离的细胞相比，均向酸侧偏移；但用同一方法包埋的无色短杆菌（含 L-组氨酸脱氨酶）、恶臭假单胞菌（含 L-精氨酸脱亚氨酶）和 E.coli（含青霉素酰胺酶）的最适 pH 均无变化。因此，可选择适当的固定化方法处理相应的细胞，使其最适 pH 符合反应要求。

细胞被固定化后，最适温度通常与游离细胞相同，如用聚丙烯酰胺凝胶包埋的 E.coli（含天冬氨酸酶、青霉素酰胺酶）和液体无色杆菌（含 L-组氨酸脱氨酶），最适温度和游离细胞相同，但用同一方法包埋的恶臭假单胞菌（含 L-精氨酸脱亚氨酶）的最适温度却提高 20℃。

固定化细胞的稳定性一般都比游离细胞高，如含天冬氨酸酶的 E.coli 经三醋酸纤维素包埋后，用于生产 L-天冬氨酸（L-Asp），于 37℃连续运转 2 年后，仍保持原活力的 97%；用卡拉胶包埋的黄色短杆菌（含延胡索酸酶）生产 L-苹果酸，在 37℃连续运转 1 年后，其活力仍保持不变。由此可见，细胞的固定化具有广阔的工业应用前景。

3.4.2.5　固定化酶（细胞）的指标

游离的酶（细胞）被固定化以后，其催化性质也会发生变化。为考察其性质，可以通过测定固定化酶（细胞）的各种参数，来判断固定化方法的优劣及其固定化酶（细胞）的实用性，常见的评估指标有以下几条。

（1）相对酶活力

具有相同酶蛋白量的固定化酶与游离酶活力的比值称为相对酶活力，它与载体结构、颗粒大小、底物分子量大小及酶的结合效率有关。相对酶活力低于 75% 的固定化酶，一般没有实际应用价值。

（2）酶的活力回收率

固定化酶的总活力与用于固定化的酶总活力的百分比称为酶的活力回收率。将酶进行固定化时，总有一部分酶没有与载体结合在一起，测定酶的活力回收率可以确定固定化的效果。一般情况下，活力回收率应小于1，若大于1，可能是由于固定化活细胞增殖或某些抑制因素排除的结果。

(3) 固定化酶的半衰期

即固定化酶的活力下降到为初始活力一半所经历的时间，用 $t_{1/2}$ 表示，它是衡量固定化酶操作稳定性的关键。其测定方法与化工催化剂半衰期的测定方法相似，可以通过长期实际操作，也可以通过较短时间的操作来推算。

3.4.3 酶生物反应器

用于酶催化反应的装置称为酶反应器（enzyme reactor），它可用于溶液酶，也可用于固定化酶。由于固定化细胞与固定化酶在许多方面极为相似，故这里介绍的固定化酶反应器的有关内容，同样适用于固定化细胞。固定化酶和固定化细胞能否应用到工业生产，在很大程度上还取决于酶反应器的设计和选用，性能优良的反应器，可大大提高生产效率。

酶反应器的形式很多，根据进料和出料的方式，可概括分为间歇式和连续式两大类。连续式又有两种基本形式：连续流动搅拌罐式反应器和填充床反应器；还有一些衍生形式，如连续流动搅拌罐-超滤膜反应器、循环反应器和流化床反应器等。

(1) 搅拌罐反应器

搅拌罐反应器分为间歇式搅拌罐反应器和连续流动搅拌罐反应器。这类反应器的结构简单，除了搅拌器外，主要设有夹套或盘管装置，以便加热或冷却罐内物料，控制反应温度。其缺点是由于搅拌桨产生的剪切力较大，容易引起酶的破坏。间歇式搅拌罐反应器主要用于游离酶反应且一般不回收游离酶，如果把固定化酶用于该类反应器，虽然可以采用过滤或离心法将流出液中的产物和固定化酶分开，但由于酶经过反复循环回收，会失去活性，故在工业生产中间歇式搅拌罐反应器很少使用固定化酶。

连续流动搅拌罐反应器由于是连续过程，反应器内的各组成成分能得到充分混合，分布均一，并与流出液的组成相一致。近来有一种改良的连续流动搅拌罐反应器，其将载有酶的圆片聚合物固定在搅拌轴上或者放置在与搅拌轴一起转动的金属网筐内，这样既能保证反应液搅拌均匀，又不致损坏固定化酶。

(2) 填充床类反应器

这类反应器是目前固定化酶使用最普遍的反应器，固定化酶通常可以各种形状，如球形、碎片、碟形、薄片、丸粒等填充于床层内，它所使用的载体有多孔玻璃珠、珠状离子交换树脂、聚丙烯酰胺凝胶、二乙胺乙基葡聚糖凝胶、胶原蛋白薄膜片等。近年来，球形微囊体也用于填充床。这种反应器运转时，底物按照一定的方向以恒定流速通过反应床。根据底物的流动方式，有下向流动、上向流动和循环流动之分。实际工业生产中，液流方向常用上向方式，这样可以避免下向流动的液压对柱床的影响，尤其对生产气体的反应更为重要。填充床反应器内流体的流动形态接近于平推流（又称活塞流）流型，所以填充床反应器可近似认为是一种平推流反应器（plug-flow reactor，PFR）。

(3) 流化床反应器

在流化床反应器内，底物溶液以足够大的流速向上通过固定化酶床层，使固体颗粒处于流化状态，达到混合的目的。流速应以能使酶颗粒不下沉，又不致使颗粒溢出反应床为宜。流化床反应器由于混合程度高，故传热、传质情况良好，可用于处理黏性强和含有固体颗粒的底物，也可用于需要供应气体或排放气体的反应，对于停留时间较短的反应也可用流化床反应器。

（4）循环类反应器

这类反应器是让流出的一部分反应液与新加入的底物流入液混合，再进入反应床进行循环，而流出的另一部分反应液进入下一工序。其特点是可以提高液体在反应床中的流速和减少底物向固定化酶表面传递的阻力，可以达到较高的转化率。当反应底物是不溶性物质时，可以采用循环反应器。

（5）连续流动搅拌罐-超滤膜反应器

这种反应器实际上是由连续流动搅拌罐反应器和超滤装置组合而成的反应器。它在连续搅拌反应器的出口处装有一半透性的超滤膜，这种膜只允许产物通过，分子量大的酶和未曾反应的底物被截留后返回反应器，除了可以使酶反复使用外，还可以尽可能地使底物彻底转化。

（6）其他反应器

除上述反应器外，还有环流式反应器、螺旋卷式生物膜反应器等。

酶与固定化酶各种类型的反应器见图 3-37。

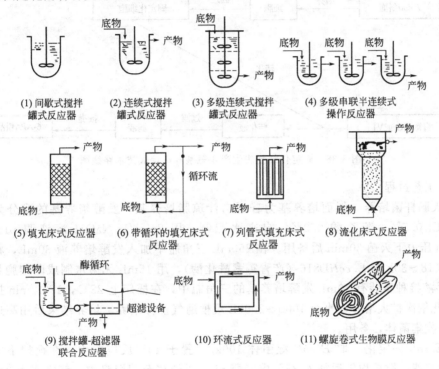

图 3-37　酶与固定化酶各种类型的反应器

（岑沛霖. 生物工程导论. 2004）

3.4.4　酶的工业应用过程实例——固定化细胞法生产6-氨基青霉烷酸

酶促反应专一性强，反应条件温和。酶工程优点是工艺简单、设备投资少、节省劳力、效率高、生产成本低、环境污染小，且产品收率高、质量好，还可制造出化学法无法生产的产品。目前，酶工程工业及其技术深受世人关注。特别是固定化酶或细胞以及固定化酶反应器等新技术的开发与应用，使酶工程工业和技术跨入了现代高新技术领域。因此酶工程在医药、化工及食品工业中具有极重要的发展前景和极大的应用价值。现在，酶已在医药、食品、轻工、化工、农肥、饲料、环保、能源、科研等领域广泛应用。

青霉素酰化酶（penicillin acylase，PA，EC3.5.1.11）又称为青霉素酰胺酶或青霉素氨基水解酶，青霉素酰化酶催化的反应大致可分为三类：①酰胺的水解；②酯类的水解；③酰胺的合成。该酶在偏碱性环境下可以催化青霉素 G 和头孢素 G 的水解，制备生产半合成 β-内酰胺类抗生素所需的中间体：6-氨基青霉烷酸（6-aminopenicillanic acid，6-APA）和 7-氨基脱乙酰头孢烷酸（7-aminodeacetoxycephalosporanic acid，7-ADCA）。6-氨基青霉烷酸（6-APA）也称无侧链青霉素，是生产半合成青霉素的最基本原料。目前为止，以 6-APA 为原料已合成近 3 万种衍生物，并已筛选出数十种耐酸、低毒及具有广谱抗菌作用的半合成青霉素。

（1）技术路线

利用青霉素酰化酶生产 6-APA 由以下技术路线组成：①青霉素的生产；②固定化酶（IME）的制备；③青霉素的酶解；④6-APA 的分离。在生产 6-APA 的工业酶促过程中，酶的生产、酶的固定化、青霉素水解及 6-APA 分离同样重要，因为每步工艺的合理与否对整个工艺工程的可行性和经济性有明显影响。技术路线如图 3-38 所示。

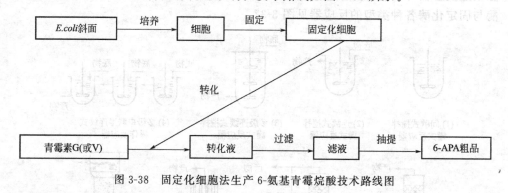

图 3-38　固定化细胞法生产 6-氨基青霉烷酸技术路线图

（2）工艺过程

1）大肠杆菌培养　斜面培养基为普通肉汁琼脂培养基，发酵培养基的成分为蛋白胨 2%、NaCl 0.5%、苯乙酸 0.2%，自来水配制。用 2mol/L NaOH 溶液调 pH7.0，在 55.16kPa 压力下灭菌 30min 后备用。在 250mL 三角瓶中加入发酵培养液 30mL，将斜面接种后培养 18～30h 的 E.coli D816（产青霉素酰化酶），用 15mL 无菌水制成菌细胞悬液，取 1mL 悬浮液接种至装有 30mL 发酵培养基的三角瓶中，在摇床上 28℃，170r/min 振荡培养 15h，如此依次扩大培养，直至 1000～2000L 规模通气搅拌培养。培养结束后用高速管式离心机离心收集菌体，备用。

2）E.coli 固定化　取 E.coli 湿菌体 100kg，置于 40℃反应罐中，在搅拌下加入 50L 10%明胶溶液，搅拌均匀后加入 25%戊二醛 5L，再转移至搪瓷盘中，使之成为 3～5cm 厚的液层，室温放置 2h，再转移至 4℃冷库过夜，待形成固体凝胶块后，通过粉碎和过筛，使其成为直径为 2mm 左右的颗粒状固定化 E.coli 细胞，用蒸馏水及 pH7.5、0.3mol/L 磷酸缓冲液先后充分洗涤，抽干，备用。

3）固定化 E.coli 反应堆制备　将上述充分洗涤后的固定化 E.coli 细胞（产青霉素酰化酶）装填于带保温夹套的填充床式反应器中，即成为固定化 E.coli 反应堆，反应器规格为 ϕ70cm×160cm。

4）转化反应　取 20kg 青霉素 G（或 V）钾盐，加入到 1000L 配料罐中，用 0.03mol/L、pH7.5 的磷酸缓冲液溶解并使青霉素钾盐浓度为 3%，用 2mol/L NaOH 溶液调 pH 至 7.5～7.8，然后将反应器及 pH 调节罐中反应液温度升到 40℃，维持反应体系的 pH 在 7.5～7.8 范围内，以 70L/min 流速使青霉素钾盐溶液通过固定化 E.coli 反应堆进行循环转化，直至转化液 pH 不变为止。循环时间一般为 3～4h。反应结束后，放出转化液，再进入下一批反应。

5) 6-APA 的提取　上述转化液经过滤澄清后，滤液用薄膜浓缩器减压浓缩至 100L 左右；冷却至室温后，于 250L 搅拌罐中加 50L 醋酸丁酯充分搅拌提取 10～15min；取下层水相，加 1％活性炭于 70℃搅拌脱色 30min，滤除活性炭；滤液用 6mol/L HCl 调 pH 至 4.0 左右，5℃放置结晶过夜；次日滤取结晶，用少量冷水洗涤，抽干，115℃烘 2～3h，得成品 6-APA。按青霉素 G 计，收率一般为 70％～80％。

转化工艺流程如图 3-39 所示。

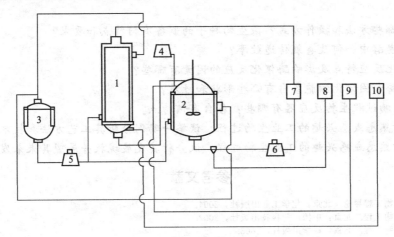

图 3-39　青霉素酰化酶转化流程图

1—酶反应器；2—pH 调节罐；3—热水罐；4—碱液罐；5—热水循环泵；6—裂解液循环泵；

7—流量计；8—自动 pH 计；9—自动记录温度计；10—酶反应器温度计

3.4.5　酶工程应用前景

酶具有专一性强、催化效率高和作用条件温和等显著特点，在各个领域的应用中都显示出其优越性。例如，酶在工农业方面的应用，可以增加产量，提高质量，降低原材料和能源的消耗，改善劳动条件，减少环境污染，降低生产成本，甚至生产出用其他方法难以得到的产品，促进新技术、新工艺、新产品的发展；酶在医药方面的应用，可以快速、简便、准确地诊断疾病，可以安全、廉价、高效地进行疾病治疗，达到其他药物难于达到的良好效果，还可以通过酶的催化作用，生产各种疗效显著、质量较高、副作用少的药物；酶在分析检测方面的应用，可以既快速简便，又灵敏准确地检测出各种物质的浓度及其变化情况；酶在环境工程方面的应用对地球环境的维护及净化、对保障人类的身体健康和人类社会的持续发展具有极其重要的作用；酶在基因工程、细胞工程、蛋白质工程等新技术领域的科学研究和技术开发中，往往成为不可取代的必备工具。由此可见，酶的应用对世界科技和经济的发展具有深远的意义和广阔的前景。

现在已知的酶有几千种，现在得以应用的酶不足 10％，已经大规模生产和广泛使用的酶不过几十种，还远远不能满足人们对酶日益增长的需要，大多数酶的生产和应用有待进一步开发。随着科技的发展，人们正在发现更多、更好的新酶。其中，令人瞩目的抗体酶、核酸类酶和端粒酶等的研究开发，将成为新酶研究和开发的重要领域。伴随着人类基因组计划取得的巨大成果、基因组学和蛋白质组学的诞生、生物信息学的兴起，以及 DNA 重排技术、细胞或噬菌体表面展示技术等的发展，预期在不久的将来，众多新酶的出现将使酶的应用达到前所未有的广度和深度，展望未来，酶的应用将有着十分广阔而诱人的前景。

思考题

3-1 动植物培养细胞各有什么特点？其体外培养的基本过程是怎样的？

3-2 动植物细胞体外培养的方法有哪些？有哪些大规模培养的操作方式？

3-3 举例说明动植物细胞大规模培养应注意什么问题？

3-4 以动物细胞悬浮培养为例详细说明动物细胞大规模培养的关键技术。

3-5 微生物培养的一般工艺过程是怎样的？大规模发酵有哪些操作方式？它们各有什么优缺点？

3-6 接种有哪些方法和操作方式？微生物种子的制备有何特点和要求？

3-7 在好氧发酵中如何改善氧传递效率？

3-8 酶的催化反应特点及影响酶催化反应的因素有哪些？

3-9 固定化酶和固定化细胞各自有哪些形状和性质？

3-10 工业生物过程生物反应器有哪些？各自有何特点？

3-11 就你所熟悉或感兴趣的工业生物过程，试举一实例分析其工艺方法和技术原理。

3-12 就你所熟悉或感兴趣的工业生物过程，试分析其发展现状并展望其未来发展前景。

参考文献

[1] 岑沛霖. 生物工程导论. 北京：化学工业出版社，2004.
[2] 李继珩. 生物工程. 北京：中国医药科技出版社，2002.
[3] 李志勇. 细胞工程. 北京：科学出版社，2003.
[4] 王联结. 生物工程概论. 北京：中国轻工业出版社，2002.
[5] 宋思扬，楼士林. 生物技术概论. 北京：科学出版社，1999.
[6] 劳为德. 动物细胞与转基因动物制药. 北京：化学工业出版社，2003.
[7] 宋航，兰先秋等. 制药工程技术概论. 北京：化学工业出版社，2006.
[8] 熊宗贵. 生物技术制药. 北京：高等教育出版社，1999.
[9] 郭勇. 生物制药技术. 北京：中国轻工业出版社，2000.
[10] 罗立新. 细胞融合技术与应用. 北京：化学工业出版社，2003.
[11] 郭勇，崔堂兵，谢秀祯. 植物细胞培养技术与应用. 北京：化学工业出版社，2003.
[12] 岑沛霖，蔡谨编. 工业微生物学. 北京：化学工业出版社，2000.
[13] 朱玉贤，李毅. 现代分子生物学. 第2版. 北京：高等教育出版社，2002.
[14] 欧伶，俞建瑛，金新根. 应用生物化学. 北京：化学工业出版社，2001.
[15] 朱宝泉主编. 生物制药技术. 北京：化学工业出版社，2004.
[16] 俞俊棠，唐孝宣，邬行彦，李友荣，金青萍. 新编生物工艺学：下册. 北京：化学工业出版社，2003.
[17] 林建平编. 小生命大奉献——微生物工程. 杭州：浙江大学出版社，2002.
[18] Colin Ratledge, Bjorn Kristiansen. Basic Bioteehnology. Cambridge：CambridgeUniversityPress，2001.
[19] 无锡轻工业学院编. 微生物学. 北京：轻工业出版社，1990.
[20] 武汉大学，复旦大学生物系微生物教研室编. 微生物学. 第2版. 北京：高等教育出版社，1987.
[21] 陈坚等编著. 发酵工程实验技术. 北京：化学工业出版社，2003.
[22] 梅乐和，姚善泾，林东强编著. 生化生产工艺学. 北京：科学出版社，1999.
[23] 贺小贤主编. 生物工艺原理. 北京：化学工业出版社，2003.
[24] 郭勇. 酶的生产与应用. 北京：化学工业出版社，2003.
[25] 李荣秀，李平作. 酶工程制药. 北京：化学工业出版社，2004.
[26] 罗贵民. 酶工程. 北京：化学工业出版社，2002.
[27] 袁勤生主编. 现代酶学·酶工程. 上海：华东理工大学出版社，2001.
[28] 来茂德，岑沛霖主编. 生命的催化剂——酶工程. 杭州：浙江大学出版社，2002.
[29] 陈石根，周润琦编著. 酶学. 上海：复旦大学出版社，2001.
[30] 邹国林，朱汝瑶编著. 酶学. 武汉：武汉大学出版社，1997.
[31] Wolfgang G. Enzymes in Industry：Production and Applications. VCH，1990.
[32] Liese A, Seelbach K, Wandrey C. Industrial Biotransformations. Wiley-VCH，2000.
[33] 张今，曹淑桂，罗贵民，张学忠，李正强等编著. 分子酶学工程导论. 北京：科学出版社，2003.
[34] 周晓云编著. 酶技术. 北京：石油工业出版社，1995.
[35] 刘国诠. 生物工程下游技术. 北京：化学工业出版社，2002.
[36] 严希康. 生化分离工程. 北京：化学工业出版社，2001.
[37] 毛忠贵. 生物工业下游技术. 北京：中国轻工业出版社，1999.
[38] 李津，俞咏霆，董德祥主编. 生物制药设备和分离纯化技术. 北京：化学工业出版社，2003.

第4章

生物工业下游加工过程

生物产品或产物的生产过程一般统称为生物工业过程或者生物加工过程（bio-process），该过程一般包括如下三大部分。

① 优良生物物种的选育。

② 生产原料的生物处理过程即生物反应，包括酶催化反应、微生物发酵、动植物细胞培养等。

③ 产物的分离纯化或者产物的回收——生物下游加工过程（downstream processing，或 product recovery）。

可见，在整个生物技术产业化的过程中，生物下游加工过程是生物技术转化为生产力所不可缺少的重要环节，其技术的进步程度对保持和提高各国在生物技术领域内的经济竞争力至关重要。

4.1 生物工业下游加工过程的产生与发展

4.1.1 生物工业下游加工过程的基本含义和重要性

生命科学与技术由于为解决人类所面临的能源、资源、环境及健康等问题做出的巨大贡献，而成为 21 世纪最具生命力的技术领域。它的发展必须借助于工程技术的平台，必须得到工程技术的强力支持。生物工业下游加工过程也即生物分离工程则是构成这一工程技术平台的重要组成部分。生物工业下游加工过程是生物工业过程的重要组成部分，其相应的技术领域一般称为工业生物分离技术或生物分离工程，主要涉及从发酵液（固体）、酶反应液（固体）、动植物培养液（固体）中分离、纯化以及生物产品成型和包装的整个工业过程，主要内容包括生物产品的分离、纯化过程的原理、方法、工艺过程以及主要设备。因为它处于整个生物产品生产过程的后端，所以亦称为生物工业下游加工过程或生物下游过程技术。生物工业下游加工过程一般由反应液的预处理与固-液分离、初步纯化、高度纯化和成品加工四个过程组成。

由于生物原料和制品的多样性，越来越多的产品明显带有生物物质的特性（如活性和热敏性），它们的生产工艺已不能简单套用化工生产技术。生物技术的主要目标是生物产品的高效生产，分离和纯化是最终获得商业产品的重要环节。因此下游加工技术是生物技术产品产业化的必经之路，故而越来越受到人们的重视。

很多工业生物技术产品，包括现代发酵工业产品，其质量的优劣、成本的高低、竞争力的大小，往往与生物下游加工技术直接相关。例如，相关的技术经济分析显示，与生物发酵工业过程相比较，在整个生物工业过程的成本中，生物分离提纯过程的成本，对于较传统的产品：约40%；对于较现代的产品：>60%；而对于基因技术的产品：70%～90%。

可见，生物分离纯化或生物下游加工过程的成本往往占整个生物工业过程总成本的大部分，并且随着技术的发展，产物分离提纯或回收在整个生物产品生产过程中所占的成本比重逐渐增大。在现代生物产品生产过程中，产物分离纯化或回收所占的成本比例通常很高，可达60%～90%。

产物有效分离纯化或回收是实现生物产品生产的关键环节，而且其所占总成本的比例较大，所以，在很大程度上也决定了生物产品的商业化成败或新技术的应用性。

生物下游技术还与许多新产品的开发以及环境保护密切相关。近20年来，生物下游技术得到了长足的发展，出现了许多新概念和新技术，有些技术已经在工业上得到了应用，有的虽然还在研究中，但已经显示出良好的应用前景。由此可见，生物技术产业必将成为21世纪的支柱产业，而生物分离工程技术的研究是生物技术产业实现生存、进步和可持续发展的重要保证。

4.1.2 生物工业下游加工过程的发展历程

分离和纯化过程几乎涉及所有的生物工业和研究领域，并与生物过程相辅相成。随着科学技术的发展以及对物质纯度提出的要求愈来愈高，分离和纯化过程也不断地得到发展。新原理、新概念不断地发现和提出，新技术、新工艺和新设备不断地被开发和投入使用，都经历着一个诞生和发展的过程，生物工业下游加工过程同样也经历着这样的历程。

国际经济合作与发展组织对于工业生物技术或生物工程的定义为"应用自然科学和工程学的原理，依靠生物作用剂（biological agents）的作用将物料进行加工以提供产品或用以为社会服务"的技术，据此，则可将生物技术产业的历史追溯到古代的酿造产业。古老的生物技术产品包括制造酱油、醋、酸奶、干酪以及酿酒等。当时还谈不上下游生物加工过程，仅是乡间农舍和家庭厨房的制作方法，如从乳清中过滤出凝胶——乳酪，利用阳光来干燥制盐、制酱等；虽然由于运输等驱动了酒浓缩工艺的出现，但大多数产物基本上不经后处理而直接使用。随着发酵原理的认识，后来逐步出现了三代生物技术产品并伴随着相应分离纯化过程的研究和开发。

4.1.2.1 传统生物技术产品

传统（第一代）生物技术产品的出现可从19世纪60年代算起，由于清楚了微生物是引起发酵的原因，随后发现了微生物的有关功能，开发了纯种培养技术，从而使生物技术产业的发展进入了近代生物技术建立时期。到20世纪上半叶时，除了原有酿造业产品的生产技术有了不少改进外，还逐步开发了用发酵法生产酒精、丙酮、丁醇等产品的技术。上述产品的特点是大多数属于厌氧发酵过程的产物，产物的化学结构比原料更简单，主要采用压滤、蒸馏或精馏等设备，生产以经验为依据，可称为手工业式的，属原始分离纯化时期。

4.1.2.2 第二代生物技术产品

第二代生物技术产品出现于20世纪40年代，第二次世界大战以后，随着青霉素、链霉素等抗生素工业生产的扩大，大型好氧发酵装置的开发和化工单元操作的引进，酿造产业逐渐扩展为发酵产业，进入了近代生物技术的全盛时期。抗生素、氨基酸、有机酸、核酸、酶制剂、单细胞蛋白等一大批发酵技术制造的产品投入了工业生产。这一时期的特点是产品类型多，不但有初级代谢产物，也有次级代谢产物，如抗生素、多糖等，其分子结构较基质更为复杂，还有生物转化（甾体化合物等）、酶反应（6-APA 等）产品等。产品的多样性提出了对分离、纯化方法多样性的要求。与此同时一个有利的因素也产生了，化学工程工作者也开始加入了生物反应和分离过程的开发行列，一门反映生物与化工相交叉的学科——生物化学工程也随之在 20 世纪 40 年代诞生，并获得了迅速发展。该时期初始，英国的 G. E. 戴维斯和美国的 A. D. 利特尔等人提出了单元操作的概念，推动了生产技术的发展，并被引入生物技术产品下游加工过程中，推动了生物产品的生产。用于传统化学工业的分离方法，约有80％在生物技术产品的生产中得到应用。所以在 20 世纪 60 年代以前生物技术产品下游加工过程基本上是套用化工单元操作或略加改造，这样已能满足传统和近代发酵产品的工业生产需要，虽然那时出现了离子交换色谱及电泳技术，但尚处于实验室阶段。

4.1.2.3　第三代生物技术产品

从 20 世纪 70 年代末开始，进入现代生物技术建立和发展时期。由于基因工程、酶工程、细胞工程、微生物工程及生物化学工程的迅速发展，特别是 DNA 重组技术及细胞融合技术等方面的一系列重大突破，推动了现代生物技术产品即第三代生物技术产品的研究和开发，包括动物细胞培养生产的产品如 EPO、β-干扰素、乙肝疫苗等，植物细胞培养生产的产品如人参皂苷、紫杉醇、小檗碱等，以及基因工程发酵产品如人胰岛素、人生长因子、集落刺激因子等。虽然目前产品的种类还不算很多，但发展潜力巨大。预计在 21 世纪，一个门类齐全、品种众多、技术先进、应用广泛的现代生物技术产业将会脱颖而出，并将成为全社会的主导产业之一。

在现代生物技术上游过程发展的同时，20 世纪 70 年代国际上也注意到了发展下游加工过程对发展现代生物技术及其产业化的重要性，许多发达国家纷纷加强了研究力量，增加投入，组建专门的研究机构，甚至包括生产公司和厂家，也都展开了激烈的竞争。如瑞典的Biolink 公司，它集 Alfa-Laval、Chemp、LKB 和 Pharmacia 四家著名公司生物工艺之长组建而成，不断推出新产品。各种分离纯化技术的问世和发展，使得生物工业下游加工技术日益成熟。目前已达到工业应用水平的技术大致可将它们分为以下几大类：固-液分离技术、细胞破碎技术、初步分离纯化技术、高度分离纯化技术以及成品加工技术。

4.2　生物工业下游加工过程的特点及一般工艺过程

4.2.1　生物分离过程的体系特殊

生物产品是指生产过程的某一阶段，利用生物作用或者以生物质为主要原料制备得到的产品。它包括传统的（常规的）生物技术产品（如采用发酵生产的有机溶剂、氨基酸、有机酸、抗生素）和现代生物技术产品（如采用重组 DNA 技术生产的医疗性多肽和蛋白质）。它们的生产不同于一般的化学品生产，而是有其自身的特点。

4.2.1.1　发酵液或培养液是产物浓度很低的水溶液

除了少数特定的生物化学反应系统，如酶在有机相中的催化反应外，在其他大多数生物化学反应过程中，溶剂全部是水。产物（溶质、悬浮物）在溶剂水中的浓度很低，其主要原因是受到产物溶解性质、某些生物自身和生产条件的限制。例如要提高发酵过程的细胞浓度将使发酵液产生高黏度，导致发酵时混合效率降低，尽管可以采用非常高的搅拌速率去促进氧的质量传递或往培养基中通纯氧，但会显著增加生产成本，而且提高细胞浓度的效果也有限，从而细胞产物的提高受到了生产条件特别是技术经济条件的制约。此外，在发酵过程中，对于最大体积分数为0.64的球形粒子，其密度堆积范围物理上限是固定的，一般而言，微生物细胞的体积分数是其质量分数的3倍，假定细胞是规则的球形粒子，则细胞浓度的绝对限度为200～250g/L，对于丝状生物体，这个浓度限度会由于细胞间的相互作用而下降。再有，细胞密度也会受到代谢产物的抑制。

除上述原因外，产物的浓度还会因微生物细胞受其反馈抑制作用而变化，如柠檬酸的发酵。可以通过DNA重组技术使蛋白质高效表达，但总体上产物在水溶液中的浓度是很低的，如青霉素仅为4.2%，庆大霉素为0.2%，而动物细胞培养液中的产物含量在5～50μg/mL。

4.2.1.2 培养液是多组分的混合物

首先从细胞本身来看，各种类型的细胞具有不同的细胞组成（表4-1）。发酵过程会产生一些复杂的产品混合物。这里所说的混合物，不仅包含了大分子量物质，如核酸、蛋白质、多糖、类脂、磷脂和脂多糖。而且还包含了低分子量物质，即大量存在于代谢途径的中间产物，如氨基酸、有机酸和碱。混合物不仅包括可溶性物质，而且也包括了以胶体悬浮物和粒子形态存在的组分，如细胞、细胞碎片、培养基残余组分、沉淀物等。总之，组分的总数相当大，即使是一个特定的体系，也不可能对它们进行精确测定，更何况各组分的含量还会随着细胞所处环境的不同而变化。

其次，在下游加工过程之前，由于对发酵液进行预处理，还会由于添加化学品或其他物理、化学和生物方面的原因而引起培养液组分的变化及发酵液流体学特性的改变。

表4-1 细胞组成[①]

类型	蛋白质/%	核酸/%	多糖/%	类脂物/%
细菌	40～70	13～34	2～10	10～15
酵母	40～50	4～10	<15	1～6
丝状真菌	10～25	1～3	<10	2～9
藻类	10～60	1～5	<15	4～80
动物细胞	<10	<50	<50	<50
植物细胞	<70	<30	<50	<80

① 占细胞干重的百分比表示。

注：严希康，俞俊棠. 生物物质分离工程. 2010.

4.2.1.3 生物产物的稳定性差

无论是大分子量生物产物还是小分子量生物产物都存在着产物的稳定性问题。产物失活的主要原因是化学降解或因微生物引起的降解。在化学降解的情况下，产物只能在窄的pH值和温度变化范围内保持稳定。蛋白质一般稳定性范围很窄，超过此范围，将发生功能的变性和失活；对于小分子生物产物，可能它们结构上的特性，例如青霉素的β-内酰胺环，在极端的pH值条件下会受损。具有手性核的分子（在生物化学转化过程中，几乎所有的产品都有这一情况），可能由于pH值、温度和溶液中存在的某些物质所催化而被外消旋化，导致产物的大量损失。

对蛋白质产品而言，微生物的降解作用是因为所有细胞中存在不同的降解酶，如蛋白酶、脂酶等，都能使活性分子破坏成失活分子。由于升温能够加速这些降解酶的作用，因此在制备蛋白质、酶或相似产品时，应在尽可能低的温度和快的速度下操作。另外还应防止发酵产物染菌，因为这可能产生毒素和降解酶，从而引入新的杂质或导致产品的损失。

4.2.1.4 对最终产品的质量要求很高

由于许多产品是医药、生物试剂或食品等精细产品，必须达到药典、试剂标准和食品规范的要求。如青霉素产品对其中一种杂质强过敏原——青霉噻唑蛋白类就必须控制在 RIA 值（放射免疫分析值）小于 100（相当于 1.5×10^{-6}）；对于蛋白类药物，一般规定杂蛋白含量<2%；而原亲酶素（Protropin）和重组胰岛素（Humulin）中杂蛋白含量应<0.01%；不少产品还要求呈稳定的无色晶体。

由上可知，生物技术产品一般是从各种杂质的总含量大大多于目标产物的悬浮液中开始进行制备的，唯有经过分离和纯化等下游加工过程才能制得符合使用要求的高纯度产品。因此，生物分离工程技术是生物技术产品工业化中的必要手段，具有不可取代的地位。生物分离工程的实施十分艰难且需要很大的代价，这是由于特别稀的水溶液原料和高纯度产品之间的巨大差异造成的（见图 4-1），加上产物的稳定性差，导致其回收率不高，还有一些分离、纯化的工艺过程又十分复杂和昂贵。从现有的资料可知，在大多数生物产品的开发研究中，下游加工过程的研究费用占全部研究费用的 50%以上；产品的成本构成中，分离和纯化部分占总成本的 40%～80%，生物制药产品的比例则更高。显然，开发新的生物分离过程是提高经济效益或减少投资的重要途径。

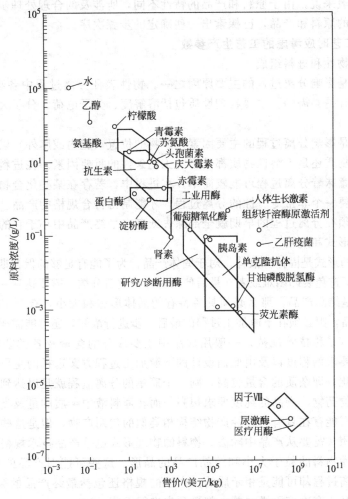

图 4-1　发酵液的浓度和产品价格之间的关系

（严希康，俞俊棠. 生物物质分离工程. 2010）

4.2.2 生物分离过程的工艺流程特点

4.2.2.1 选择工艺的总体原则

当设计一个生物产品下游加工过程时，不仅要在高产率、低成本等总体目标上有所要求，还应做到以下两点。

(1) 采用步骤数量少

不仅生物过程，对于所有的分离纯化流程，都是多步骤组合完成的，但应尽可能采用最少步骤。几个步骤组合的策略，不仅影响到产品的回收率，而且会影响到投资大小与操作成本。假设每一步骤的回收率为 95%（$\varphi = 0.95$），则 n 个步骤的总回收率的期望值为 $\varphi^n = 0.95^n$，如果现用 10 个步骤进行分离纯化，那么总回收率是 $0.95^{10} \approx 0.60$，则仅有 60% 的产物被最终利用，其余损失于分离和纯化过程中。

(2) 采用步骤的次序要相对合理

生物工业下游加工过程涉及的原料预处理和固-液分离、初步纯化、高度纯化和成品加工四大步骤，各步骤的主要目的相差较大，需要按合理的顺序依次进行。此外，在各步骤中可选用的技术往往是多种，各具有应用特点，其应用的结果往往会导致对于下一个处理过程的不同要求。一般来说，由于原料和产品的特性不同，所涉及的合理处理步骤可能有显著差别，但对于同类的原料和产品，已探索出一些确定的步骤次序。

4.2.2.2 选择工艺时应考虑的工艺生产参数

(1) 原料的物性和进料组成

原料的物性是影响分离过程的主要原因之一。物性表征分离过程中各物质的物理性质，对分离过程的设计是必需的。主要物理性质包括溶解度、分子电荷、分子大小、官能团、稳定性、挥发性。

进料组成也是影响分离过程的主要因素，产物的位置（胞内或胞外）以及在进料中存在的产品是可溶性物质还是不溶性物质都是影响工艺条件的重要因素。在进料流中，一个高浓度的目标产物，意味着分离过程可能较简单。在进料中，若存在某些化合物与目标产物非常类似，则表明需要一个非常专一性的分离过程，才能制得符合规格的产品。进料流中可能含有的某些组分必须在分离过程的早期就全部除去或者在最终产品中小于它的最低允许限度。

(2) 产品的形式和规格

产品最常见的形式是固体和液体。对于固体产品，为了能有足够的保存期，需要达到一定的湿度范围；为了避免装卸困难或者在最后使用时容易重新分散，需要达到一定的粒子大小分布。如果生产的是结晶产品，那么必须具备特有的晶体形态和大小，有利于溶解和被生物利用。对于液体产品，则必须在下游加工过程的最后一步进行浓缩，还可能需要过滤操作。

产品的规格（或称技术规范）一般用成品中主要成分的含量及各类杂质的最低量来表示，是确定纯化要求的程度以及由此而设计的下游加工过程方案选择的主要依据。如果只要求对产物低度纯化，即杂质的含量较高，则一个简单的分离流程就足以达到纯化的目的；但是对于注射类生物药物，产品的纯度要求很高，而在原料液中杂质的量及类型却很多。小分子的目标产物中可能存在具有与目标产物结构相类似的代谢产物，但是这些代谢产物却缺少所需的活性官能团，需要从产品中除去。物料的物理形式也是产品技术规格要求的重要组成部分，它包括干燥物料的粒子大小和结晶产品的晶形，这些可能对产品的有效使用是必需的，但与最佳分离过程却可能是相矛盾的。产品的规格还包括最终产品的微生物污染问题，所以对于医药产品，在冷冻干燥之前，都要预先进行无菌过滤。

(3) 产品的物性

产品物性主要体现在生物产品的稳定性一般较差。因此，通常用调节操作条件的办法，使由于热、pH 值或氧化所造成的产品降解减少到最低程度。由于在蛋白质活性点或其他活性基团旁边，存在巯基，故蛋白质易被氧化，因此必须排除空气并使用抗氧化剂（巯醇保护剂），以便使氧化作用减小到最低程度。当蛋白酶存在的时候，在纯化的早期阶段，就必须采用较低的温度以保持其活性。在加热过程，如蒸发浓缩和干燥过程中，若不谨慎控制，将会导致酶失活。

（4）工艺流程的形式——分批或连续过程

发酵或生物反应过程可以用分批或连续的方式操作。由于要与这个条件相适应，所以下游加工过程的选择受到它们的限制。某些单元操作，例如色谱分离操作，在分批操作上是可行的，若想与连续发酵过程相适应，则必须进行改进。有些单元操作被认为是连续的，例如连续超滤，但是为了膜的清洗，必须做好过程循环的准备，需要置备缓冲容器或者加倍处理能力，以便于进行清洗。

（5）生产规模

物料的生产规模在某种程度上决定着被采用的过程。在下游加工过程的第一步骤中，使用的离心、过滤等方法，能够适应很宽的规模范围，因此在该步骤中，技术方法的选择与规模无较大关系。但是在后续步骤中，技术方法的选择却与生产规模密切相关，例如，细胞破碎的机械方法——珠磨机或匀浆器，就比前面所说的固-液分离方法在生产能力上小几个数量级，如果某一生产规模超过了细胞破碎机械设备的生产能力，则要同时使用多台设备，或另选其他方法解决。

此外，可能影响下游加工过程在规模上变化的其他因素还表现在色谱和吸附过程中。例如用于生物分离过程中的凝胶色谱载体系统，只能按比例放大到一定的规模，超过这个规模，凝胶的自重将会压塌凝胶的结构，来自液流的压降也会使凝胶颗粒破碎。这种情况在吸附过程中也会发生。另外一种情况是在工艺过程的最后阶段，当产品需要干燥时，采用冷冻干燥不适合大的生产量，因为冷冻干燥过程是分批进行的并且需要较长的干燥周期。故大规模生产需要采用其他方法，如真空干燥或喷雾干燥，但是它们不适用于热敏性物质。从上可知，生产规模对一些单元操作的影响是相当重要的，故在具体产品生产时，要综合考虑规模效应。

（6）废物处理及生态环境保护

产品本身、工艺条件、处理用化学品、应用的微生物细胞都存在着潜在的或直接的生态危害。如果在生物系统中大量地使用含水液流，导致的危害较轻，但废水中的生物量是生物需氧量（BOD）的主要来源，必须在排放前予以控制。对于在萃取、沉淀和结晶中经常使用非水溶剂，必须引起注意，残留在废水中的这些有机溶剂可能是导致废水中化学需氧量（COD）的主要来源。

此外，产品本身可能发生的危害必须加以控制。例如，类固醇抗生素生产过程如果使用离心操作，则有可能产生气溶胶；如果使用重组 DNA 工程菌生产系统，则必须控制发酵产生的生物体的排放，发酵产生的气体必须过滤并用专门操作小心处理，直到生物体不能成活为止，即后期进行细胞破碎或专门的细胞致死操作。干燥过程的防护和粉尘及粒子排放的控制是必要的。总体来说，在常温和常压条件下，出现在生物物质加工过程中的危害是较低的。

4.2.3　生物工业下游加工过程的一般工艺过程

生物技术工业加工过程的设计不仅取决于产品所处的位置（胞内或胞外）、分子大小、电荷多少、产品的溶解度、产品的价值和过程本身的规模，还与产品的类型、用途和质量（纯度）要求有关。所以分离和纯化步骤有不同的组合，提取和精制的方法也有不同的选择，但生物工业下游加工过程有一个基本工艺路线，即通常按生产过程的顺序分为四大步骤（见图 4-2）。

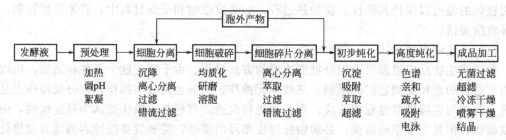

图 4-2　生物工业下游加工过程阶段及相关的主要工艺技术
(严希康，俞俊棠. 生物物质分离工程. 2010)

（1）发酵液的预处理与固-液分离

由于技术和经济原因，在这一步骤中能选用的工艺技术很有限，过滤和离心是基本的单元操作。为了加速固-液两相的分离，可同时采用凝聚和絮凝技术；为了减少过滤介质的阻力，可采用错流膜过滤技术，但这一步对产物浓缩和产物质量的改善作用不大。对于细胞内的产物，必须进行细胞破碎释放出目标产物并初步分离除去细胞碎片。一般希望以低投资和低成本来换取高的回收率及去杂率，但是这些要求往往是相互矛盾的。

（2）初步纯化

初步纯化又称产物的提取。这一步骤的主要任务是提高产品浓度，以提高纯度为辅。通过这一步骤，可去除与产品性质有较大差异的物质。沉淀、萃取和膜分离等是在这一步骤中使用的典型操作。

（3）高度纯化

高度纯化又称产品的精制。该步骤与初步纯化类似，主要用于除去与目标产物有类似功能和物理性质的杂质。仅有限的几种工艺技术可供选用，但这些技术对产品有高度的选择性。典型的工艺技术有色谱、电泳和沉淀等。

（4）成品加工

产品的最终用途和要求，决定了最终的加工方法，浓缩和结晶常常是操作的关键，大多数产品还必须经过干燥处理。

由上可知，各步骤都有若干工艺技术可供选择，其中包括许多常用的化工工艺技术和若干因生物过程需要而发展起来的工艺技术，应根据具体情况进行选择和整条生产工艺路线的设计。表 4-2 给出了各种主要工艺技术的基本原理和应用特点。

表 4-2　生物技术产品分离纯化常用单元操作

单元操作		分离类型	选择性	生产能力	应用
固-液分离	过滤　常规　微滤	固-液分离	低　中等	高　中	真菌　细菌、细胞碎片
	离心　常规　超离心	固-液分离	低-中　中-高	高　低	真菌　病毒和细胞
细胞破壁	机械法	释放	低	中	胞内产品
	酶法	释放	低	中	酶
	化学法	释放	低	中	实验的

单元操作		分离类型	选择性	生产能力	应用
蒸馏		纯化	中-高	高	乙醇和溶剂回收
萃取	液体	分离	中	高	抗生素
	双水相	分离及纯化	中-高	高	酶
	超临界	分离	中-高	中	精制的
沉淀	盐析	分离	低-中	高	酶
	溶剂	分离	低-中	高	酶
	金属配合物	分离	低-中	高	—
	结晶	析出	中-高	高	—
吸附	非活性基	分离	中-高	高	抗生素
	特殊活性基	纯化	中-高	高	—
	混合活性基	分离	中-高	高	—
膜技术	超滤(透析过滤)	分离和浓缩	中	高	脱盐和除热原
	电渗析	分离和浓缩	中-高	中-高	蛋白质溶液脱盐
液相色谱	亲和	纯化	高	低-中	干扰素
	凝胶	纯化	高	低-中	胰岛素
	离子交换	纯化	中-高	低-中	血制品
	色谱	纯化	高	低	蛋白质和多肽
	正相	纯化	高	低	
	反相	纯化	高	低-中	蛋白质和多肽
其他	超临界流体萃取	分离	中-高	低-中	实验的
	逆流分离	纯化	高	低	实验的
	电泳和等电聚焦	纯化	高	低	蛋白质和多肽
浓缩	蒸发	浓缩	低	高	抗生素
	反渗透/超滤	浓缩	低-中	中	抗生素
	冷冻浓缩	浓缩	中	中	咖啡和果汁
干燥	冷冻干燥	干燥	低	低	多效药品
	喷雾干燥	干燥	低	高	α-淀粉酶和单细胞蛋白
	滚筒干燥	干燥	低	中	

注：严希康，俞俊棠. 生物物质分离工程. 2010.

4.3 生物分离技术与工程的研究内容

生物工程技术的主要目标是生物产品的高效生产，其中生物分离技术与工程是完成生物产品分离纯化，得到高质量产品的重要环节。生物分离技术与工程研究的内容包括以下四个方面：一是研究目标产品及其基质的性质；二是生物分离工艺的设计与开发；三是生物分离操作过程的设备与优化；四是新型生物分离技术的研究和开发。

4.3.1 生物分离过程主要目标产品的性质

生物分离过程主要针对两方面的产品：一是直接产物，即由发酵直接生产，分离过程从发酵罐流出物开始；二是间接产物，即由发酵过程得到的细胞或酶，再经转化和修饰得到产品。这些产品按相对分子质量大小分类，也可按产品所处位置分类。相对分子质量＜1000的，如抗生素、有机酸、氨基酸等；相对分子质量＞1000的，如酶、多肽、蛋白质等。不被细胞分泌到胞外的胞内产品，如胰岛素、干扰素等；在胞内产生又分泌到胞外的胞外产品，如某些抗生素和酶等。不同类型的产品对分离纯化的要求不同，所采用的分离纯化技术也不同。对这些产品性质的深入了解，有助于有效选择分离纯化技术。

4.3.2 生物分离工艺的设计与开发

为保证目标产物的生物活性和功能，必须设计合理的分离过程、优化单元操作工艺，实现目标产物的快速分离纯化，获得高活性目标产物。为实现性质相似产物的分离需利用具有高度选择性的分子识别技术或高效液相色谱技术纯化目标产物，并且采用多种分离技术和多个分离步骤完成一个目标产物的分离纯化。因为生物产品的种类和性质呈多样性，所用到的单元操作也多种多样。比如，同一单元操作可以在不同的工艺阶段使用；为获得最佳的分离效率，不同的单元操作可以组合等。

4.3.3 生物分离操作过程的设备与优化

生物分离工程设备是实现生物分离工程产品的高效率分离和纯化的基本保障，对分离设备性能、选择原则的研究有利于开发新设备。研究设计、优化分离操作设备对生物工程产品的生产十分重要，合理的、完善的分离操作过程是充分利用所采用分离技术原理的特点、充分发挥分离设备的技术性能的前提，有利于达到提高分离效率、减少分离步骤、获得高质量产品、降低生产成本、提高企业经济效益的目的。

4.3.4 新型生物分离技术的研究和开发

为提高产品回收率，必须优化设计各分离过程和各个单元操作，并努力开发和应用新型高效的分离纯化技术。为与生物工程上游技术相衔接，要求分离纯化过程有一定的弹性，能够处理各种条件下的原料液，特别是染菌的发酵液。

分离是利用混合物中各组分在物理性质或化学性质上的差异，通过适当的装置和方法，使各组分分配至不同的空间区域或者不同的时间依次分配至同一空间区域的过程。分离只是一个相对的概念，不可能将一种物质从混合物中百分之百地分离出来，但追求尽可能高纯度、高效率的分离纯化是生物分离工程研究的重要内容。对分离技术原理的探讨和不同分离原理的组合研究，是开发高效率分离纯化新技术、新介质的基础。

4.4 生物工业下游加工过程的主要技术及特点

20 世纪 80 年代以来，生物工业下游加工技术取得了飞速的发展，新的分离与纯化技术不断涌现，解决了许多实际的生产问题，提供了越来越多的各种生物技术产品，同时更加重视安全生产和生态环境的保护。因而，生物下游加工过程的主要技术大致可分为以下几大类：发酵液的预处理与固-液分离技术、细胞破碎技术、初步分离纯化技术、高度分离纯化技术、成品加工技术、安全和环境保护技术等。

4.4.1 发酵液的预处理与固-液分离技术

4.4.1.1 发酵液的预处理技术

由生物分离的工艺过程可知，无论是胞内还是胞外的代谢产物，在分离纯化目标产物时，首先都要进行发酵液的预处理，将有利于后续的固相和液相分离以及产物的进一步分离纯化。发酵液的预处理也称不溶物的去除，主要采用凝聚和絮凝等技术来加速固相、液相的分离，提高过滤速度。

凝聚和絮凝都是悬浮液预处理的重要方法，其处理过程就是将化学试剂预先投加到悬浮液中，改变细胞、菌体和蛋白质等胶体粒子的分散状态，破坏其稳定性，使它们聚集成可分离的絮凝体，再进行分离。这两种方法的特点是不仅能使颗粒尺寸有效增加，并且会增大颗粒的沉降和浮选速率，提高滤饼的渗透性或者在深层过滤时产生较好的颗粒保留作用。但是应当注意，凝聚和絮凝是两种有差别的方法，其具体处理过程也有差异。

　　凝聚是指在投加的化学物质（例如水解的凝聚剂，像铝、铁的盐类或石灰等）作用下，胶体脱稳并使粒子相互聚集成 1mm 大小块状凝聚体的过程。其中凝聚剂（也称无机絮凝剂）的作用，有些是对初始粒子表面电荷的简单中和，另一些是消除双电荷层（采用中性盐，例如 NaCl 等）而脱稳，还有一些是通过氢键或其他复杂的形式与粒子相结合而产生凝聚。

　　絮凝是指使用絮凝剂（通常是天然或合成的大分子量聚电解质以及生物絮凝剂）将胶体粒子交联成网，形成 10mm 大小的絮凝团的过程，其中絮凝剂主要起架桥作用。

4.4.1.2 固-液分离技术

　　固-液分离过程根据颗粒收集的方式不同，可分为两个类型：一是沉降和浮选；二是过滤和有关的操作。在沉降和浮选组成的第一类中，液体受限于一个固定的或旋转的容器而颗粒在液体里自由移动，分离是由于内或外力场的加速作用产生的质量力施加在颗粒上造成的。这种力场可能是重力场、离心场和磁场，其分离过程不以颗粒到达收集表面为结果。如果这个过程是连续的，被收集的颗粒必须从筛分容器中转送和排放。如果作用的是重力或离心力（除浮选外），为了进行分离，在固体和悬浮液体之间必须要有密度差。总之，在这一类中，按照这个原理制成的连续操作设备，通常是属于第二类的过滤过程较为简便。

　　第二类被不严格地统称为过滤，颗粒受到过滤介质的限制，而液体可自由通过介质，在这一类里，固体和悬浮液的密度不一定要有差异，但是一个完全连续的操作实际上是不可能实现的，如若可行则成本或许会很高。

　　图 4-3 给出了传统的固-液分离过程和近年来采用的一些新方法。但是，在发酵液或生物培养液的分离过程中，当前用得较多的还是过滤（包括错流膜过滤）和离心两大方法。

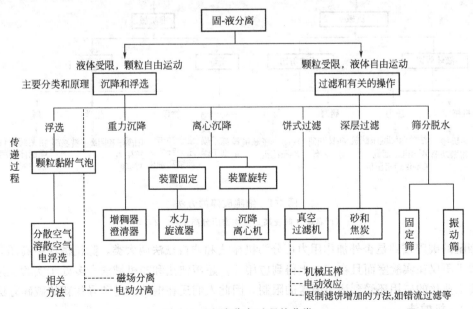

图 4-3　固-液分离过程的分类

（严希康，俞俊棠．生物物质分离工程．2010）

发酵液菌体特别是细菌的分离一直是生物工业上的一大难题，原因是细菌细胞是高度分散的柔性体，大小仅 $1\mu m$ 左右，密度又和水相差无几。高速离心机分离法一是投资巨大，二是运转费用太高，我国国内很少在大规模生产中采用。近 20 年来，人们将在污水处理、化学工程和选矿工程上广泛使用的絮凝技术引入到发酵液的预处理上，研究开发了菌体及悬浮物絮凝技术，改善了发酵液的分离性能，加之纤维素助凝剂的开发，大大提高了发酵液的固-液分离效率。

在固-液分离机械方面，也出现了一些性能优良的新型机械，如带式过滤机、连续半连续板框过滤机、螺旋沉降式离心机（Decanter Centrifuger）、锥篮-活塞离心机等。

近年来，小型（直径 25～75mm）和超小型旋液分离器（直径≤15mm）在国外引起浓厚的研究兴趣。如直径为 51mm 的小型旋流器，供料压强 0.5～0.7MPa 时，分离因数可达5000；可构成旋流器组（多达 32 个旋流单体），因其具有造价低廉、节能、维修简便、噪声小等优点，在某些场合下，可取代离心机。超小型旋液分离器特别适用于悬浮液中微细颗粒的分离（2～5μm)，直径 10mm 的旋液分离器已用于淀粉洗涤与二氧化钛的分级中。目前已出现由 1016 个单体组成的工业化旋液分离器组。此外，微滤膜现在也可高效分离细微的悬浮粒子。

4.4.2 细胞破碎技术

4.4.2.1 分类

由于不少生物技术制备的是胞内产物，为了回收和提纯这些胞内产品，必须先将它们从胞内释放到周围环境中去，然后进行分离、纯化。细胞破碎技术是指选用物理、化学、生物以及机械的方法来破坏细胞壁或细胞膜的技术。在各种细胞破碎的方法中，如何进行选择，取决于破碎的目的和待破碎生物体的类型。Wimpenny 依据破碎的原理进行了分类，见图 4-4 所示。

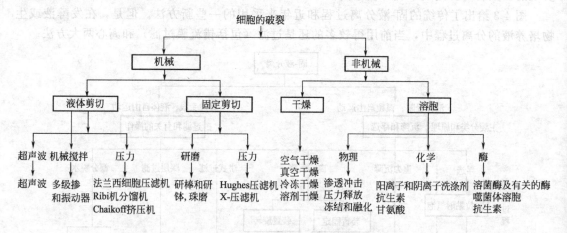

图 4-4　细胞破碎的方法

（严希康，俞俊棠. 生物物质分离工程. 2010）

细胞的破碎按照是否外加作用力可分为机械法和非机械法两大类，除机械法中高压匀浆器和珠磨机不仅在实验室而且在工业上得到应用外，超声波法和非机械法大多处于实验室应用阶段，其工业化的应用还受到诸多因素的限制，因此人们还在继续改进和寻找新的破碎方法。

4.4.2.2 机械法

在大规模操作中，高压匀浆器和珠磨机是用得最多的机械破碎机。一般来说，高压匀浆器最适合于酵母和细菌，虽然珠磨机也可用于酵母和细菌，但通常认为后者对真菌菌丝和藻类更合适。此外，机械法也存在一些缺点，例如需要高的能量并且产生高温和高的剪切力，易使不稳定产品变性失活；就被破碎的有机体或释放的产物而论，机械法的作用是非专一的，并且产生碎片微粒尺寸的大范围细分布，大量细颗粒会给分离带来困难。为了减少这些影响，近年来进行了一些研究，是在机械方法之前，先用非机械方法来削弱细胞壁的强度或直接使细胞破碎。非机械法主要有酶法、化学法和物理法。

4.4.2.3　生物法

生物法亦称酶法溶胞，是利用酶分解细胞壁上特殊的化学键使之破壁的方法。其优点是：①产品释放的选择性高；②抽提的速率和收率高；③产品的破坏最少；④对 pH 值和温度等外界条件要求低；⑤不残留细胞碎片。但是酶法溶胞的应用受到酶的费用限制。若在超滤反应器中使用可溶性固定化酶可望解决酶的费用问题。

4.4.2.4　化学法

化学法是用某些化学试剂溶解细胞壁或抽提细胞中某些组分的方法，也叫化学渗透法。例如酸、碱、某些表面活性剂及脂溶性有机溶剂（如丁醇、丙酮、氯仿等），都可以改变细胞壁或膜的通透性，从而使内含物有选择性地渗透出来。

4.4.2.5　物理法

（1）渗透压冲击

细胞破碎的几种主要非机械方法中，最简单的便是渗透压冲击法。该法通常仅需把 2 倍于细胞容积的纯水，泵送入细胞中即可。此时由于渗透作用，引起外界的水向细胞内渗透，从而使细胞变得肿胀。待肿胀到一定程度，细胞破裂，它的内含物随即释放至周围溶液。

（2）冻结-融化法

将细胞在低温下急剧冷冻（约 $-15℃$），然后在室温中缓慢融化。如此反复多次，使细胞壁破裂。冻结-融化法破壁的原理主要是在冷冻过程中会促使细胞膜的疏水键结构破裂，从而增加细胞的亲水性能；此外，在冷冻时胞内水结晶形成冰晶粒，引起细胞膨胀而破裂。

（3）干燥法

采用空气干燥、真空干燥、喷雾干燥和冷冻干燥等方式，使细胞膜渗透性改变。当用丙酮、丁醇或缓冲液等溶剂处理时，胞内物质就容易被抽提出来。空气干燥主要适用于酵母菌，当干燥时部分酵母可能产生自溶，所以较冷冻干燥、喷雾干燥容易抽提。真空干燥适用于细菌的干燥；冷冻干燥适用于较稳定的生化物质，将冷冻干燥后的菌体在冷冻条件下磨成粉，然后用缓冲液抽提。

无论是机械法还是非机械法破碎细胞都有自身的局限性和不足，应根据破碎细胞的目的、回收目标产物的类型和它在细胞中所处的位置，选用合适的方法，达到选择性地分步释放目标产物的要求。其一般原则为：若提取的产物在细胞质内，需用机械破碎法，若在细胞膜附件则可用较温和的非机械法；若提取的产物与细胞膜或壁相结合时，可采用机械法和化学法相结合的方法，以促进产物溶解度的提高或缓和操作条件，但保持产物的释放率不变。

4.4.3　初步分离纯化技术

主要开发了沉淀、离子交换、萃取、超滤等技术。较早出现的是酶及蛋白质的盐析法、有机溶剂沉淀法。超滤技术解决了生物大分子对 pH 值、热、有机溶剂、金属离子敏感等难题，在生物大分子的分级、浓缩、脱盐等操作中得到了广泛的应用。

4.4.3.1　沉淀分离技术

应用沉淀技术分离生物产物的典型例子是蛋白质（酶）的分离提取，无论是实验室规模还是工业生产，沉淀法都得到了普遍应用。工业上利用蛋白质溶解度之间的差异从天然原料如血浆、微生物抽提液、植物浸出液和基因重组菌中分离蛋白质混合物已有 60 多年的历史。

沉淀法分离蛋白质的特点主要如下。

① 在生产的前期就可使原料液体积很快缩小至原来的 1/50～1/10，从而简化生产工艺、降低生产费用。

② 使中间产物保持在一个中性温和的环境。

③ 可及早地将目标蛋白质从与蛋白水解酶混合的溶液中分离出来，避免蛋白质降解，提高产物的稳定性。

④ 用蛋白质沉淀法作为色谱分离的前处理技术，可使色谱分离使用的限制因素降低到最小。

通常按照所加入沉淀剂的不同将沉淀法分为以下几类：①加入中性盐盐析；②将 pH 值调节到等电点；③加入可溶性有机溶剂；④加入非离子型亲水型聚合物；⑤加入聚电解质絮凝；⑥加入多价金属离子等。

在选择方法时，应从以下几个因素，如沉淀剂是否会引起蛋白质分子的破坏、沉淀剂本身的性质、沉淀操作的成本和难易程度、残留沉淀剂的去除难度和最终产品的产率及纯度的要求等，进行综合考虑。

此外，亲和沉淀技术也是当今蛋白质分离纯化研究领域中的热点之一。亲和沉淀是将生物亲和作用与沉淀分离技术相结合起来的一种蛋白质纯化方法，其实质是配基-产品复合物的沉淀，即利用蛋白质与特定生物或合成的分子（免疫配位体、基质、辅酶、染料等）之间高度专一的相互作用而设计出来的一种特殊选择性的分离技术。

4.4.3.2　离子交换技术

离子交换法是一种利用离子交换剂与溶液中离子之间所发生的交换反应进行分离纯化的方法，其基本原理是使用合成的离子交换树脂等离子交换剂作为吸附剂，将溶液中的物质，依靠静电引力吸附在树脂上，发生离子交换过程后，再用适当的洗脱剂将吸附物从树脂上置换下来，进行浓缩富集，从而达到分离的目的。离子交换法的特点是树脂无毒性，可反复再生使用数千次，过程中一般不用有机溶剂，因而具有设备简单、操作方便、劳动条件好等优点，适用于带电荷的离子之间的分离，还可用于带电荷和中性物质的分离制备等，特别适用于微量组分的富集和高纯物质的制备。但离子交换法有生产周期长、一次性投资大等缺点。一般只能用它解决某些比较复杂的分离问题。而且，在生产运行中，有些树脂会很快破碎或者衰退，导致工艺效果下降。离子交换法已广泛应用于制药工业、水处理、化工、金属冶炼、环境保护、食品加工及分析化学等领域。主要应用于溶液中产物的提取、纯化、脱色、转盐、除盐及水净化等。

4.4.3.3　泡沫分离技术

泡沫分离（foam separation）又称泡沫吸附分离（foam adsorbent separation）技术，是利用待分离物质本身具有表面活性（如表面活性剂）或能与表面活性剂通过化学的、物理的力结合在一起（如金属离子、有机化合物、蛋白质和酶等）并在鼓泡塔中被吸附在气泡表面，得以富集，借气泡上升带出溶剂主体，达到净化主体液、浓缩待分离物质的目的。

泡沫分离按分离对象是溶液还是含有固体离子的悬浮液、胶体溶液，可以分成泡沫分馏（foam fraction）和泡沫浮选（foam floatation）两类。泡沫分馏用于分离溶解性物质，它们可以是表面活性剂如洗涤剂，也可以是不具有表面活性剂的物质如金属离子、阴离子、蛋白质、酶等，但它们必须具有和某一类型的表面活性剂能够结合的能力。由于该操作和设计在许多方面可与精馏相类比，所以亦称之为泡沫分馏。泡沫浮选则用于分离不溶性物质，包括矿物浮选、粗粒浮选和微粒浮选、粒子浮选和分子浮选、沉淀浮选以及吸附胶体浮选。

目前泡沫分离在生物工业下游加工过程中已用于较稀物系中大肠杆菌、酵母细胞的分离回收以及蛋白质和酶的分离浓缩。由于泡沫分离具有高分离效率，且成本、操作维修费用均很低，若与色谱、超滤等方法联用，可从许多体系（例如生物废液、发酵液、动物组织、器官匀浆、植物萃取液、果汁等）分离或浓缩蛋白质和酶。主要缺点是表面活性剂大多数为高分子化合物，消耗量较大，有时也难以回收；泡沫分离塔中的返混严重影响分离的效率；能维持稳定泡沫层的表面活性剂较少，并且难以控制其在溶液中的浓度。但泡沫分离不失为一种很有发展前景的新颖分离技术，故尚需要继续研究开发。

4.4.3.4 溶剂萃取技术

溶剂萃取又称液-液萃取，是一种常用的化工单元操作，不仅广泛应用于石油化工、湿法冶金、精细化工等领域，而且在生物物质的分离和纯化中也是一种重要的手段。其具有如下的优点：①萃取过程具有选择性；②能与其他需要的纯化步骤（例如结晶、蒸馏）相配合；③通过转移到具有不同物理或化学特性的第二相中，来减少由于降解（水解）引起的产品损失；④可从潜伏的降解过程中（例如代谢或微生物过程）分离产物；⑤适用于各种不同的规模；⑥传质速度快，生产周期短，便于连续操作，容易实现计算机控制。

液-液萃取是一种利用物质在两个互不相溶的液相中（料液和萃取液）分配特性不同来进行分离的过程，其操作流程如图4-5所示。由下述步骤组成。

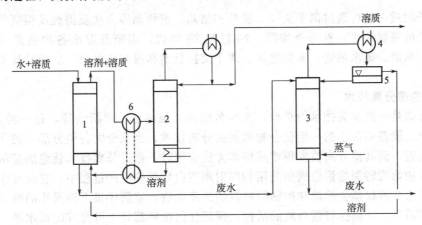

图 4-5　液-液萃取过程

(李淑芬，白鹏. 制药分离工程. 2009)

1—萃取器；2—溶剂/溶质塔；3—汽提塔；4—冷凝器；5—分离器；6—热交换器

① 萃取剂和含有组分（或多组分）的料液混合接触，进行萃取，溶质从料液转移到萃取剂中。

② 分离互不相溶的两相并回收溶剂。

③ 萃余液（残液）的脱溶剂。其中离开液-液萃取器的萃取剂相称为萃取液，经萃取剂相接触后离开的料液相称为萃余液（残液）。

4.4.3.5 膜分离技术

膜分离过程是以选择性透过膜为分离介质，利用膜对混合物各组分渗透性能的差异实现分离、提纯或浓缩的新型分离技术，近似于筛分过程，故可按分离粒子或分子的大小予以分类（见图4-6）。

膜分离技术与传统的分离过程相比，具有无相变、设备简单、操作容易、能耗低和对所处物料无污染等优点。许多已经成熟的和不断研发出来的技术，如反渗透、超滤、微滤、纳

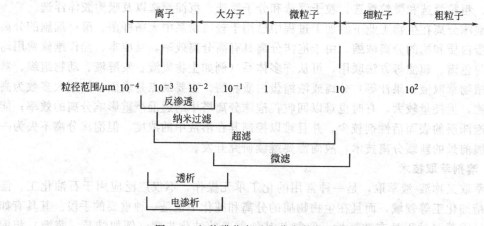

图 4-6 六种膜分离过程分离的粒子大小范围
(严希康，俞俊棠. 生物物质分离工程. 2010)

滤、电渗析、渗析、气体分离、渗透气化、无机膜、膜反应及控制释放等，在医药、食品加工和生物工程等各行业的广泛应用，产生了巨大的经济效益和社会效益。

4.4.4　高度分离纯化技术

小分子物质一般可通过离子交换、脱色和结晶、重结晶等方法获得纯度很高的产品；而生物大分子的精制纯化一直是个难题。20 世纪 70 年代，逐渐开发出各种色谱（层析）技术，如亲和色谱、疏水色谱、聚焦色谱、离子交换色谱和凝胶色谱等，后两种技术已开始用于批量生产。

4.4.4.1　色谱分离技术

色谱分离是一组相关技术的总称，又叫色谱法、层离法、层析法等，是一种条件温和、能分离物化性能差别很小的一组化合物的重要分离技术，当混合物各组分部分的化学或物理性质十分接近，而其他分离技术很难或根本无法应用时，色谱分离技术就愈加显示出它的优越性。在生物物质特别是蛋白质如药用和注射用蛋白质等的生产过程中，它既可作为单元操作，也可作为分析仪器去检测和控制原材料的进库验收，监测序贯下游操作的纯化效率和监测终产物的质量，从而保持蛋白质的活性，保证任何杂质都处于可允许的低水平，不产生任何危险。

（1）特点

同其他传统分离纯化方法相比，色谱分离过程具有如下特点。

① 应用范围广。从极性到非极性、离子型到非离子型、小分子到大分子、无机到有机及生物活性物质、热稳定到热不稳定的化合物都可以用色谱方法分离。尤其在生物大分子分离和制备方面，是其他方法无法替代的。

② 分离效率高。若用理论塔板数来表示色谱柱的效率，每米柱长可达几千至几十万的塔板数，特别适合于极复杂混合物的分离，且通常收率、产率和纯度都比较高。

③ 操作模式多样。在色谱分离中，可通过选择不同的操作模式，以适应各种不同样品的分离要求。如可选择吸附色谱、分配色谱和亲和色谱等不同的色谱分离方法；可选择不同的固定相和流动相状态及种类；可选择间歇式和连续式色谱。

④ 高灵敏度在线检测。在分离与纯化过程中，可根据产品的性质，应用不同的物理化学原理，采用不同的高灵敏度检测器进行连续的在线检测，从而保证了在达到要求的产品纯度下，获得最高的产率。

（2）常用的色谱技术

1）吸附色谱　吸附色谱是利用吸附剂对组分的吸附能力的差别进行分离，用来填充剂的物质包括无机吸附剂和有机吸附剂。应用于生物分子纯化的无机吸附剂有磷酸钙（羟基磷灰石）、二氧化钛、氢氧化锌、氧化铝凝胶、膨润土等；而有机吸附剂包括大网格吸附剂、聚酰胺等。

2）疏水色谱　疏水色谱是一种靠疏水基团的疏水力分离生物大分子的液相色谱法，即利用生物大分子如蛋白质表面暴露的疏水部位和疏水介质上的疏水配基的疏水作用来达到分离目的的色谱分离技术。

3）聚焦色谱　聚焦色谱是利用蛋白质分子或其他两性分子等电点的不同，在一个稳定的、连续的、线性的 pH 梯度中进行蛋白质的分离纯化。

4）离子交换色谱　离子交换色谱是通过带电的溶质分子与离子交换剂中可交换的离子进行交换而达到分离目的的方法。其具有对生物大分子的分辨率高、操作简单、重复性好、成本低等优点，已用于大规模生产。

5）凝胶色谱　凝胶色谱是以多孔性凝胶作为介质利用分子筛原理将生物物质按其分子大小不同而建立起来的一种分离纯化方法，特别适用于水溶性生物大分子的分离，如蛋白质、酶、核酸、激素、多糖等发酵或酶催化产品。

6）亲和色谱　亲和色谱法亦称为特异配基色谱法，它是利用亲和作用特别是生物亲和作用来分离、纯化生物物质的液相色谱法。这种分离方法是利用高分子化合物可以和它们相对应的配基进行特异并可逆结合的特点来进行分离的，把相应的一对配基（如抗体与抗原、DNA 与蛋白质、细胞受体与配体、酶与底物、生物素与抗生素、凝集素与糖分子等）中的一个通过物理吸附或化学共价键作用，固定在载体上使其变为固相，装在色谱柱中提纯其相对应的配基。由于这种生物活性是由生物高分子化合物特定的初级结构，特别是其空间结构决定的，故特异性很高。在此基础上建立的分离方法选择性很强，提纯效率大大超过一般根据物理化学性质上的差别来分离提纯生物物质的方法，是目前分离纯化药物蛋白质等生物大分子最重要的方法之一。利用亲和色谱法已成功地分离了单克隆抗体、人生长因子、细胞分裂素、激素、血液凝固因子、组织纤溶酶原激活剂、促红细胞生长素等产品。

4.4.4.2　电泳

电泳为生物物质的分离提供了一个有效和多功能的方法。传统上，各类电泳仅用于常规的生物物质分析，但是在过去的 20 多年里，在制备电泳上，如低容积高价值的化合物或试剂的生产中取得了许多重大的进展。开发在电场的作用下，电泳流动性的差别，可用于许多物质的分离，其中包括离子、胶体、细胞物质、细胞器以及全细胞。这一过程的两个突出的优点是分辨率高和能够保持产品的生物活性，因此愈来愈受到人们的重视。

电泳的类型有多种，根据在电泳室中使用的电解质系统，可以对电泳作如下的分类：①自由界面电泳；②自由溶液中的区带电泳；③在不同支持物上的区带电泳；④有机溶剂中的凝胶电泳；⑤亲和电泳；⑥等速电泳；⑦等电聚焦；⑧免疫电泳。

也可按照它的操作方法，分为一维电泳、二维电泳、交叉电泳、连续或不连续电泳、电泳-色谱相结合技术。按照支撑介质的不同，分为纸电泳、醋酸纤维薄膜电泳、琼脂糖凝胶电泳、聚丙烯酰胺凝胶电泳（PAGE）、SDS-聚丙烯酰胺凝胶电泳（SDS-PAGE）。

如果按照支持介质的形状不同、用途不同、操作电压的不同等进行分类，原则上亦可分为两大类，即没有支持介质的液相电泳和有支持介质的区带电泳。区带电泳对于仪器的要求不高且价廉，被分离的样品染色呈条带状，很直观，所以在生物技术和生物产品的分离上得到了广泛的应用，但是区带电泳丧失了界面电泳的某些优点，因此近十多年来，毛细管电泳和自由流电泳得到了迅速发展，被称为第二代液相电泳（表 4-3）。

表 4-3 电泳的分离

名 称	应 用
自由界面电泳	鉴定蛋白质的纯度和测定其等电点
有支持介质的区带电泳（等电聚焦、纸、琼脂、淀粉、淀粉凝胶、醋酸纤维素、聚丙烯酰胺等电泳）	分离鉴定及制备纯化蛋白质与核酸或测定蛋白质等电点
第二代液相电泳	
毛细管电泳	分离鉴定蛋白质、多肽、核酸等小分子化合物
自由流电泳	分离制备小分子、蛋白质、蛋白质-脂类复合物、DNA、染色体、脂质体、各种膜物质、细胞器和完整细胞

注：李淑芬，白鹏．制药分离工程．2009。

4.4.5 其他新型分离技术

4.4.5.1 新型萃取技术

随着基因工程和细胞工程的发展，尽管传统的溶剂萃取技术已在抗生素等物质的生产中广泛使用，并显示其优良的分离性能，但它却难以应用于蛋白质等生物大分子的提取和分离，原因在于这类物质多数不溶于非极性有机溶剂或与有机溶剂接触后会引起变性和失活。近年来开发了一些新型的萃取技术，如反胶束萃取、浊点萃取、双水相萃取、超临界流体萃取等等。

从研究结果来看，反胶束萃取具有成本低、溶剂可反复使用、萃取率和反萃取率都较高等突出的优点；此外，反胶束萃取还有可能解决外源蛋白的降解，即蛋白质（胞内酶）在非细胞环境中迅速失活的问题，而且由于构成反胶束的表面活性剂往往具有溶解细胞的能力，因此可用于直接从整细胞中提取蛋白质和酶。浊点萃取（cloud point extraction，CPE）是近年来出现的一种新型的液-液萃取技术，它以表面活性剂胶束水溶液的溶解性和浊点现象为基础，通过改变实验条件而引起相分离，从而将水溶液物质和亲脂性物质分离。

由于该法不需要使用挥发性有机溶剂，因而不污染环境，具有经济、安全、高效、操作简便、应用范围广等优点，且能用于大规模生产中的分离纯化。浊点萃取技术最早用于生物学领域，用非离子表面活性剂 TritonX-114 成功分离出乙酰胆碱酯酶、噬菌调理酶、细菌视紫红质、细胞色素 c 氧化酶等内嵌膜蛋白，其操作步骤较简单。应用浊点萃取技术分离纯化蛋白质已可实现规模生产。双水相萃取技术克服了常规有机溶剂萃取对生物物质的变性作用，提供了一个温和的活性环境，在萃取过程中具有保持生物物质活性及构象等明显的技术优势，并且取得了一些阶段性的成果，实现了细胞器、细胞膜、病毒等多种生物体和生物组织以及蛋白质、酶、核酸、多糖、生长素等大分子生物物质的分离纯化。

超临界流体萃取作为一种分离过程的开发和应用，是基于一种溶剂对固体和液体的萃取能力和选择性在超临界状态下较其在常温常压条件下可获得极大的提高。它是利用超临界流体（supercritical fluid，SCF），即温度和压力略超过或靠近临界温度（T_c）和临界压力（p_c），介于气体和液体之间的流体，作为萃取剂，从固体或液体中萃取出某种高沸点或热敏性成分，以达到分离和纯化的目的。

该类技术具有如下特点：①兼具精馏和液-液萃取的特点；②操作参数温度和压力易于控制；③溶剂可循环使用；④特别适合于分离热敏性物质，且能实现无溶剂残留。超临界流体萃取技术应用领域相当广泛，特别是在分离或生产高经济附加价值的产品，如药品、食品和精细化工产品方面等有广泛的应用前景。

4.4.5.2　渗透蒸发技术

前面提到膜分离技术在分离生物技术产品中有很多优点，但也存在如下一些问题。

① 操作中膜面会发生污染，使膜性能降低，故有必要采用与工艺相适应的膜面清洗方法。

② 从目前获得的膜性能来看，其耐药性、耐热性、耐溶剂能力都是有限的，故使用范围受限制。

③ 单独采用膜分离技术效果有限，因此往往将膜分离工艺与其他工艺组合起来使用。因此，加强膜技术的研究、开发、生产和应用的力度，必将对生物技术产业的发展产生深远的影响。

渗透蒸发又称渗透气化（pervaporation，PV），即通过渗透蒸发膜，在膜两侧组分的蒸气分压差作用下，使液体混合物部分蒸发，从而达到分离目的的一种膜分离法（见图 4-7）。这是一种具有独特分离性能和节能性能的分离方法。渗透蒸发有如下特点。

① 单级选择性好，从理论上讲渗透蒸发的分离程度无极限，适合分离沸点相近的物质，尤其适于恒沸物的分离。

② 操作过程简单，易于掌握，但涉及相变，故能耗较高。

③ 由于操作中进料侧原则上不需要加压，所以不会导致膜的压密，透过率不会随时间的延长而减少，并且在操作过程中形成溶胀活性层，膜自动转化为非对称膜，对膜的透过率及寿命有益。

④ 与反渗透等过程相比，渗透蒸发的通量要小得多，一般在 2000g/($m^2 \cdot h$) 以下，而且有高选择性的渗透蒸发膜，通量往往在 100g/($m^2 \cdot h$) 左右。

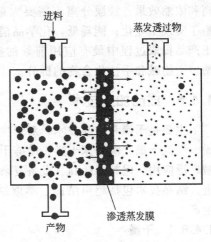

图 4-7　渗透蒸发过程
（严希康，俞俊棠. 生物物质
分离工程. 2010）

由上可知，在一般情况下渗透蒸发技术尚难与常规分离技术相匹敌，但由于渗透蒸发所特有的高选择性，在某些特定的范围内，如常规分离技术无法解决或虽能解决但能耗太大的情况下，还需采用该技术。

目前，渗透蒸发过程已经从实验研究发展到工业化应用，有些高选择性的膜如聚乙烯醇复合膜已经商业化，在欧洲、日本和美国相继建成了有机溶剂和有机溶剂混合物的脱水工厂，新的耐酸碱的膜及其有机液体混合物的分离膜的研制有了进一步发展，新的渗透蒸发分离过程如从水中分离有机物已处于中试阶段，渗透蒸发与生化反应相结合的过程已开始实验室规模以上的研究，新的膜器已经开发应用。可以预见，渗透蒸发与气体分离将成为 21 世纪生物技术产业中最重要的分离技术之一。

4.4.5.3　液膜分离技术

由于固体膜存在选择性低和通量小的缺点，故人们试图用改变固体高分子膜的物态，使穿过膜的扩散系数增大、膜的厚度减少，从而使透过速度跃增，并再现生物膜的高度选择性迁移。这样，在 20 世纪 60 年代中期诞生了一种新的膜分离技术——液膜分离法（liquid membrane separation），又称液膜萃取法（liquid membrane extraction）。这是一种以液膜为分离介质、以浓度差为推动力的膜分离操作。它与溶剂萃取虽然机理不同，但都属于液-液系统的传质分离过程。液膜是用于分隔与其互不相溶的液体的一个介质相，它是被分隔两相液体之间的"传质桥梁"。如果此中介相（膜）是一种与被它分隔的两相互不相溶的液体，则这种膜便被称为液膜。通常不同溶质在液膜中具有不同溶解度与扩散系数，液膜对不同溶质的选择性渗透，实现了溶质之间的分离。

液膜分离技术按其构型和操作方式的不同，主要分为乳状液膜和支撑液膜，其分离各有特点。液膜分离技术在冶金、环保、医药、生物等领域的应用日趋成熟。

众所周知，发酵法是生产生物产品的主要方法，目前发酵法生产中存在的问题之一是发酵产物的分离和后续的浓缩。衡量一项技术能否用于下游过程要考虑如下因素：浓缩能力、选择性、连续性、预处理和费用。而液膜分离技术在上述几方面较传统分离技术有显著优点，适于生物产品的提取。特别是利用促进迁移的传质机理进一步提高液膜分离选择性，能够从含有多种分离产物的发酵液中高效分离目标产物，萃取和反萃取同时进行，显著提高分离和浓缩效果。液膜分离不需要大量预处理，过程设计和放大基于经典的液-液萃取理论，易于实现工业化；能耗低，化学品消耗少，不产生二次污染，经济效益好，被认为是生物化工产品提取过程中最有应用前景的技术之一，目前已用于萃取有机酸、氨基酸、抗生素、酶、生物碱和手性化合物的拆分。

4.4.6 成品加工技术

主要是干燥和结晶技术。对于生物活性物质，可根据其热稳定性的不同分别采用喷雾干燥、气流干燥、沸腾床干燥、冷冻干燥等技术。特别是冷冻干燥技术在蛋白质产品的干燥中被广泛应用，但其能耗高、设备复杂、操作时间长，而且只能分批操作，因此有待完善和改进。结晶技术包括超声结晶、萃取结晶、膜结晶等，主要解决了放大问题，实现了工业化生产。

4.4.6.1 干燥

成品（物质）干燥这一单元操作，从工业角度来看具有重大的研究和发展意义，并且更为重要的是常和分析检测相关联。对于生化反应过程结束得到的培养液，一般含有 $0.1\%\sim0.5\%$ 的干物质，需要从中除去大量液体才能提取有用的产物（生物质、抗生素、酶制剂、氨基酸、蛋白质和其他生物活性物质），并最后转变成商品。大多数生物产品，以"干"的形式出厂时，还含有不大于 $5\%\sim12\%$ 的水分。在工业条件下，从培养液或浓的悬浮体和溶液中进行脱水常常使用干燥的方法，其广泛应用于生物、化工、食品、轻工、农林产品加工等各部门。

干燥通常是指用热空气、红外线等热能加热湿物料（浓缩悬浮液），使其中所含的水分或溶剂气化而除去，是一种属于热、质传递过程的单元操作。干燥的目的是使物料便于储存、运输和使用或满足进一步加工的需要。

部分生物制品尤其是血液制品在较高温度下容易失去生物活性，一般不宜采用加热的方式去除水分，需要采用干燥温度在 $0℃$ 以下的干燥方法，即冷冻干燥。冷冻干燥系统需要在高真空下凝集所升华的蒸汽，费用高且操作周期长。

4.4.6.2 结晶

结晶是固体物质以晶体状态从蒸汽、溶液或熔融物中析出的过程。工业结晶技术作为高效的提纯、净化与控制固体特定物理形态的手段，近 30 年来，在医药、化工、生物等领域得到了迅猛发展。

与其他化工分离单元操作相比，结晶过程具有如下特点：①能从杂质含量相当多的溶液或多组分的熔融混合物中形成纯净的晶体；②结晶过程可赋予固体产品以特定的晶体结构和形态；③能量消耗少，操作温度低，对设备材质要求不高，一般亦很少有"三废"排放，有利于环境保护；④结晶产品包装、运输、储存或使用都很方便。

4.5 生物工业下游加工过程中的技术应用

4.5.1 离心机在预处理中的应用

在生物工业下游加工过程中离心机通常用来处理液相黏度在 $1\sim2$mPa·s、固-液密度差 $\leqslant0.1$g/mL 和粒子大小为 $0.5\sim100\mu$m 的悬浮液，其中的固形物，例如细胞碎片、絮凝废水的细菌和蛋白质沉淀，大多为形状不规则、性软、易碎的物质。被加工的物质，例如酶可能对热和氧敏感。当待处理的料液是基因操纵、致病的或其他毒性物质时，则在离心机设计时必须考虑灭菌和防止气溶胶。而当蛋白质纯化需采用色谱分离纯化步骤时，则常常要求离心操作能提供澄清的上清液。

碟片式离心机在应用中是很受欢迎的设备，它们备有密封的和蒸汽-灭菌等多种形式，配有温度控制，并且有些型号能在物料流量达 2000L/h 下，回收粒径 0.5μm 的颗粒。离心分离技术在生物工业下游加工过程中的应用见表 4-4。

表 4-4 离心机在生物工业下游加工过程中的应用

产品/过程	微生物		离心机相对生产能力	设备的类型
	类型	大小/μm		
面包酵母	酵母属	$7\sim10$	100	喷嘴碟片式
啤酒制造	酵母属	$5\sim8$	70	喷嘴碟片式
乙醇	酵母属	$5\sim8$	60	卸渣碟片式
单细胞蛋白	假丝母属	$4\sim7$	50	喷嘴碟片式/倾析器
抗生素	霉菌	—	$10\sim20$	倾析器
抗生素	放线菌	$10\sim20$	7	卸渣碟片式
柠檬酸	霉菌	—	$20\sim30$	卸渣碟片式/倾析器
酶	芽孢杆菌属	$1\sim3$	7	喷嘴碟片式/卸渣碟片式
疫苗	梭菌	$1\sim3$	5	无孔转鼓/卸渣碟片式
废水处理	活性污泥	—	—	碟片式
	厌氧菌/被消化固体	—	—	倾析器

注：严希康，俞俊棠. 生物物质分离工程. 2010。

离心机在生物工业下游加工过程中的重要地位和作用从牛生长激素（BGH）的分离提取工艺（见图 4-8）中可以看出：多次采用离心法将包含体与细胞碎片及可溶性蛋白质分开，目的是使后续的分离纯化简单化。

4.5.2 细胞破碎技术应用

在大规模操作中，机械匀浆机和珠磨机是用得最多的破碎机。大型 APV Manton-Gaulin 匀浆机在 55.2MPa 压力下的加工能力达 53m³/h，在酵母、细菌等多种细胞的破碎上进行了应用。例如 Whitworth 曾经在 55MPa 操作压力下通过 6 次处理解脂假丝酵母得到 30% 可利用蛋白质；又如在一台高压匀浆机中采用 0.28m³/h 的流速、54MPa 操作压力对大肠杆菌进行连续分离胞内蛋白质和 β-半乳糖苷酶的工艺，其流程见图 4-9 所示。

4.5.3 纳米过滤技术的应用

纳米过滤具有很好的工业应用前景，目前已在许多工业中得到有效的应用（见表 4-5）。下面将举例具体介绍它们的处理过程。

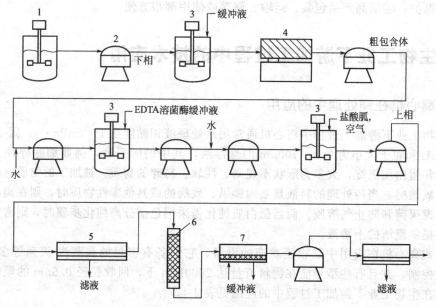

图 4-8　包含体产物分离工艺举例

(严希康，俞俊棠. 生物物质分离工程. 2010)

1—发酵罐；2—离心机；3—搅拌混合罐；4—高压匀浆机；

5—超滤器；6—凝胶过滤柱；7—透析器

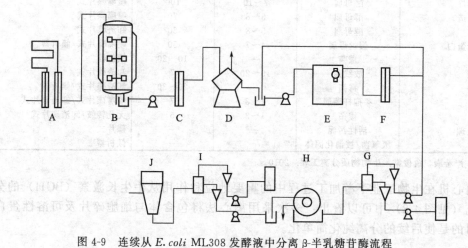

图 4-9　连续从 *E. coli* ML308 发酵液中分离 β-半乳糖苷酶流程

(李淑芬，白鹏. 制药分离工程. 2009)

A—培养液连续灭菌器；B—1m³ 发酵罐；C,F—热变换器；D—离心机；

E—APV Manton-Gaulin KF3 匀浆机；G,I—混合槽；H—回转过滤器；J—离心机

（1）纳米过滤在抗生素的回收与精制中的应用

在抗生素（如赤霉素、青霉素）的生产过程中，常用溶剂萃取法进行分离提取，抗生素被萃取到有机溶剂（如乙酸乙酯）中，后续工序常用真空蒸馏或共沸蒸馏进行浓缩。现 MPW 公司生产的 MPF-50 和 MPF-60 膜，可以直接用于上述过程，其中透过该膜纯化的有机溶剂，可继续作萃取剂循环使用，而浓缩液中为高浓度的抗生素。

此外，在抗生素的萃取过程中，一般在水相残液中还含有 0.1%～1%抗生素和较多量的有机溶剂，如果使用亲溶剂并稳定的膜 MPF-42，则同样能回收抗生素与溶剂。

表 4-5 纳米膜的应用

行　业	处　理　对　象	行　业	处　理　对　象
制药工业	母液中有效成分的回收 抗生素的分离与纯化 维生素的分离与纯化 缩氨酸的脱盐和浓缩	化学工业	工业酸/碱使用后的纯化、回收和再利用 电镀业中铜的回收
		纯水制备	超高纯水 水的脱盐 沾污地下水的净化
食品工业	酸/甜乳清的脱盐与浓缩 乳品厂/饮料厂苛性碱的回收		
染料工业	活性染料的脱盐与浓缩	废水处理	印刷厂废水的脱色 造纸厂废水的净化与再生水的循环使用

注：李淑芬，白鹏．制药分离工程．2009。

（2）纳米过滤在各类肽的纯化与浓缩中的应用

在肽和多肽化合物的纯化中过去通常采用蒸发过程来完成色谱洗脱液的浓缩，如今可用亲溶剂并稳定的膜 MPF-42 来进行肽与多肽的浓缩。使用溶剂稳定的 SelRO 膜显示出两个优点：①与蒸发浓缩过程相比，纳米过滤可在低温下进行肽与多肽的浓缩并使浓缩过程从几天缩短到几个小时，同时可以得到完整的产品；②浓缩过程同时可以进行产品的纯化，这是因为小分子的有机污染物和小分子盐将与溶剂同时透过膜，而肽与多肽被膜截留。

（3）低聚糖的分离和精制

低聚糖是 2 个以上单糖组成的碳水化合物，相对分子质量数百至数千，主要应用于食品工业。具有很好的保健功能。天然低聚糖的提取，如大豆低聚糖也可从大豆乳清废水中回收，采用超滤分离去除大分子蛋白，反渗透除盐和纳滤精制分离低聚糖，大大地提高了经济效益。从合成低聚糖中制取高纯度低聚糖，通常采用高效液相色谱法（HPLC）分离精制，但后面浓缩需要的能耗也很高。采用纳滤膜技术来处理可以达到 HPLC 法同样的效果，甚至在很高的浓度区域实现三糖以上的低聚糖同葡萄糖、蔗糖的分离和精制，而且大大降低了操作成本。

（4）果汁的高浓度浓缩

果汁的浓缩可以减少体积，提高其稳定性，传统上是用蒸馏法或冷冻法浓缩，不但消耗大量的能源，还会导致果汁风味和芳香成分的散失。采用反渗透膜和纳滤膜串联起来进行果汁浓缩，可使果汁的溶质浓度的浓缩极限从 30％提高到 40％，并且在浓缩过程中果汁的色、香、味不变，还可以节省大量能源。

（5）牛奶及乳清蛋白的浓缩

纳滤膜在乳品工业中也有着广泛的应用，如乳清蛋白的浓缩，牛奶中低聚糖的回收，牛奶的除盐、浓缩等。实验表明用纳滤能有效地除去杂味和盐味而且不破坏牛奶的风味、营养价值，比其他任何一种处理方法评价都高。

（6）农产品的综合利用

霍霍巴（jojoba）种子中含有 50％～60％的霍霍巴油，适于作为化妆品的天然添加剂。但其压榨后的残渣中含有一种称为西蒙精（simmondsin）的物质，当它作为饲料时会破坏动物的食欲，故需进行处理。采用纳滤技术对霍霍巴压榨残渣中的纤维素、蛋白质和西蒙精进行分离精制后，分别作为家畜饲料及食欲调节剂，获得较好的经济效益。

（7）水的脱盐

纳滤膜的最大应用到目前为止仍在水的脱盐上，去除水中由于 SO_4^{2-} 和 HCO_3^- 的钙盐及镁盐引起的硬度和溶解的有机物。由于膜易被硅、锰、铁污染，因此进水常用酸进行处理，使溶解的盐沉淀并收集。处理过的进水被送至第一级纳滤膜，从第一级、第二级透过的水即为纯化水，而在第二级截留的水溶液，内含大量的 SO_4^{2-} 和 HCO_3^-，可进一步处理回用。在操作压力为 $0.5\sim0.7MPa$ 时，纳滤膜能去除 $85\%\sim95\%$ 硬度和 70% 单价离子。该法操作压力低、能耗较小，但高价的纳滤膜抵消了这些优点。

(8) 膜生化反应器的开发

将膜技术与酶反应器耦合，利用膜分离产物，底物和酶被截留，不断添加底物，即可以达到反复利用酶并得到高产率生化产品的目的。同时还可将膜与发酵罐联用，以提高菌体细胞的利用率。如将纳滤膜与生物反应器耦合用于乳酸生产，利用膜截留底物和菌体细胞，得到较高的产率。

从以上所述的各种应用中可进一步看出，纳米过滤膜是一种相当有用的工具，因此这种技术的发展必将推动整个膜技术的完善，促进科技事业和产业改造的发展。

4.5.4　亲和膜过滤技术的应用

亲和膜过滤技术研究最早报道于 1980 年，Patrick Hubert 等人将雌二醇作配基连接于水溶性载体 Dextran-T2000，用于从 *Pseudomonas testosteroni* 提取物中纯化 Δ5-4 酮甾醇异构酶，截留率为 90%。虽然杂蛋白的截留率也比较高，但由于亲和膜过滤技术的特点，决定了其广阔的应用前景，目前亲和膜过滤技术已在生物工程和制药工程等领域开始获得应用。

(1) 分离纯化伴刀豆球蛋白 A

伴刀豆球蛋白 A（ConA）是一种应用最广的植物凝集素，可凝集动物的许多种细胞，促进淋巴细胞的分裂和抑制细胞的一些生理活动如表面受体的迁移、吞噬作用等。Mattiasson 等利用热杀死酵母细胞作为载体，细胞表面存在的糖为配基，以 D-葡萄糖溶液为洗脱剂从 *Canavalia ensiformis* 原始抽提液中提取伴刀豆球蛋白 A，产品收率为 70%，得到了电泳纯级产品。伴刀豆球蛋白 A（相对分子质量为 102000）和热杀细胞（直径为 5nm）之间的亲和反应在混合室中进行，而洗提和解吸在超滤膜装置中完成。游离形式的伴刀豆球蛋白 A 可通过超滤膜，而伴刀豆球蛋白 A-热杀细胞的复合物则因体积大而被截留。过滤液（纯化后的蛋白溶液）用截留相对分子质量为 3.5×10^4 的超滤膜进行浓缩。

(2) 分离纯化尿激酶

尿激酶为一种血纤维蛋白溶酶原激活剂，可促进体内血栓溶解。由于尿激酶浓度非常低（$1\sim50ng/mL$），从人尿中分离这种酶十分昂贵。Male 等采用在无氧的条件下，经 N-丙烯酰间氨基苯甲脒和丙烯酰胺共聚而成的聚合物作为大分子配体，采用亲和超滤技术（超滤膜的截留相对分子质量为 10^5）从人尿液中分离纯化尿激酶，收率为 49%，所得的尿激酶的比活力接近于最高商品级；而以尿激酶和过氧化物酶混合溶液为原料时，回收率达 86%。

(3) 分离纯化胰蛋白酶

胰蛋白酶是一种动物来源的蛋白水解酶（尤以动物的胰脏含量最丰富），属于内肽酶，专一地水解赖氨酸与精氨酸羧基形成的肽键。临床上用于抗炎症和消化药物的复配，工业生产上用于皮革加工和生丝处理、畜血蛋白的水解和蛋白胨制备等方面。近年来，该酶也用于酒类和饮料的澄清。Luong 等采用一种水溶性的 N-丙烯酰间氨基苯甲脒和丙烯酰胺共聚物（相对分子质量>10^5）为大分子配体，与提取液中的胰蛋白酶相互作用形成复合物，然后使用连续亲和超滤技术（超滤膜的截留相对分子质量为 10^5）使复合物被截留而其他杂质则通过膜，用精氨酸或氨基苯甲脒对复合物进行洗提，从中分离出胰蛋白酶，该项技术有效地提高了胰蛋白酶的质量，降低了胰蛋白酶的分离费用。

(4) 手性拆分对映异构体

许多药物和生物化学品多存在立体异构体，并且在通常情况下，只有一种异构体具有想得到的活性，而其他的手性异构体可能会产生毒副作用。例如酞菁哌啶酮的 S-对映异构体具有可怕的致人体畸形的副作用，因此美国食品和药物监督管理局（FDA）和专利医药产品委员会（CPMP）要求制造单一的对映异构体作为药剂。常用的消旋体分离方法有色谱法、非对映异构体的盐结晶法、立体选择酶催化法等。但这些方法生产的成本高、放大困难，而亲和超滤技术可完全克服上述缺点，具有广阔的应用前景。例如 Garnier 等采用牛血清蛋白作为大分子配体来拆分色氨酸消旋体，当溶液的 pH 值为 9 时，采用单级亲和超滤技术分离出的 D-色氨酸的纯度为 91%，整个过程拆分回收率为 89%。

除此以外，亲和膜过滤还可用于 β-半乳糖苷酶、乙醇脱氢酶、乳酸脱氢酶、辣根过氧化物酶、IgG 等的分离提取，也可用于测定单股核酸目标分子的碱基序列、转移酶的活性等。

随着亲和超滤技术的发展，即高性能的大分子配体合成技术的发展，亲和超滤技术的应用领域将会不断扩大，极大地推动热敏性物质（蛋白质、酶、维生素、中草药等）和分子量相近物质（同分异构体、同系物等）分离技术的发展。

4.5.5 反胶束萃取技术的应用

（1）蛋白质的萃取分离

在萃取时蛋白质首先进入反胶束的内部，然后含蛋白质的反胶束再扩散进入有机相，从而实现对蛋白质的萃取。改变此体系水相的条件（例如 pH 值、离子强度等）又可以使蛋白质由有机相重新返回水相，实现反萃取过程，形成了含蛋白质的反胶束后，可用离心法或膜分离方法实现反胶束与混合液的分离。蛋白质的释放可采用反萃取或破乳的方法实现。蛋白质的萃取分离技术的具体应用主要有以下几方面。

1）纯化和分离蛋白质　如对于溶菌酶（pI=11.1）和肌红蛋白（pI=6.8）的混合溶液，用二烷基磷酸盐-异辛烷反胶束溶液萃取，并用缓冲液将混合液的 pH 值调至 9.0。则溶菌酶完全进入有机相中而肌红蛋白则留在水相中。

2）从植物中同时提取油和蛋白质　如用二-(2-乙基己基) 琥珀酸酯磺酸钠（AOT)-异辛烷反胶束体系同时萃取花生蛋白和花生油，油被直接萃入有机相，而蛋白质则进入反胶束的极性核中，再以离心方法将其分离，油与有机溶剂用蒸馏方法分离，对含蛋白的反胶束进行反萃取，可得到未变性的蛋白质。

3）从发酵液提取胞外酶　如用浓度 250mol/m^3 的 AOT-异辛烷反胶束溶液，从全发酵液中提取和提纯碱性蛋白酶，通过优化工艺过程，酶的提取率可达 50%。

4）直接提取胞内酶　如用反胶束萃取方法从全料液提取和纯化棕色固氮菌的胞内脱氢酶，在反胶束表面活性剂作用下，菌体细胞先被溶裂，析出的酶进入反胶束中，再通过选取适当的反萃取液回收高浓度的活性酶。

5）反胶束萃取用于蛋白质的复性　如用 AOT-异辛烷反胶束溶液萃取变性的核糖核酸酶，将负载有机相连续与水接触除去变性剂盐酸胍，再用谷胱甘肽的混合物重新氧化二硫键，使酶的活性完全恢复，最后由反萃取液回收复性的、完全具有活性的核糖核酸酶，总收率达 50%。

（2）酶的固定化

反胶束体系能较好地模拟酶的天然环境，所以在反胶束中，大多数酶能够保持较高的活性和稳定性，甚至表现出"超活性"。因此，反胶束体系有可能成为生物转化的通用介质。目前反胶束酶系统的应用主要有以下几个方面。

1）油脂的水解和合成　脂酶仅能催化油水界面上的脂肪分子，对纯样脂肪体系无能为力，但利用反胶束就可以解决这个问题，反胶束中的脂酶可催化脂肪的合成或分解。

2）肽和氨基酸的合成 反胶束体系中以 α-糜蛋白酶为催化剂成功地合成了二肽 Acphe-leu-NH$_2$，并设计有膜反应器用于产物分离；又如以 Brij-Aliquat336-环己醇为反胶束体系，吲哚和丝氨酸作为底物，色氨酸酶为催化剂，在膜反应器中成功合成了色氨酸。

3）有害物质的降解 将多酚氧化酶成功地固定于反胶束中用于水中的芳香族化合物的解毒，避免了直接进行催化反应时该酶不稳定、易受其他物质抑制，且反应后酶难以再利用等问题，相反所得的反应产物却是水不溶性的，易于分离。

4）高分子材料的合成及药物的合成 其他反胶束酶系统还可应用于高分子材料的合成及药物的合成。

（3）分离纯化生物小分子化合物

1）氨基酸 氨基酸可以通过静电或疏水作用增溶于反胶束中。例如采用三辛基甲基氯化铵（TOMAC）-己醇-正庚烷反胶束体系，对三种氨基酸：天冬氨酸（pI3.0）、苯丙氨酸（pI5.76）、色氨酸（pI5.88）的萃取条件进行了研究，结果表明，即使等电点十分相近的苯丙氨酸和色氨酸，也可以完全分离。

2）抗生素 反胶束溶液可以用来萃取分离抗生素，例如利用 AOT-异辛烷反胶束溶液分离了红霉素、土霉素、青霉素等。

4.5.6 双水相萃取技术的应用

（1）核酸的分离及纯化

用 PEG-Dextran 体系萃取核酸时，盐组成的微小变化将会引起分配系数的急剧变动，如图 4-10 所示。由图 4-10 可见，有活性的 DNA 与无活性的 DNA 分配系数的差别较大，这可能与失活后 DNA 双螺旋解体，造成更多未配对的碱基裸露在外有关。据此可通过 10 级逆流分配平衡将两者几乎完全分开，其结果如图 4-11 所示。

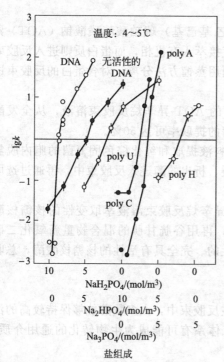

图 4-10 盐组成对不同核酸分配系数的影响
（严希康，俞俊棠．生物物质分离工程．2010）

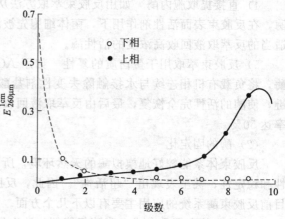

图 4-11 单链 DNA 与双链 DNA 的逆流分离
（严希康，俞俊棠．生物物质分离工程．2010）

（2）人生长激素的提取

用 PEG4000 6.6％/磷酸盐 14％体系从 E. coli 碎片中提取人生长激素（hGH），当 pH 值＝7，菌体含量为 1.35％（质量/体积）干细胞，混合 5～10s 后，即可达到萃取平衡，hGH 分配在上相，其分配系数高达 6.4，相比为 0.2，收率大于 60％，对蛋白质的纯化系数为 7.8。若进行三级错流萃取（见图 4-12），总收率可达 81％，纯化系数为 8.5。

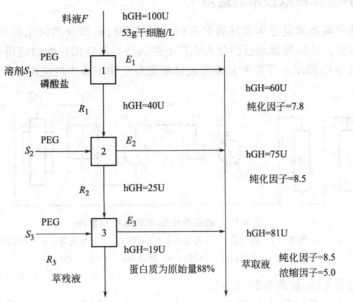

图 4-12　从 E. coli 提取 hGH 的三级错流萃取

（严希康，俞俊棠. 生物物质分离工程. 2010）

（3）干扰素-β（IFN-β）的提取

双水相萃取特别适用于干扰素-β 这些不稳定的、在超滤或沉淀时易失活的蛋白质的提取和纯化。干扰素-β 是合成纤维细胞或小鼠体内细胞的分泌物。培养基中总蛋白浓度为 1g/L，而它的浓度仅为 0.1mg/L。用一般的 PEG-Dextran 体系不能将干扰素-β 与主要杂蛋白分开，必须是具有带电基团或亲和基团的 PEG 衍生物如 PEG-磷酸酯与盐的系统才能使干扰素-β 分配在上相，杂蛋白完全分配在下相而得到分离，并且干扰素-β 的浓度越高，分配系数越大，纯化系数甚至可高达 350。这一技术已用于 1×10^6 U 干扰素-β 的回收，收率达 97％，干扰素的特异活性≥1×10^6 U/mg 蛋白。这一方法与色谱技术相结合，组成双水相萃取-色谱纯化联合流程，已成功地用于工业生产。

（4）病毒的分离和纯化

当病毒进入双水相体系后，可控制不同的 NaCl 浓度，使病毒全部分配在上相或全部分配在下相或彼此分开，从而实现各种病毒的提取、纯化和反萃取。例如用 PEG6000（0.5％）、NaDS（硫酸葡聚糖）（0.2％）及 NaCl（0.3mol）组成的体系，使脊髓灰质炎病毒浓缩 80 倍，活性收率大于或等于 90％。

（5）生物活性物质的分析检测——双水相萃取分析（PALA）

双水相萃取分析技术已成功地应用于免疫分析、生物分子间相互作用的测定和细胞数的测定。如强心药物异羟基毛地黄毒苷（简称黄毒苷）的免疫测定，可用 ^{125}I 标记的黄毒苷的血清样品，加入一定量的抗体，保温后，在加入双水相体系 [7.5％（质量分数）PEG4000，

22.5％（质量分数）$MgSO_4$〕分相后，抗体分配在下相，黄毒苷在上相，测定上相的放射性即可确定免疫效果。

　　除上述外，还能利用双水相体系萃取分离生物小分子产物，如抗生素（包括β-内酰胺类抗生素、大环内酯类抗生素、多肽类抗生素）和氨基酸及二肽（如赖氨酸、苯丙氨酸、谷氨酸和多种二肽）。

4.5.7　超临界流体萃取技术的应用

　　超临界流体萃取技术是近年来发展起来的一种新型的物质分离纯化技术，在化工、医药、食品、生物、环保、材料等领域已引起人们广泛的兴趣，展现出广阔的应用前景，其一般操作流程示意图如图 4-13 所示。下面对超临界流体萃取在生物工业中的应用进行简要介绍。

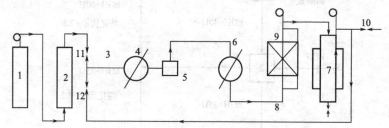

图 4-13　超临界流体萃取流程示意图

1—CO_2 气瓶；2—纯化器；3—冷凝器；4—高压阀；5—加热器；6—萃取器；

7—分离器；8—放料器；9—减压阀；10～12—阀门

　　(1) 用超临界 CO_2 提取甾族化合物

　　研究人员在工业实验室中研究了从超临界 CO_2 中溶解和沉淀各种甾族化合物的情况，同时测验了从土曲霉发酵液中提取一种化合物的可能性。在这个研究的第一部分中，对 3 个标准化合物依米配能、梅奴灵和呋罗托霉素进行了筛选，实验中观察到，即使在压力高于38MPa 时，这些复杂的分子在超临界 CO_2 中的溶解度还是很小，添加共溶剂可增加溶质的溶解度。如加入丙酮，结果使呋罗托霉素的溶解度增加 10 倍。加入 5％甲醇预先同 CO_2 混合，对梅奴灵有最强的影响，使溶质的溶解度增加 10 倍〔最高为 0.45％（质量分数），38MPa 和 40℃〕。当超临界 CO_2 膨胀减压到大气压，只要含有 3％（质量分数）的甲醇，梅奴灵就会沉淀出来，所得颗粒大小在 1～50μm，比用普通方法从甲醇和水混合溶液中结晶出来的颗粒小，约为原来的 1/5。X 射线衍射检测表明，用超临界流体萃取技术所制得的结晶，完全保持其结构特性，可完全代替当前为使颗粒减小而使用的研磨方法。

　　(2) 超临界水中纤维素水解转化制备葡萄糖

　　纤维素是非常有应用前景的可再生生物资源，以此为原料可以生产能源、化学品、食品和药物等，其中关键是首先要使它水解转变成葡萄糖。在近临界条件下（$T=473～650$K，$p=25$MPa），纤维素迅速转化，总反应速率比酸催化过程提高 10～100 倍，温度为 673K时，在不到 15s 的时间内纤维素几乎 100％转化，提高温度可提高葡萄糖的产率。

　　(3) 超临界流体中的细胞破碎技术（CFD）

　　细胞破碎是生物技术下游加工过程中回收胞内酶和重组 DNA 蛋白的重要步骤。用一氧化二氮流体，在 40℃，循环 25min，35MPa 的条件下进行超临界流体细胞破碎，对于酵母（68g/L）蛋白质、核酸释放率分别达 27％和 67％；对于 *E.coli*（69g/L），蛋白质、核酸释放率分别达 17％和 51％；对于枯草杆菌（93g/L），核酸释放率达 21％。CFD 过程所需压力低于高压匀浆法，并有良好的调节性能（包括温度、压力、停留时间、膨胀速度），适用于各类细胞的破碎。

除上述外，还可以用超临界流体溶液快速膨胀过程来制备超细颗粒药物和用气体抗溶剂过程来制备高聚物沉淀，如制备用作 HPLC 载体材料的聚苯乙烯微细颗粒等。

4.5.8　泡沫分离技术的应用

泡沫分离的应用可以分两大类。一类是本身为非表面活性剂，可通过配位或其他方法使其具有表面活性的，这类体系的分离被广泛地用于工业污水中各种金属（铜、锌、镉、铁、汞、银等）离子的分离回收，以及海水中铀、钼、铜等的富集和原子能工业中含放射性元素锶的废水的处理。另一类是本身具有表面活性物质的分离以及各种天然或合成表面活性剂的分离，如全细胞、蛋白质、酶和胶体、合成洗涤剂等。下面着重介绍在生物工程中的应用。

（1）大肠杆菌的分离

用月桂酸、硬脂酰胺或辛胺作表面活性剂，对初始细胞浓度为 7.2×10^8 个/cm^3 大肠杆菌进行泡沫分离，结果用 1min 时间就能除去 90％的细胞，用 10min 时间就能除去 99％的细胞。这个方法对小球藻和衣藻也是成功的。

（2）酵母细胞的分离

酿成的啤酒，一般含有 20～40g/L 酵母，含水率达 75％，进行酵母的分离，对于酵母浆的脱水，可使用许多方法，如浮选、分离、蒸发和干燥。

分离和浓缩酵母的浮选法值得特别注意。但并不是所有的微生物都具有足够的浮选能力，它在很大程度上取决于酵母细胞的生理状态，为了获得好的浮选分离效果，必须有大的相接触表面（酵母细胞-空气），要求空气的分散作用很小。浮选方法分离酵母较其他分离方法具有一系列的优点，可相当大地减少分离塔的数目、总投资经济等。酵母的浮选能力受酵母的种属、细胞大小、杂质的存在影响，单枝细胞的浮选要比枝密酵母困难。

在微生物工业中使用的浮选设备在制造上有些变动，可分为卧式和立式两种，也可以有一级操作和二级操作。

（3）蛋白质和酶的分离浓缩

泡沫分离可应用于各种蛋白质和酶的分离。最初用于胆酸和胆酸钠混合物中分离胆酸，泡沫中胆酸的浓度为料液的 3～6 倍，活度增加 65％。泡沫分离还可应用于从非纯制剂中分离磷酸酶，从链球菌培养液中分离链激酶，从粗的人体胎盘匀浆中分离蛋白酶。在 pH 接近等电点时，40％～50％的链激酶失活，但在 pH＝65～7 时，可回收 80％的酶。也有报道用泡沫分离法使溶液中牛血清白蛋白浓缩，或从它与 DNA 的混合物中把它分离出来。从胃蛋白酶和血管紧张肽原酶混合物中分离胃蛋白酶，从尿素酶和过氧化氢酶混合物中分离尿素酶，从过氧化氢酶和淀粉酶中分离过氧化氢酶等均可用泡沫分离。胆碱酯酶可通过除去泡沫中的杂质从经预处理的马血清残余液中浓缩，其活力比料液高 8～16 倍。泡沫分离也可从苹果组织中回收蛋白质配合物。

另外，从猪肾中分离纤维素酶、D-氨基酸氧化酶，从发面酵母中分离三肽合成酶，或从热带假丝酵母菌中分离酮-烯醇互变异构酶都几乎没有活力损失。用 5 级泡沫分离过程处理人体脱氢酶，有 5％～20％的总活力损失。用泡沫分离法从鸡心中提取苹果酸脱氢酶时总活力损失为 25％。

4.5.9　离子交换技术的应用

（1）生物碱

生物碱是自然界中广泛存在的一大类碱性含氮化合物，是许多中草药的有效成分，它们在中性和酸性条件下以阳离子形式存在，可用阳离子交换树脂从提取液中富集分离出来。另外，生物碱在醇溶液中能较好地被吸附树脂所吸附。离子交换吸附总生物碱后，可根据各生物碱组分碱性的差异，采用分部洗脱的方法，将生物碱组分一一分离。

（2）皂苷

皂苷是一类结构复杂的螺甾烷及相似生源的甾体混合物的低聚糖苷及三萜类化合物的低聚糖苷，可溶于水，其水溶液经摇动振荡能产生大量持久性肥皂样泡沫，因此称为皂苷。皂苷由皂苷元和糖组成，按苷元的结构可分为两类：一类为甾体苷元，结构中大多含有羟基，呈中性；另一类为三萜类皂苷，有羟基，呈酸性。这两类皂苷一般极性较大，离子交换树脂对其有较强的吸附作用。

（3）糖类

糖类化合物分子中含有许多醇羟基，只有极弱的酸性，在中性水溶液中可与强碱性阴离子树脂（OH^- 型）发生离子交换作用而被吸附，并易被 10% 的 NaCl 水溶液解吸，但许多糖类物质在强碱性条件下发生异构化和分解反应，因而限制了 OH^- 型强碱阴离子交换树脂在糖类物质分离纯化中的应用。

（4）抗生素

1）链霉素　链霉素为一强碱性抗生素，在 pH4～5 时稳定，强酸树脂虽能吸附但很难洗脱，故选用弱酸树脂。链霉素在 pH＞8 和 pH＜4 不稳定。氢型弱酸树脂在酸性溶液中不起交换作用，故采用钠型树脂吸附。吸附前用水稀释发酵液，目的是提高链霉素高价离子的交换选择性。其他低价杂质离子的吸附量饱和后用大量软水正、反洗涤树脂至流出水澄清，方可洗脱。羧酸树脂和 H^+ 的亲和力强，用 5% 的硫酸即可洗脱完全，采用数罐串联洗脱和提高硫酸浓度的方法可以提高洗脱液浓度，减少杂质含量。

2）庆大霉素　庆大霉素是由小单孢菌产生的一族氨基糖苷类抗生素的总称，目前临床上用的庆大霉素是 C_1、C_2、C_{1A} 三个主要组成的复合物。它们为碱性抗生素。庆大霉素对广泛的 pH 值及热均稳定，因此采用 1×12 或 1×7 强酸树脂（H^+、Na^+、NH_4^+ 型均可）在 pH7～7.5 吸附，饱和树脂先用稀 HCl-NH_4Cl 溶液或 0.02mol/L 氨水洗涤，去除组分杂质及色素，再用无盐水洗涤至无 Cl^-（避免洗脱时生成 NH_4Cl 灰分含量不合格），然后用 1mol/L 氨水溶液洗脱，在碱性下庆大霉素从阴离子转化为游离碱，故容易洗脱完全。

3）四环素类抗生素　四环素类抗生素为两性化合物，当 pH 小于 pK_1 时，呈正离子，可用磺酸基树脂吸附。在中性条件下，四环素类以不解离形式存在，此时吸附量很小。氢型磺酸树脂与一价金属离子的交换常数接近于 1，而与金霉素交换时可达 1000 以上，可见树脂对四环素类抗生素的吸附选择性较其他一价离子大得多。当树脂由 H^+ 型转变为 Na^+ 型时，吸附选择性就降低。例如苯乙烯-丁二烯磺酸树脂吸附四环素，H^+ 型交换常数为 410，Na^+ 型仅为 2220。洗脱时如用 H^+、Na^+ 等离子，其交换常数均小于 1，因此很难洗脱。用甲醇溶液洗脱时，情况虽有所改善，但洗脱峰不集中。土霉素、四环素在碱性条件下稳定，而且转变为负离子，因此可以用 NH_4Cl-NaOH 碱性缓冲液作洗脱剂。

在土霉素、四环素工业生产中，沉淀法较离子交换法更为简便有效，所以除脱色用 122 树脂外，不采用磺酸树脂提取工艺。

4）青霉素　青霉素为弱酸性抗生素，在溶液中可阴离子化，曾用弱碱树脂吸附，以利洗脱，洗脱率仅为 65%～70%。此法周期长，易染菌。同时青霉素又是抗生素中较不稳定的化合物，对热、酸、碱及参与微生物代谢的醇都敏感，很易被破坏，所以至今工业上还没有用树脂法提取，而是用溶剂萃取法提取。

4.5.10 模拟移动床色谱技术的应用

从目前报道的应用例子中，模拟移动床（SMB）色谱系统的规模差异较大。大多数是关于中试规模的研究，生产能力在千克数量级。

SMB色谱技术正逐步地取代传统间歇色谱纯化工艺，在生物分离领域开始显示出良好的发展前景。如从细胞培养液的上清液中分离纯化单克隆抗体，产率达90%以上；利用离子交换树脂为固定相，从微生物培养体中回收氨基酸，赖氨酸纯度达98.5%以上；以聚乙烯咔唑（PVP）树脂为固定相，在10根柱子组成的SMB系统中分离两种氨基酸，分别由残液中得到纯度96.7%的L-苯丙氨酸，由萃取液中得到纯度达99.7%的L-色氨酸。国内研究者开发了在SMB系统中进行木糖、木糖醇、阿拉伯糖三组分同时分离和提纯的新工艺，研究了木糖醇母液在模拟移动色谱上的线性分离行为及条件，掌握了模拟移动床色谱分离木糖醇母液的一般规律，使用此技术可以得到高纯度的木糖（99.84%）和木糖醇（99.96%）产品溶液，大大提高了生产强度。

4.5.11 扩展床吸附色谱（EBA）技术的应用

（1）EBA的早期研究

Chase和Draeger在进行EBA的研究中，人为地在蛋白溶液中加入酵母细胞作为细胞悬液的模拟，选用Pharmacia Biotech公司出品的FF型凝胶进行EBA分离。他们选用Protein A SepharoseFF凝胶亲和吸附人IgG、CibacronBlue SepharoseFF凝胶吸附果糖激酶、QSepharoseFF吸附牛血清白蛋白进行EBA研究，实验证明了EBA在含细胞悬浮物的蛋白溶液中提取目标生物分子的实际应用价值。

（2）单克隆抗体的纯化

单克隆抗体是一种应用极其普遍的诊断和治疗试剂。Thommes及其同事在提取鼠-鼠杂交瘤细胞株425分泌的单克隆抗体IgGa2的研究中应用Streamline SP或Bioran SP凝胶离子交换吸附的EBA从含细胞悬浮物的培养液中提取获得了无细胞IgGa2浓缩液，IgG浓度由20mg/L提高到80mg/L，IgG收率达80%，同时纯度亦提高了8倍。在EBA技术纯化单克隆抗体的过程中，选用Streamline rprotein A亲和吸附的EBA凝胶纯化抗体，经一步EBA过程即获得了纯度与其他亲和色谱过程获得的相同质量指标的单克隆抗体。

（3）Annexin V的纯化

Annexin V是一种富含于胎盘组织中的抗凝血活性因子。Frej等人在 *E.coli* 菌株中成功表达重组人Annexin V后，采用EBA技术直接从细胞破碎后的混悬液提取Annexin V。经一步Streamline DEAE吸附色谱后，获得无细胞碎片的AnnexinV澄清液。Annexin V的纯度由总蛋白的9%提高到20%，Annexin V活性回收率达95%。

（4）重组人白介素-8的提取

Frej等人在 *E.coli* 菌株中表达重组人白介素-8（rh IL-8），破碎细胞后，采用EBA直接从包含体中提取获得无细胞碎片rhI L-8溶液，经一步Streamline TM SP吸附后，rh IL-8的活性回收率几乎达到100%，纯化倍数达到4。

（5）重组人蛋白C的提取纯化

蛋白C（protein C，Pc）是正常人血浆中一种微量蛋白成分，在血浆中调节正常血凝平衡。纯化的Pc浓缩制剂可用于Pc遗传性缺陷症、弥散性血管内凝血（DIC）等血栓性疾病的治疗。国外有人研究以转基因猪奶为原材料，采用包括EBA离子交换吸附色谱在内的纯化工艺，从转基因猪奶中提取纯化重组人Pc（recombinant human protein C，rhPc），rhPc

的回收率为89%，纯化倍数为200。该研究还提出重组人FIX亦可通过相似的工艺从转基因动物中提取纯化。

思考题

4-1 生物工业下游加工过程在生物工程中的地位和作用是怎样的？

4-2 生物工业下游加工过程有哪些主要的技术？其特点是什么？

4-3 生物工业下游加工的一般工艺过程是怎样的？

4-4 生物工业下游加工过程有哪些标准？

4-5 列举几个生物工业下游加工过程的应用实例。

4-6 生物工业下游加工技术未来的发展动向有哪些？

参考文献

[1] 严希康，俞俊棠. 生物物质分离工程. 北京：化学工业出版社，2010.
[2] 李淑芬，白鹏. 制药分离工程. 北京：化学工业出版社，2009.
[3] 严希康，俞俊棠. 生化分离工程. 北京：化学工业出版社，2001.
[4] 田瑞华. 生物分离工程. 北京：科学出版社，2008.
[5] 孙彦. 生物分离工程. 北京：化学工业出版社，2005.
[6] 刘铮，詹劲. 生物分离过程科学. 北京：清华大学出版社，2004.
[7] 刘国诠. 生物工程下游技术. 北京：化学工业出版社，2003.
[8] 储炬，李有荣. 现代生物工艺学. 上海：华东理工大学出版社，2007.
[9] 许建和，宋航. 生物催化工程. 上海：华东理工大学出版社，2008.
[10] 利容千. 生物工程概论. 武汉：华中师范大学出版社，2007.
[11] 贺小贤. 现代生物工程技术导论. 北京：科学出版社，2005.
[12] 杨汝德. 现代生命科学与生物工程导论. 广州：华南理工大学出版社，2006.

第**5**章

生物工程与技术的应用

经过一个世纪的发展，生物技术及其产业进入了一个全新的发展阶段，其发展势头在产业发展史上是罕见的。目前，生物技术已经与信息技术、纳米技术、新材料等其他高技术相互结合，它的新概念和方法正带动农业、医药、食品、化工、环保等多领域技术的共同进步。生物工程与技术现已广泛应用于医药、化工、农业、能源、资源和环保等各个方面，并产生了巨大的经济效益和社会效益以及环境效益。本章主要介绍生物工程与技术在医药卫生、食品、化工、日化、纺织、新材料、新能源、环境资源、农林业以及国防军事等领域中的应用。

5.1 医药卫生领域

5.1.1 药物生产

传统生物工程技术已为人类提供了许多重要药品，为提高人类健康水平及推动社会进步发挥了巨大作用。现代生物工程技术自诞生伊始，便在医药工业中显示出巨大生命力，并已为人类提供了传统技术难以获得的许多珍贵药品。

据报道，已有723种生物工程技术药物正在通过FDA审批（包括Ⅰ、Ⅱ期临床及FDA评估），还有700种药物在早期研究阶段（研究与临床前），有200种以上产品已到最后批准阶段（Ⅲ期临床与FDA评估）。根据 Consulting Resources Corporation 统计，生物技术药物的销售规模从1996年的100亿美元扩大到2006年的32亿美元，治疗药物平均年增长16%，诊断药物年增长9%，将达到40亿美元。

5.1.1.1 微生物发酵制药

（1）抗生素的生产

抗生素是生物体在其生命活动中所产生的一类在低浓度下就能有选择性地抑制其他细菌或其他细胞生长的次级代谢产物。临床上用量最大的抗感染药物中最主要的是抗生素，它用于治疗病原微生物，如病毒、细菌、真菌、原虫和寄生虫引起的疾病，以及治疗癌症等；此外，抗生素还大量用于畜牧业和植物病虫害的防治；食物运输中的防腐以及防霉变。所以抗生素在国民经济中的作用是非常重要的。目前已分离到8000余种不同的抗生素，其中约有

100 种被广泛使用，每年的市场销售额约 100 亿美元。

抗生素的来源很广泛，主要由微生物发酵生产，另外也可人工合成和化学合成。在人类发现的抗生素中，约 80％以上来自放线菌，其中又以链霉菌属（*Streptomyces*）产生的抗生素最多，占放线菌中的 90％以上，其次是真菌和细菌。

（2）氨基酸的生产

氨基酸是含氨基和羧基的有机化合物的统称，它是构成蛋白质的基本单位，赋予蛋白质特定的分子结构形态，使它的分子具有生化活性，有 20 多种组成蛋白质的重要氨基酸，400 多种构成非蛋白质的氨基酸，如果加上其衍生物，或其合成的短肽，则达千种之多。氨基酸可以用化学法合成、从天然蛋白质中水解提取、用微生物发酵及酶催化等方法生产，其中最重要的方法是微生物发酵法。用微生物发酵法生产氨基酸已近 50 年，是微生物工业中的老产业。

几乎一切生命活动都与氨基酸密切相关，这就是氨基酸应用广泛的理论基础。它广泛地被用于医药、保健、食品、饲料、化妆品、农药、肥料、制革、科学研究等方面，见表 5-1。

表 5-1　发酵法生产的一些氨基酸及其用途

名　称	生产菌种	主要原料	主 要 用 途				
			医药保健	食品	饲料	化妆品	农药
L-谷氨酸	谷氨酸棒杆菌 钝齿棒杆菌	葡萄糖 废糖蜜	√	√	√	—	√
L-缬氨酸	谷氨酸棒杆菌	葡萄糖	√	√	√	√	√
L-苯丙氨酸	谷氨酸棒杆菌 钝齿棒杆菌	葡萄糖	√	√	√	—	√
L-脯氨酸	北京棒杆菌	葡萄糖					
L-苏氨酸	黄色短杆菌	葡萄糖					
	石蜡节杆菌	乙酸 *n*-石蜡	√	√	√	√	√
L-组氨酸	黄色短杆菌	葡萄糖	√	√	—	—	—
L-色氨酸	谷氨酸棒杆菌	葡萄糖	√	√	√	√	√
L-赖氨酸	谷氨酸棒杆菌 黄色短杆菌	葡萄糖 乙酸	√	√	√	—	√
L-蛋氨酸	谷氨酸棒杆菌	葡萄糖					
L-异亮氨酸	黄色短杆菌	葡萄糖 乙酸	√	√	√	—	—
L-亮氨酸	谷氨酸棒杆菌	葡萄糖					

（3）维生素的生产

维生素是维持机体健康所必需的一类低分子有机化合物。这类物质由于机体不能合成或合成量不足，虽然需要量很少，但对调节物质代谢过程却有十分重要的作用，是维持机体正常生长发育和生理功能所必需的。维生素一般是由食物供给，也可以由微生物合成，但大部分产量较低，因而目前在生产上只有少数几种完全或部分应用微生物方法来制造。目前已有多种维生素都可用发酵法进行生产，如利用棉阿舒囊霉生产维生素 B_2，用谢氏丙酸杆菌生产维生素 B_{12} 等。近年来，又发明了从抗生素及有机酸工业废液中提取维生素新技术。在发酵生产维生素的领域中，特别值得介绍的是维生素 C 的发酵生产。

维生素 C 又名抗坏血酸，是人体必需的一种维生素，生理作用广泛。人类只能从食物中提取。如果机体缺乏维生素 C，会引起维生素 C 缺乏症。维生素 C 还广泛用于食品工业，常作为啤酒等酒类、饮料的抗氧化剂而保持味道和颜色的稳定。此外，维生素 C 还常用作饲料添加剂。20 世纪 30 年代以前，维生素 C 从柠檬中提取，后采用莱氏法合成。20 世纪 70 年代开始采用微生物发酵法生产，特别是我国首创的两步发酵法，大大缩短了莱氏合成法。第一步发酵采用生黑葡糖杆菌或弱氧化醋杆菌菌种，将 D-山梨醇转化为 L-山梨糖；第二步发酵采用氧化葡糖杆菌和芽孢杆菌（或假单胞菌）进行混合菌种发酵，将 L-山梨糖转化生成 1-酮基-7-古龙酸，再经化学转化成维生素 C。

近年来，我国又利用基因工程技术构建了生产维生素 C 的基因工程菌，只需一种菌一步发酵即可完成，直接将葡萄糖发酵生成 1-酮基-7-古龙酸，使维生素 C 的生产工艺路线大大改进和简化，创造了维生素 C 一步发酵新工艺，使我国的维生素 C 一步发酵生产工艺水平居世界领先水平。

5.1.1.2　基因工程制药

自 DNA 重组技术于 1972 年诞生以来，作为现代生物技术核心的基因工程技术得到飞速的发展。1982 年美国 Lilly 公司首先将重组胰岛素投放市场，标志着世界第一个基因工程药物的诞生。基因工程成为制药行业的一支奇兵，每年平均有 3~4 个新药或疫苗问世。迄今为止，已有 50 多种基因工程药物上市，近千种处于研发状态，形成一个巨大的高新技术产业，产生了不可估量的社会效益和经济效益。开发成功的约 50 个药品已广泛应用于治疗癌症、肝炎、发育不良、糖尿病、囊纤维变性和一些遗传病上，在很多领域特别是疑难病症上，起到了传统化学药物难以达到的作用。其原因在于，基因工程制药的研究与开发多是以对疾病的分子水平上的了解为基础的，往往会产生意想不到的高疗效。基因工程制药行业在近 20 年中的飞速发展是以分子遗传、分子生物、分子病理、生物物理等基础学科的突破，以及基因工程、细胞工程、发酵工程、酶工程和蛋白质工程等基础工程学科的高速进展为后盾的。基因工程药物的开发时间为 5~7 年，比开发新化学单体（10~12 年）要短一些，当然这也与各国政府的支持有关。

据报道，利用基因工程开发活性蛋白生物创新药的成功率按开发的 5 个阶段大致是：临床前的成功率为 15%，Ⅰ期临床为 27%，Ⅱ期临床为 40%，Ⅲ期临床为 80%，注册登记为 90%，总体成功率大大高于化学药。适应证不断延伸也是蛋白类药物的一大特点。例如，重组人粒细胞集落刺激因子（rhG-CSF），1991 年上市时批的适应证是化疗并发中性粒细胞减少，到 1995 年 11 月 13 日止，又增加了骨髓移植、严重慢性中性粒细胞减少及外周血干细胞移植等适应证。因此，基因工程生物药物发展包括新品种和新适应证两个方面。

从各项指数，包括专利数量、创新能力、产业化程度及投资规模等看，美国的生物技术实力在世界上居绝对领先水平。据最新统计，美国的生物技术公司已有约 2000 家（包括 1300 多家生物药物相关公司），其中 300 多家已经上市，吸引了大量的政府及民间资本。1997 年美国生物技术产业研发总投入 76 亿美元，销售总收入 174 亿美元，其中基因工程药物超过 60 亿美元，创造了 14 万个就业机会。欧洲共有约 1000 家生物技术公司，其中以英国、德国、法国为主，1997 年研发总投入 18 亿美元，总收入 29.8 亿美元。日本具有相当强的生物技术研究、产业化实力及市场。2000 年，日本基因工程药品的年销售额已经突破 600 亿美元。2001 年日本基因工程药品的总市场已经达到 3 万亿日元。

据报道，生物技术产品 1997 年全球销售额 5000 万美元以上的共有 15 个，它们是 Epogen（EPO，促红细胞生成素），Humulin（人胰岛素优泌林），Intron-A（干扰素-α），Engreix-B（乙肝疫苗），Cerezyme（伊米苷酶），Activase（tPA，组织纤溶酶原激活剂），

Humatrope（人生长激素），Reoprro（GpⅡb/Ⅲa抗体），Avonex（干扰素-β1a），protropin/Nutropin（重组人生长激素注射剂），Somatrem（人蛋氨生长素），Pulmozyme（重组人类DNA合成酶），Dornase（脱氧核糖核酸酶），Proleukin（IL-2，白介素-2）和Leukine（GM-CSF，粒细胞巨噬细胞集落刺激因子），其中增加红/白细胞的1个药销售额32.7亿美元，占15个药销售额的45.8％。十大基因工程药物的前三位已经排入世界前100位处方药的行列。

据美国药物研究与制造协会（PhRMA）统计，到1998年，有近400个生物技术药物处于不同的研究开发阶段（指已完成临床前工作的）。据该协会1996年统计，将正在开发的生物药按分子类别归类，排在前九位的分别是：单克隆抗体、疫苗、基因治疗、白介素、干扰素、生长因子、重组可溶性受体、反义药物和人生长激素。广义地讲，这些生化技术药几乎全是基因工程药物。因为基因工程制药过程集中了现代生物学、医学和药学的最先进的技术设备和方法。由此，可预见未来几年内生物工程药物在适应证及技术平台开发上的大致趋势。

基因工程产业化的研究和开发在生物制药领域取得了巨大的成功。目前，基因工程不但促进了传统技术的变革，也为人类提供了传统产业难以得到的许多昂贵药品，并形成了基因工程制药产业。表5-2列出了已经商品化生产的部分基因工程产品。

表5-2　已经商品化生产的部分基因工程产品

产品类别	产 品 名 称		用 途
	英文名称	中文名称	
激素和多肽产物	Human insulin	人胰岛素	糖尿病
	Factor Ⅷ-C	因子Ⅷ-C	血友病
	Porcine growth Hormone	猪生长激素	增加猪肉的产量
	Erythropoietin	促红细胞生成素	贫血、慢性肾病
	Atrial peptide	心房肽	急性阻塞性心脏病
	Human growth Hormone	人生长激素	生长缺陷
	Tumor necrosis factors	肿瘤坏死因子	癌症
	Human epidermal growth factors	人表皮生长因素	创伤愈合、化妆品
	Bovine growth Hormone	牛生长激素	增加牛肉和牛奶的产量
	Tnterleukin-2	白细胞介素-2	癌症免疫疗法
	T-cell modulatory peptide	T-细胞调节肽	自身免疫性疾病
	Interferon-alpha 2a	干扰素-α 2a	毛细胞白血病
	Interferon-alpha	干扰素-α	疱疹、艾滋病（AIDS）
	Interferon-alpha 2b	干扰素-α 2b	慢性骨髓性白血病
	Interferon-beta	干扰素-β	癌症、细菌感染
	Interferon-gamma	干扰素-γ	癌症、性病、传染病
	Colony stimulating factor	集落刺激因子	化疗、AIDS
酶	Tissue plasminogen activator	组织纤溶酶原激活剂	急性心肌炎
	Prochymosin	凝乳酶原	制造奶酪
	Urokinase	尿激酶	心脏病
	Superoxide dismutase	超氧化物歧化酶	重灌注损伤、肾移植
病毒	Maralain Vaccines	疟疾病毒	疟疾
	Hepatitis B	B型肝炎病毒	B型肝炎
	AIDS	AIDS病毒	AIDS病毒
	Diphtheia toxin	白喉病毒	白喉
	Foot and mouth disease	口蹄疫病毒	口蹄疫炎

5.1.1.3 细胞工程制药

细胞工程制药所涉及的主要技术领域包括细胞融合技术、转基因动植物技术和细胞大量培养技术等。如今已广泛应用于现代生物制药的研究和生产中，它的应用大大减少了用于疾病预防、治疗和诊断的实验动物，为生产疫苗、细胞因子乃至人造组织等产品提供了强有力的工具。

（1）动物细胞培养制药

动物细胞培养开始于 20 世纪初，到 1962 年规模开始扩大，至今已发展成为生物医学研究和应用中广泛采用的技术方法。利用动物细胞培养生产的具有重要医用价值的生物制品有各类疫苗、干扰素、激素、酶、生长因子、病毒杀虫剂、单克隆抗体等，已成为医药生物高技术产业的重要部分，其销售收入已占到世界生物技术产品的一半以上。

基因重组技术和杂交瘤技术大大促进了动物细胞技术的进步以及在工业领域的应用，使得动物细胞大规模培养技术在生产疫苗，尤其在生产天然的用于诊断和治疗疾病的生物制品中具有举足轻重的作用。动物细胞培养技术还用于生产许多诊断和治疗疾病的单克隆抗体，而单克隆抗体用于人体疾病治疗是近年来生物制药的一个重要领域，有几十种单克隆抗体药物正处于临床试验中。

动物细胞培养技术生产的治疗用生物制品见表 5-3，正在开发的用动物细胞培养技术生产的部分生物制品见表 5-4。

表 5-3　动物细胞培养技术生产的治疗用生物制品

生物制品	适用证	生物制品	适用证
组织纤溶酶原激活剂（tPA）	肺部栓塞和急性心肌梗死	促红细胞生成素（EPO）	与肾性疾病、肿瘤和艾滋病相关的贫血
干扰素-α	癌症和病毒性疾病如乙肝	干扰素-β	癌症、多发性硬化症
干扰素-β	肉芽肿性疾病、病毒性疾病如慢性丙肝、癌症	凝血因子Ⅷ（factorⅧ）	血友病 A
凝血因子Ⅸ（factorⅨ）	血友病 B	人生长激素	儿童生长缺陷
促生长素	矮小病	粒细胞集落刺激因子（G-CSF）	嗜中性白细胞减少症
DNase	囊性纤维化	葡糖脑苷脂酶	Ⅰ型 Gaucher's 病
单抗 Orthoelone(OK-T3)	移植排斥	单抗 Panorex	结肠癌
单抗 Reopro™（Abciximab）	高危险血管成形术	单抗 Rituxan™（Rituximab）	非霍奇金淋巴瘤
单抗 Remicade®（infliximab）	局限性回肠炎、瘘管	单抗 Simulect®（basiliximab）	移植排斥
单抗 Synagis™（palivizumab）	呼吸道合胞病毒（RSV）感染	单抗 Zenapex®（Daclizumab）	移植排斥
单抗 Herceptin®（tratuzmab）	乳腺癌	组织工程皮肤® Apligraf	深度溃疡、顽固性溃疡
组织工程软骨 Carticel™	修复软骨组织	抗体诊断试剂	各种疾病的体内成像试剂，各种疾病的检测

由于动物细胞体外培养的生物学特性、相关产品结构的复杂性和质量以及一致性要求，动物细胞大规模培养技术仍难于满足具有重要医用价值生物制品的规模生产的需求，迫切需要进一步研究和发展细胞培养工艺。

（2）转基因动物制药

转基因动物可以用来生产重要的蛋白质药物。就通过转基因动物来生产基因药物而言，外源基因在转基因动物体内最理想的表达场所就是乳腺。因为乳腺是一个外分泌器官，乳汁

表 5-4　正在开发的用动物细胞培养技术生产的部分生物制品

产　品	适　用　证	产　品	适　用　证
凝血因子Ⅶ、Ⅸ	血友病	可溶性受体	癌症、传染性疾病、炎症
血小板生成素	血小板增殖	滤泡刺激激素	不孕症
各种白细胞介素	癌症、血液细胞疾病等	CD4 免疫黏附剂	艾滋病
疫苗	艾滋病及多价或单价疫苗等	尿型纤溶酶原激活剂	溶解血栓
单克隆抗体	治疗和诊断癌症、风湿性关节炎、自身免疫性疾病等	生长因子和激素	癌症、伤口治疗、骨髓移植、生长紊乱等
干细胞或体细胞扩增细胞治疗	干细胞治疗、免疫细胞治疗	基因治疗载体	基因治疗癌症、囊性纤维化疾病等的载体

不进入体内循环，不会影响转基因动物本身的生理代谢反应。从转基因动物的乳汁获取目的基因产物不但产量高、易提纯，而且表达的蛋白质经过充分的修饰加工，具有稳定的生物活性。利用转基因动物乳腺生物反应器来生产基因药物是一种全新的生产模式，具有投资成本低、药物开发周期短和经济效益高的优点。

1994 年，中国科学院曾邦哲在《生物技术通报》1997 年第 6 期发表了转基因禽类输卵管生物反应器并采用鸡卵清蛋白基因侧翼序列可构建筛选转基因鸡输卵管表达系统的载体。20 世纪 90 年代，国家 863 高技术计划已将转基因羊乳腺生物反应器的研究列为重大项目；1996 年在北京举办了第一届国际转基因动物学术讨论会；2007 年中国国家 863 计划列入指南。目前，我国在转基因动物的研究领域，已获得了转基因小鼠、转基因兔、转基因鱼、转基因猪、转基因羊和转基因牛。

用转基因牛、羊等家畜的乳腺表达人类所需蛋白基因，就相当于建一座大型制药厂，这种药物工厂显然具有投资少、效益高、无公害等优点。虽然目前通过转基因动物（家畜）乳腺生物反应器生产的药物或珍贵蛋白尚未形成产业，但据国外经济学家预测，大约 10 年后，转基因动物生产的药品就会鼎足于世界市场。那时，单是药物的年销售额就超过 250 亿美元（还不包括营养蛋白和其他产品），从而使转基因动物（家畜）乳腺生物反应器产业成为最具有高额利润的新型工业。

（3）植物细胞培养制药

人类从植物中得到药物已有很长的历史。随着植物细胞培养、植物基因工程等生物技术的发展，它被赋予了新的内容和广阔的发展前景。通过植物细胞培养可大量工业生产天然稀有的药物，而且其产品具有高效性和对疾病鲜明的针对性。

近年来植物细胞培养技术主要致力于高产细胞株选育方法、悬浮培养技术、多级培养和固定化细胞技术、培养工艺优化控制、生物反应器研制、下游纯化技术等方面，并取得了较大进展。有些药用植物种类已实现工业化生产，如从希腊毛地黄细胞培养物通过生物转化生产地高辛、从黄连细胞培养物中生产黄连碱、从人参根细胞中生产人参皂苷等；相当种类的药用植物细胞大量培养已达到中试水平，如长春花生产吲哚生物碱、丹参生产丹参酮、青蒿生产青蒿素、红豆杉生产紫杉醇、紫草生产萘醌、三七生产皂苷等。

采用植物细胞大规模培养技术生产的各种中草药细胞，其所含有效成分较天然植物组织高，如培养的人参细胞中人参皂苷（Ginsengoside）含量较天然植物高 5.7 倍，培养的长春花细胞长春碱（Ajnalicine）含量较天然植株高 2.3 倍，雷公藤培养细胞中雷公藤甲素（Tripielide）含量较天然植株高 49 倍，而橙叶鸡血藤细胞培养物中蒽醌含量较天然植株高 8 倍。由此可见，通过植物细胞培养将会为人类创造出新型的中药材，并造福于人类。

（4）转基因植物制药

转基因植物制药的开发研究始于 20 世纪 90 年代初，目前已经获得了可以表达多种外源基因的转基因植物，见表 5-5。利用转基因植物生产重组蛋白具有以下优点：与动物细胞培养相比，植物细胞培养条件简单且易于成活，有利于遗传操作；植物培养细胞具有全能性，能够再生植株；转基因植物中的外源基因可通过植物杂交的方法进行基因重组，进而在植物体内积累多基因；转化植株系的种子易于储存，有利于重组蛋白的生产和运输；用动物细胞生产重组蛋白，可能污染动物病毒，这对人类可能造成潜在危险，而植物病毒不感染人类，所以用植物细胞生产重组蛋白更为安全；植物细胞有与动物细胞相似的结构和功能，有利于重组蛋白的正确装配和表达。

表 5-5　利用转基因植物作为生物反应器生产的转基因植物药物

药　物	基因来源	应用意义	使用的植物种类
核糖体抑制蛋白	栝楼、玉米	抑制 HIV 复制	烟草
血管紧张肽转化酶抑制剂	牛奶	抗过敏	烟草、香蕉
抗体	老鼠	多种应用	烟草
抗原	细菌、病毒	口服疫苗、亚基疫苗	烟草、马铃薯、番茄、莴苣
脑啡肽	人	安神	油菜、拟南芥
表皮生长因子	人	特殊细胞增殖	烟草
促红细胞生成素	人	调节红细胞水平	烟草
生长激素	鲑鱼	刺激生长	烟草
水蛭素	合成	血栓抑制剂	油菜
人血清白蛋白	人	血浆扩张剂	烟草、马铃薯
干扰素	人	抗病毒	芜菁

德国科学家通过培育转基因植物的方式，在研制治疗癌症等疾病的药物方面取得一定进展。科学家认为，转基因植物有希望在未来成为获得多种疫苗及特种药物的新途径。

利用转基因植物生产基因工程疫苗是当前的一大热点，目前不少科学家正在尝试培育转基因马铃薯、番茄等常见蔬菜，使这些植物含针对诸如狂犬病、流感或者肝炎等疾病的免疫物质，从而使人们通过普通食用方式，吸收这些免疫物质进而达到免疫目的。与现有的疫苗注射方式相比，这种方法在经济上具有很大优势，特别适合贫困国家针对大面积人群使用。根据现有科研水平，预计在 5~6 年后即可通过转基因植物开发出新型疫苗与药物。

利用转基因植物生产药用蛋白也是一项很有发展潜力的应用，迄今为止，国外已经有几十种药用蛋白质或多肽在植物中得到成功表达，其中包括了人的细胞因子、表皮生长因子、促红细胞生成素、干扰素、生长激素、单克隆抗体和可作为疫苗用的抗原蛋白等。一些研究机构或公司已开始从这些药物蛋白的生产中获得巨大经济效益。在植物中生产药用蛋白多肽最早的例子之一是利用植物储藏蛋白天然的高水平表达特性，生产人的神经肽——亮氨酸脑啡肽。它是一个含有 5 个氨基酸残基的小分子多肽，在油菜中先以种子储藏蛋白 2S 清蛋白的形式被生产出来，后经胰蛋白酶水解从储藏蛋白上切割下来，再通过 HPLC 予以回收，在临床上可作为止痛剂或镇静剂使用。

继早期的研究之后，在植物中表达人和动物的抗体又成为人们关注的焦点。免疫球蛋白如 lgG、IgM、IgG/IgA 嵌合抗体、Fab 片段、单链抗体和单域抗体等均已实现了表达，表达产物含量最高达植物可溶性蛋白的 2% 以上。这类抗体具有生物学活性，在纯化后可用作药物、诊断试剂和亲和剂等。此外，在植物中表达抗体还有可能增强作物的抗病毒能力、提高产量以及改良其他农艺性状等。

在植物中生产药用蛋白的另外一条途径是使用基因工程植物病毒作载体，这类载体可瞬时高效表达大量外源蛋白，是农杆菌转化系统等所不能做到的，已有十几种植物病毒被改造成不同类型的外源蛋白表达载体，包括花椰菜花叶病毒（CaMV）、烟草花叶病毒（TMV）和豇豆花叶病毒（CPMV）等，其中超过150多种的蛋白多肽在TMV载体中成功表达。

5.1.1.4 酶工程制药

酶工程制药主要包括天然药用酶的开发和生产、药用酶的修饰以及利用酶的催化特性进行生物转化制药等。

1894年，日本科学家首次从米曲霉中提炼出淀粉酶，并将淀粉酶用作治疗消化不良的药物，从而开创了人类有目的地生产和应用酶制剂的先例。现在，菠萝蛋白酶、纤维素酶、淀粉酶、胃蛋白酶等十几种可以进行食物转化的酶都已进入药物，以解除许多有胃分泌功能障碍患者的痛苦。此外，还有抗肿瘤的L-天冬酰胺酶、白喉毒素，用于治疗炎症的胰凝乳蛋白酶，降血压的激肽释放酶，溶解血凝块的尿激酶等。另外，新型青霉素产品及青霉素酶抑制剂等也都是酶工程在医药医疗领域的成功应用实例。

酶法合成引入到有机合成领域中带来了新的机遇和革命。酶法合成的专一性及选择性较化工合成有明显的优势，利用微生物和酶区域、位点、立体的选择性，如羟化、环氧化、异构化、水解等进行对映体拆分药物中间体合成，其中一些反应是化学法难以实现的。酶在有机合成中扮演的重要角色是不对称合成或拆分醇、醛、酮、酸、胺、酰胺、氨基酸、抗生素、糖苷酶抑制剂及抗病毒药物等手性药物。

水解酶类、氧化还原酶类、裂解酶类、连接合成酶类、异构酶类及转移酶类均可用于有机合成及手性化合物合成。如脂肪酶可广泛用于合成各种氨基酸、羧酸、手性醇等。利用酶在非水相中酯化或转酯化可拆分得到光学纯的外消旋羧酸及醇手性药物中间体。蛋白酶用于不可逆的大肽链合成。糖基化转移酶可合成有医用价值的糖基化蛋白质。大多数醇脱氢酶及羟类固醇脱氢酶催化羟-酮的氧化还原制备药物、信息素、甾类等。酵母醇脱氢酶主要催化脂肪醇或醛酮氧化还原，马肝醇脱氢酶对脂肪环烷醇或醛酮专一氧化还原，而甾醇脱氢酶主要催化稠环脂肪醇或醛酮的氧化还原，氧酶合成链烯化合物，环化酶合成甾体和萜烯类化合物等。

5.1.2 疾病预防、诊断治疗及医药学研究

生物工程技术除用于生产治疗疾病的药品及诊断用试剂外，亦可直接用于疾病预防与诊断治疗。

5.1.2.1 生物技术在疾病预防中的应用

利用生物技术手段达到疾病预防的最早例子是：在公元10世纪就已开始种痘预防天花。但受到当时的生产技术和水平的限制，生产的疫苗在使用时存在着免疫效果不够理想、被免疫者有被感染的风险等不足。现在，用基因工程生产重组疫苗可以达到安全、高效的目的，如已经上市或已进入临床试验的病毒性肝炎疫苗（包括甲型和乙型肝炎等）、肠道传染病疫苗（包括霍乱、痢疾等）、寄生虫疫苗（包括血吸虫、疟疾等）、流行性出血热疫苗、EB病毒疫苗等。1998年初，美国FDA批准了首个艾滋病毒疫苗进入人体试验。这预示着艾滋病或许可以像乙型肝炎、脊髓灰质炎等病毒性疾病那样得到有效预防。

此外，生物技术目前在计划生育上也得到了良好应用。除用McAb检测排卵期外，正在研制免疫避孕新药，其方法是用精子、卵透明带或早期胚胎抗原制备McAb，作为免疫避孕疫苗进行免疫接种以达到避孕的目的。有人用人精子为抗原，研制了抗精子McAb免疫避孕药膏。

5.1.2.2　生物技术在疾病诊断中的应用

　　基因探针在传染病、流行病、肿瘤及人类遗传性疾病的调查和诊断中具有准确而灵敏度高的优点，是具有应用前景的高新技术。基因探针是用生物素或^{32}P标记的mRNA或基因互补DNA（cDNA），其原理是核酸杂交。如用肠毒素LT（热不稳定毒素）及ST（热稳定毒素）基因探针，检测毒原性大肠杆菌引起的腹泻，其灵敏度较Y-1肾上腺细胞和乳鼠细胞高1000倍，利用LT基因探针还可区别大肠杆菌与霍乱弧菌引起的腹泻。此外在检测病毒感染方面已达到实际推广应用阶段，如检测肝炎病毒、单纯疱疹病毒及单核细胞增多症病毒等许多病毒的基因探针，已制成诊断试剂盒用于体外检测；此外，用^{32}P标记的疟原虫基因探针已用于疟疾诊断及血库中血样筛选，检出含量为0.001%。

　　目前，基因探针技术在诊断遗传性疾病方面发展尤为迅速，对60多种遗传性疾病已可进行产前诊断，以确定是否终止妊娠，这对于提高人口质量大有好处；有关基因探针可直接用于分析遗传性疾病的基因缺陷，如用β-珠蛋白基因探针检测镰刀状细胞贫血症；亦可用于间接分析与DNA多态紧密连锁的遗传性疾病，如用β-珠蛋白基因探针检测地中海贫血症及用苯丙氨酸羟化酶基因探针检测苯丙酮酸症等；此外，基因探针在肿瘤诊断中的应用已取得重要成果，如已用白血病细胞中分离的某些癌基因，制备基因探针，用于检测白血病；另外，小细胞肺癌及神经母细胞瘤的病程发展通常伴随着癌基因的扩增，应用癌基因探针对癌基因的测定，可作为相应癌症病程分期、疗效观察及指导治疗的依据。目前，基因诊断作为第四代临床诊断技术已被广泛应用于遗传病、肿瘤、心脑血管病、病毒、细菌、寄生虫和职业病等的诊断中。

5.1.2.3　生物技术在疾病治疗中的应用

　　在医学领域中，生物技术的另一个重要用途是基因疗法。基因疗法即是将人的相应正常基因与温和病毒DNA重组，构成杂合重组DNA，利用病毒感染作用，将基因导入人体细胞，并整合至人染色体中，取代突变基因、补充缺失基因或关闭异常基因，从根本上治疗先天性遗传性疾病、恶性肿瘤、艾滋病、心血管疾病及糖尿病等。目前已设计将正常基因与温和病毒DNA载体重组，重组DNA进行体外包装为完整病毒颗粒，用于转导骨髓细胞，构建的基因工程细胞再输入人体，用于某些酶缺陷遗传病的试验治疗，并已取得一定效果。随着基因工程不断发展与成熟，为基因疗法奠定了良好的理论与技术基础，不久将可能产生重大突破。届时将导致药物疗法发生变革，使医学领域产生第三次革命。

5.1.2.4　生物技术在医药学研究中的应用

　　生物技术在医药学研究中有许多重要应用价值，尤其是细胞克隆培养技术十分重要。细胞克隆培养建立的纯细胞系的生物学特性较为一致，可用于观察药物对细胞形态及生理特性的影响，从细胞水平上判断药物疗效及其毒性，缩短新药筛选周期。细胞培养技术也是病毒学研究的重要手段，通过观察病毒对细胞感染作用所引起的标志，如细胞形态变化、噬菌斑的形成、抗原类型、代谢变化及干扰作用等，可判断病毒生长情况并用于分离病毒。以往不少病毒采用动物或鸡胚培养未能得到分离，只有通过细胞培养才能得到良好分离，如肠道病毒、腺病毒、呼吸道病毒及鼻病毒等。有些病毒，如脊髓灰质炎病毒及麻疹病毒等，仅仅在细胞培养技术诞生之后才得到迅速发展。

5.1.3　器官移植

　　随着与器官移植相关学科和技术的发展，器官移植的种类和适应证不断扩大。人体器官移植有同种器官移植、异种器官移植及自体器官移植等。实际上，人们很早就希望能实现人体器官再生和自体器官移植。现在，通过细胞克隆和干细胞分化等细胞工程，已经能在体外实现成体中细胞的定向分化，即分化出具有一定功能的组织或器官。比利时科学家凯瑟琳·维尔法伊经过 3 年努力，于 1999 年成功地建立了一套能将干细胞培养成为人体多种器官的培养液。这样，今后人体器官的移植将实现逐步自体化，而且不需要进行细胞核移植。目前已有组织工程皮肤获得 FDA 批准，用于治疗皮肤烧伤和顽固性溃疡。制备组织工程皮肤的关键是生物相容性材料的开发和动物细胞培养技术的成熟。将角质细胞或成纤维细胞接种到生物相容性材料制成的支持物上，经过一段时间培养后，细胞可以逐步形成皮肤样组织，用这种组织工程皮肤作为皮肤移植物可以取得满意的疗效，具有无免疫排斥效应、使用安全方便、来源充足等优点。

在器官移植配型技术方面，"随着分子生物学技术的发展，基因（DNA）分型技术正在逐步取代 HLA 血清学分型"，这是我国著名的器官移植配型专家李哲先教授在郑州举办的"全国造血干细胞与器官移植组织配型新技术学习班"上强调的话。自 1964 年以来，HLA的分型一直用血清学方法，这种方法易出现假阴性、假阳性和错误指认等问题。国外研究表明，HLA 血清学分型技术错误平均达 20%～25%，有的实验室高达 34%～35%，而且，血清学分型可比性差。为了克服 HLA 血清学分型的缺点，必须使用更加准确可靠的方法对HLA 进行分型。目前 DNA 分型方法已成功地应用于 HLA 分型，它的准确率可达 99%以上。现在我国一些医疗单位已经开始运用这种技术。

基因工程领域应用腺病毒载体转染生物活性分子（如 IL-10 和 CTLA-4Ig 等）给供者肝脏、肺脏、心脏和角膜移植物，从而降低移植免疫排斥反应。应用腺病毒载体转染供者肝脏可以使大鼠同种异体肝脏移植物存活达 80d。通常情况下，小鼠同种异体胰岛移植物存活13d 左右。使供者胰岛转染 CTLA-4Ig 后，其移植物存活时间延长至 67d。同样，利用逆转录病毒转染 CTLA-4Ig 给供者小鼠心脏移植物，可以使心脏移植物在受者中存活 28d，而对照移植物仅为 12d。

迄今，人们正在尝试通过各种不同的基因工程手段使供者器官、组织、细胞或受者本身表达各种不同的分子，以期达到克服免疫排斥或诱导移植免疫耐受的目的。

5.1.4　保健卫生

目前，生物技术在保健卫生上也得到了较好的应用。如在计划生育上，除用单克隆抗体（McAb）检测排卵期外，正在研制免疫避孕新药，其方法是用精子、卵透明带或早期胚胎抗原制备 McAb，作为免疫避孕疫苗进行免疫接种以达到避孕的目的。有人用人精子为抗原，研制了抗精子 McAb 免疫避孕药膏。

5.2　食品领域的应用

生物工程技术在食品领域上的应用，不是仅仅解决可能出现的全球粮食危机问题，更重要的是满足人们对感官舒适、营养丰富、功能全面的完美要求。由此已逐步形成一个新的学科分支，即食品生物化工技术。尽管理论上还存在一些安全问题的疑虑，但只要遵循科学方法认真地进行安全性评价分析，就会使生物工程技术在食品工业的应用向安全的方向发展。随着各种生物工程技术手段和方法的成熟与完善，生物工程技术在食品领域中的应用也将越来越广阔。

5.2.1　基因工程技术在食品加工中的应用

食品加工就是把原材料或成分转变成可供消费的食品的过程。近年来，食品加工业的发展，科技创新发挥着十分重要的作用。目前，生物工程技术已在不同层次上推动着食品加工业的技术创新和产业升级，提高产品的综合利用率及附加产值。

5.2.1.1 改良食品资源

随着生物工程技术的发展，食品工业已发生了巨大的变化，出现了转基因食品。所谓转基因食品是指利用分子生物学手段，将某些生物的基因转移到其他生物物种中，使其出现原物种不具有的性状或产物，以转基因生物为原料加工生产的食品为转基因食品。通过这种技术，可以获得更符合人们需求的食品，转基因食品具有产量高、营养丰富、品质好、抗病力强等优势。根据原料来源可分为植物源、动物源和微生物源转基因食品。其中植物源食品发展速度最快。

（1）植物资源

食品工业的原料主要来自农产品，许多地区消费者 60％的能量来源于植物源食品。近年来，在农作物培育过程中利用生物工程技术大大提高了农产品的质量和产量，使人们获得了巨大的财富。如基因修饰技术提高了马铃薯碳水化合物的含量，改变了葡萄籽和花生的脂肪酸成分，降低了木薯中氰化葡萄糖苷含量等。近来又发现在"金色大米"中诱导合成出维生素 A（VA）前体物质。转基因农作物发展迅速，目前涉及食品原料的转基因农产品有大豆、玉米、油菜、马铃薯、番茄、甜椒、番木瓜、西葫芦等。表 5-7 为世界上已批准商品化生产的转基因植物性食品，图 5-1 为部分转基因食品。

图 5-1　部分转基因食品

表 5-6　已批准商品化生产的转基因植物性食品

名　称	转基因性状	研制者	批准时间
大豆	抗除草剂	AgrEvo	1996 年
大豆	改变淀粉组成	AVEBE	1997 年
番茄	延迟成熟	CalgeneInc.	1994 年
番茄	延迟成熟	DNAPlantTech.	1995 年
马铃薯	Bt 抗甲虫	Monsanto.	1996 年
笋瓜	抗病毒	AsgrowSeedCo.	1995 年
油菜	抗除草剂	PioneerHi-Bred.	1996 年
玉米	抗虫	Monsanto	1995 年
玉米	抗虫	CibaSeeds\Mycogen.	1995 年
玉米	抗除草剂	PlantGeneticsytems.	1996 年

通过基因工程手段可对植物食品原料进行品种改良、原料增产和新品种开发。转基因农作物首先要考虑的是对其抗虫、抗病、抗旱性和抗除草剂的改进。国际水稻研究所利用转基因技术改出的水稻品种对不良的生态环境有很强的忍耐性及对危害严重的昆虫有很强的抵抗性。目前，转基因技术已扩展到没有关系的生物体之间，如农作物和花卉等，使食品原料的

供应更加多样化。转基因植物（统称遗传修饰体，GMO）还可以改进作物对干燥的忍耐性、强化对氮的固定化和其他生物学特性，是目前农业生产中正在进一步研究和开发的领域。

（2）动物资源

通过转基因技术可使动物获得生长快、抗病力强、肉质好等重要的优良性状。利用生物工程技术改变牛乳成分已成为可能，如生产酪蛋白含量高、含改良蛋白（酪蛋白和 α-乳清蛋白）的牛奶以及减少乳中乳糖和 β-乳球蛋白的含量等。目前，采用基因工程技术生产的牛生长激素（BST）注射母牛可提高牛乳产量；而采用基因重组的猪生长激素，可使猪瘦肉型化，有利于改善肉食品质。转基因猪、鸡、兔等已培育成功。

美国 FDA 即将批准基因改良过的人工养殖鲑鱼进入市场，在 2011 年，这种转基因的鱼肉将首次摆上美国家庭的餐桌。随着过度捕捞和生态恶化，野生的鲑鱼资源越来越少，对鲑鱼的需求量却有增无减。科学家们研究开发的这种转基因鲑鱼，从海洋中一种大头鱼的身上截取了一段基因，移植在来自大西洋的野生鲑鱼基因链上。实验证明，基因改变后的鲑鱼生长速度加快了 2 倍，如果最终审议通过，这将是人类食谱中第一次出现转基因动物。

（3）微生物资源

微生物有其他生物难以比拟的遗传变异性及生理代谢的可塑性，故其在资源的开发方面具有很大潜力。如何获取优良菌株是发酵工业的关键步骤之一，目前主要采用常规的诱变、杂交方法与细胞融合、基因工程技术结合，进行菌种改造和采用基因工程和蛋白质工程技术构建"基因工程菌"。从而提高发酵食品质量并使加工过程更合理化。生物技术已用于啤酒酵母的改造，如将 α-乙酰乳酸脱羧酶基因克隆到啤酒酵母中进行表达，可降低啤酒双乙酰含量而改善啤酒风味；将霉菌的淀粉酶基因转入酵母中使其能直接利用淀粉生产酒精，省掉了高温蒸煮工序，可节约 40％～50％的能源，生产周期也大为缩短。

5.2.1.2 改良食品营养品质

（1）油脂的改良

对油脂品质的改善主要集中在两个方面，包括控制脂肪酸的链长和饱和度。油脂的酸败是导致油脂品质下降的主要原因，目前已知豆类中的脂氧合酶在酸败过程中扮演重要角色。美国 DuPont 公司通过反义抑制和共同抑制油酸酯脱氢酶，成功开发了高油酸含量的大豆油，这种新型油具有良好的氧化稳定性，很适合用作煎炸油和烹调油。导入硬脂酸-ACP 脱氢酶的反义基因于油菜种子中，硬脂酸的含量从 2％增加到 40％，硬脂酸-COA 可使转基因作物中的饱和脂肪酸（软脂酸、硬脂酸）的含量下降，不饱和脂肪酸（油酸、亚油酸）的含量增加，其中油酸的含量可增加 7 倍。

（2）蛋白质的改良

食品中动植物蛋白由于其含量不高或比例不恰当，可能导致蛋白营养不良。采用转基因的方法，生产具有合理营养价值的食品，使人们只需吃较少的食品就可以满足营养需求成为可能。如通过基因工程技术，可将谷类植物基因导入豆类植物，获得蛋白质、氨基酸含量高的转基因大豆。

（3）碳水化合物的改良

利用基因工程来调节淀粉合成过程中特定酶的含量或几种酶的比例，从而达到增加淀粉含量或获得品质优良、独特的新型淀粉。高等植物体中淀粉合成的酶类主要有 ADPP 葡萄糖焦磷酸酶、淀粉合成酶（SS）和分枝酶（BE）。通过反义基因抑制淀粉分枝酶可获得只含直链淀粉的转基因马铃薯。Monsanto 公司开发了淀粉含量平均提高了 20％～30％的转基因马铃薯。油炸后的产品更具马铃薯风味且吸油量较低。

5.2.1.3　改善食品风味（食品添加剂）

食品添加剂主要有增鲜剂、抗氧化剂、防腐剂、酸味剂和甜味剂、食品强化剂等。细菌素作为一种新型天然食品防腐剂已是一个趋势，但因抑菌谱较窄而限制了其在工业上的应用。现在科研人员采用基因重组技术把抑菌谱不同的产细菌素基因整合到一个细菌上，使抑菌范围变宽，为食品的防腐开辟了一个新领域。目前通过基因工程技术生产的高效乳酸链球菌素就是一个极好的例子。利用基因技术和细胞工程技术还可以生产独特的食品香味剂和风味剂，如香草素、可可香素、菠萝风味剂，以及高级的天然色素，如类胡萝卜素、花色苷素、咖喱黄、紫色素、辣椒素和靛蓝等，并且这些通过杂种选育的色素含量高、色调和稳定性好。例如，转基因大肠杆菌生产的玉米黄素最高产量达 $289\mu g/g$。通过把风味前体转变为风味物质的酶基因的克隆或通过发酵产生风味物质都可使食品芳香风味得以增强。另外维生素 B_2 和维生素 C 也都已有基因工程产品。

5.2.2　酶工程技术在食品加工中的应用

酶工程在食品中的应用技术已经比较成熟，包括各种酶的开发和生产及酶的分离和纯化、酶或细胞的固定化以及酶的应用等。

（1）开发新型食品添加剂

近年来在发达国家，酶工程加快了新酶源的开发，使功能性食品添加剂，如营养强化剂、低热量的甜味剂、食用纤维和脂肪替代品等得到迅速发展。甜菊苷是一种非营养型功能性甜味剂，但其具有轻微的苦涩味，通过酶法改质后可除去苦涩味，从而改善其风味。酶处理方法是在甜菊苷溶液中加入葡萄糖基化合物，采用葡萄糖基转移酶处理，生成葡萄基甜菊苷。甘草中所含的甜味物质甘草苷是一种功能性甜味剂，具有补脾益气、解毒保肝、润肺止咳的功效。甘草苷经 β-葡糖苷酸酶处理，生成单葡糖苷酶基甘草酸，其甜度为甘草甜素的 5 倍，是高甜度的甜味剂和解毒剂。

（2）酶工程在食品保鲜和加工中的应用

生物酶用于食品保鲜主要就是制造一种有利食品保质的环境，它主要根据不同食品所含的酶和种类，而选用不同的生物酶，使食品所含的不利食品保质的酶受到抑制或降低其反应速率，从而达到保鲜的目的。例如溶菌酶对革兰阳性菌有较强的溶菌作用，用于肉制品、干酪、水产品等的保鲜；葡萄糖氧化酶加在瓶装饮料中，吸去瓶颈空隙中氧而延长保鲜期；细胞壁溶解酶可消除某些微生物的繁殖，已被用作代替有害人体健康的化学防腐剂，对食品进行保鲜储藏。

酶工程的应用能有效地改造传统的食品工业。如将玉米经酶法液化、糖化和葡萄糖异构化，可生产果葡糖浆，代替蔗糖用作饮料和食品的甜味剂。谷氨酰胺转氨酶能催化蛋白质分子之间和分子内酰基的转移，从而使档次较低的面粉蛋白质改性，达到改善面粉口感，提高面食弹性和持水能力的效果。另据报道，蛋白酶肉类嫩化剂，可使肉的品质变得柔软、适口、多汁和易于咀嚼。目前，使用的肉类植物蛋白酶嫩化剂主要有猕猴桃蛋白酶、生姜蛋白酶、木瓜蛋白酶等。

（3）酶工程在食品分析与检测方面的应用

由于酶具有特异性，因此，也适合于动植物化学组分的定性和定量分析。例如，采用柠檬酸裂解酶测定柠檬酸的含量，采用乙醇脱氢酶测定食品中的乙醇含量。M. Niculescu 等也报道了一种基于乙醇脱氢酶的传感器，它可以灵活自动地进行白酒分析，能够对白酒发酵过程进行实时监控，具有选择性好、灵敏度高、测量简便、快速等优点。另外，在食品中加入一种或几种酶，根据它们作用于食品中某些组分的结果，可以评价食品的质量，这是一种十分简便的方法。

5.2.3 发酵工程在食品领域中的应用

发酵工程技术是最早应用于食品领域的生物技术。采用现代发酵设备使经优选的细胞或经现代技术改造的菌株进行放大培养的控制性发酵，可获得工业化生产预定的食品或食品功能成分。

5.2.3.1 改变传统的食品加工工艺

（1）以微生物发酵代替化学合成

从植物中萃取食品添加剂，成本高，且来源有限；化学合成法生产食品添加剂虽成本低，但化学合成率低，周期长，且可能危害人体健康。因此，生物技术，尤其是发酵工程技术已成为食品添加剂生产首选方法。目前，利用微生物发酵生产的食品添加剂主要有维生素（维生素 C、维生素 B_{12}、维生素 B_2）、甜味剂、增香剂和色素等现代发酵产品。

（2）以现代发酵工程改造传统发酵食品

多年来人们一直用酵母发酵生产酒精，近年来广泛研究了细菌发酵生产酒精以期得到耐高温耐酒精的新菌种；味精生产现广泛采用双酶法糖化发酵工艺取代传统的酸法水解工艺，可提高原料利用率 10％左右；我国对传统酿造制品，如酱油、醋、黄酒、豆腐乳等酿造方面利用优选的菌种发酵，提高了原料利用率，缩短了发酵周期，改良了风味和品质。

（3）单细胞蛋白（SCP）的生产

由于微生物菌体的蛋白质含量高，一般细菌含蛋白质 60％～70％，酵母含蛋白质 45％～65％，霉菌含蛋白质 35％～40％。因此，它是一种理想的蛋白质资源，也是解决全球蛋白质资源紧缺的重要途径之一。为了和来源于多细胞高等植物、动物蛋白相区别，人们把微生物蛋白称为单细胞蛋白。用于生产 SCP 的微生物以酵母和藻类为主，也有采用细菌、放线菌和丝状真菌等。但现在许多国家都在积极进行球藻和螺旋藻 SCP 开发，如美国、日本、墨西哥等国，所生产的螺旋藻食品是高级营养品，也是减肥品，在国际上很受欢迎。

（4）微生物油脂的生产

人们平时吃的油脂基本上是芝麻、花生、油菜籽、大豆等油料作物榨取的植物油脂和由猪、牛及羊等动物熬制的动物油脂，很少考虑到微生物油脂。其实，在许多微生物中都含有油脂，低的含油率 2％～3％，高的达 60％～70％，且大多数微生物油脂富含多不饱和脂肪酸（polyunsaturated fat acids，PUFA），有益于人体健康。当前，利用低等丝状真菌发酵生产不饱和脂肪酸已成为国际上发展的趋势。在世界范围内，微生物油脂的应用已势不可挡，富含 γ-亚麻酸、氨基酸（AA）、二十二碳六烯酸（DHA）的微生物油脂已在美国、日本、英国、法国等国上市。

5.2.3.2 开发大型真菌

一些药用真菌，如灵芝、冬虫夏草、茯苓等，含有调节机体免疫功能、抗癌、防衰老的有效成分，是发展功能性食品的一个重要原料来源。对于这些名贵的药用真菌，一方面可通过野外采摘和人工种植相结合的方式进行资源收集，但是这种方式的产量低，易受天气和季节的影响；另一方面，则可以通过发酵途径实现工业化生产，例如河北省科学院微生物研究所等筛选出了繁殖快、生物量高的优良灵芝菌株，应用于深层液体发酵研究并取得了成功，建立了一整套发酵和提取新工艺，为研制功能性食品提供更为广阔的药材原料。发酵培养虫草菌也在中国医学科学院药物研究所实现，分析其产品的化学成分和药理功效，与天然冬虫夏草基本一致。

5.2.4　细胞工程在食品领域中的应用

（1）细胞工程育种

在细胞水平上的原生质体制备与融合有利于实现远缘遗传物质的直接交换，促进遗传资源的创新。王建华等利用曲霉种间的原生质体融合，获得了比亲本菌株淀粉酶产量提高114.00％～204.81％且耐高温性能也有所提高的新菌株。再如，大多数难以栽培的食用菌都与植物有共生或寄生关系，人工栽培出菇问题一直无法解决，原生质体融合技术则可以去除细胞壁的屏障，实现远缘杂交，为难以人工栽培的食用菌育种提供了新方法。

（2）细胞培养

用细胞工程技术生产生物来源的天然食品或天然食品添加剂，是细胞工程的一个重要领域，应用范围包括生产食品添加剂（花青素、胡萝卜素、紫草色素、天然香料等）和酶制剂（过氧化物歧化酶、木瓜蛋白酶等）等。过氧化物歧化酶（SOD）是一种颇受关注的酶，目前SOD主要从动物血液中分离和纯化获得，由于血液中含有大量的杂蛋白，分离纯化工艺复杂，难以达到要求；天然植物中分离和纯化SOD，又受到地理环境和气候条件等影响，难以满足需求。李志勇等研究了大蒜细胞在发酵罐培养过程中SOD合成及培养基中各种基质的消耗规律，获得的最大生物量和SOD总酶活分别为163g 干重/L和7.72×10^4 U/L，取得了较好的放大效果，为植物细胞培养SOD的工业化生产奠定了基础。袁丽红等对细胞培养生产的紫草色素与天然紫草色素进行了理化性质的比较研究，结果表明，两者的组成成分基本一致，耐热性、耐氧化性及不同pH值条件下颜色的变化无明显差异，这表明工业化生产天然色素、天然香料等具有较好的发展前景。

5.2.5　蛋白质工程在食品领域中的应用

蛋白质工程可以按照人类的需求创造出原来不曾有过、具有不同功能的蛋白质及其新产品，或生产具有特定氨基酸顺序、高级结构、理化性质和生理功能的新型蛋白质，可以定向改造酶的性能，生产新型功能性食品等。

（1）改善凝乳酶性质

在干酪加工中，凝乳酶作为重要的凝结剂而被广泛应用。在动物凝乳酶供应紧缺的情况下，市场上开发出了多种微生物凝乳酶。但由于其他酶类在特异性、凝结活性、蛋白分解活性、最适pH值、热稳定性等性质上与天然凝乳酶有一定的差异，因此在食品加工中易引起产量降低和成熟中出现不良风味的缺点。通过凝乳酶蛋白质工程技术的研究，目前已经在解释酶的某些结构与功能性质、基团与功能性质、酶的翻译和激活等方面取得了一定进展，在改变酶的某些性质方面取得了一定效果。这项工程可以潜在地增强和优化凝乳酶的各项酶学性质，为凝乳酶资源的开发和在食品加工中的合理利用带来了光明的前景。

（2）研究和优化纤维素酶的性质

纤维素酶是糖苷水解酶的一种，它可以将纤维素水解成单糖，进而发酵成乙醇。为了更好地利用纤维素，愈来愈多的国内外学者开始关注纤维素酶的研究。蛋白质工程作为一种用来研究纤维素酶催化机制的工具，主要包括对潜在活性中心氨基酸残基进行基因定点突变、体外分子定向进化和对定点突变酶进行动力学分析等。通常采用基因定点突变技术对典型纤维素酶家族序列不变残基和三维构象进行确认，并通过设计新的三维复合体来对酶进行修整和探索。

5.2.6　生物工程技术在食品安全检测中的应用

近年来食品安全问题日益突出。英国发生的"疯牛病事件"、日本的"大肠杆菌 0157 暴发流行事件"、2004 年波及多国家和地区的"禽流感事件"、2008 年我国发生的"三聚氰胺事件"等食品安全事件向人们敲响警钟。与此同时，以包括生物传感器技术、免疫学方法、分子生物学技术和生物芯片等的现代生物工程技术为基础的食品安全检测技术迅速发展。

（1）生物传感器技术

生物传感器由生物识别元件和信号转换器组成，能够选择性地对样品中的待测物发生响应，通过生物识别系统和电化学或其他传感器把待测物质的浓度转为电信号，根据电信号大小定量测出待测物质的浓度。生物传感器具有简单、专一性强、准确度高等优点，应用生物传感器可对食品的新鲜度、食品中的细菌和病原菌、食品毒素以及食品添加剂等进行检测。

（2）免疫学方法

免疫学方法是以抗原抗体特异性结合为基础发展起来的。抗原抗体的特异性结合可发生在生物体内，也可发生在体外，用于食品卫生和安全检测的免疫学方法都是抗原抗体的体外反应，在抗原抗体的体外反应中通常都需要使用含有特异性抗体的血清，因此这些方法又称为血清学反应或血清学方法。

免疫学方法具有分析速度快、分析成本低、检测限低、待测物种多等优点，利用免疫学检测技术已经达到了纳克（ng）、皮克（pg）级的水平。免疫技术在食品污染细菌及其毒素检测、污染真菌及其毒素检测、农药残留检测和食品掺假识别等食品安全检测和分析中都得到了应用。

免疫学方法的分类方法有很多种，根据免疫反应过程中的现象和特征等，免疫学方法可分为凝集反应、沉淀反应等。其中，凝集反应是经典的血清学方法。

（3）分子生物学技术

分子生物学是在分子水平上研究生物的结构、组织和功能的学科。分子生物学技术被广泛应用到生物科学的各个领域，近些年来核酸分子生物学技术，特别是核酸分子杂交和PCR 技术在食品安全检测方面得到了很好的应用。利用 PCR 技术可进行食品原料的种类的鉴定、食品微生物的检验。此外，利用 PCR 技术还可对转基因食品进行检验，且技术较为成熟。

（4）生物芯片

狭义的生物芯片是指包被在固相载体（如硅片、玻璃、塑料和尼龙膜等）上的高密度DNA、蛋白质、细胞等生物活性物质的微阵列，主要包括 cDNA 微阵列、寡核苷酸微阵列和蛋白质微阵列。广义的生物芯片，除了上述主动式微阵列芯片之外，还包括利用光刻技术和微加工技术在固体基片表面构建微流体分析单元和系统，以实现对生物分子进行快速、大信息量并行处理和分析的微型固体薄型器件。生物芯片类型可以从不同的角度来划分，当前人们常常提到的基因芯片、蛋白质芯片和芯片实验室，就是从芯片的检测对象和使用目的区分的。此外，还有组织芯片、细胞芯片等。与传统的研究方法相比，生物芯片技术具有信息获取量大、效率高、生产成本低、所需样本和试剂少、容易实现自动化分析等优点。生物芯片应用于营养与食品化学、生物安全性检测领域，将发挥十分重要的作用。

5.2.7　生物工程技术在食品领域中的应用展望

随着研究和应用的不断深入，生物技术正在深刻地改变着经济、生活以及应用科学的发展进程。生物技术给食品工业的食品资源改造、食品生产工艺改良及加工品的包装、储运、检测等方面的发展和开拓，带来更为广阔的前景；生产符合人类需要的基因工程食品已经越来越可操作化；基因重组技术等遗传工程的兴起和发展，为生物技术的发展带来了革命性变革，也为食品领域中微生物技术的突破性进展提供了技术基础。

今后轻工食品科技和产业的总体发展目标是，充分利用生物资源丰富和多样性的优势，将现代生物技术与轻工、食品技术相结合，开发新一代生物技术产品。重点开发的几个领域为：开发新酶品种、酶的固定化和细胞的工业化应用；加强高产菌株和耐特殊环境微生物的遗传育种；用生物法代替化学合成生产食品添加剂；综合利用生物技术进行原料的深度加工，采用清洁闭路生产工艺，将废弃物资源化，达到节粮、节能、减少污染的目的；工业化生产中生物技术产物的分离提取水平低，一直是阻碍产业发展的"瓶颈"问题，因此，生物技术产品的大规模生产及高收率的提取技术，是今后发展的重要方面；研究开发多功能、多指标的生物传感器，有效监控生产过程；利用生物技术建立高特异性、高灵敏度、快速简便的食品卫生检测方法等。

5.3 化工领域的应用

5.3.1 生物催化剂在化工领域的应用

工业生物技术的核心是生物催化，生物催化剂与普通化学催化剂（通常为强酸和强碱等）相比，具有以下特点。①催化效率高。每千克天冬氨酸转氨酶可以催化生产本身质量100000倍的天冬氨酸。②专一性强。酶只选择催化某种反应并获得特定的产物，所以其位点专一性、化学专一性和立体专一性强。生物催化法可以完成甾醇化合物的C11位羟基化反应，而化学催化法则几乎无法完成。生物催化法可高效地生产大量的光学活性化合物，一般而言，其过程经济性远大于化学催化法。③环境友好。生物催化剂（酶与微生物）的本质是蛋白质，在使用后可方便地被消除。反应条件温和，一般在常温常压下进行，其能耗和水耗低，可大大降低化石能源和水资源的消耗，减少了温室气体的排放。因此，生物催化技术具有过程高效（物耗低、原子经济性高）、反应温和（能耗低）、与环境友好（污染小）的特点，是绿色化学与绿色化工发展的重要趋势之一。

化学催化法和生物催化法生产丙烯酰胺的工艺比较见图5-2。

在有机溶剂中酶有许多在水溶液中所不具备的新特性：一些非水溶性化合物可溶解在有机溶剂中，作为底物进行酶促转化，使酶催化反应的底物范围大为拓宽；有机溶剂中酶结构"刚性"的增强，使其区域选择性和立体专一性大为提高，特别适合一般化学反应难以完成的手性分子的选择性转化；酶催化反应的平衡点发生转移，可催化水溶液中不可能进行的反应，如脂肪酶催化酯交换和酯合成反应。另外，有机溶剂中酶催化反应在操作上还具有以下优势：酶的稳定性提高；酶不溶于有机溶剂，因而即使不固定化也可以通过简单的过滤或离心进行分离回收；长期反应中可避免微生物的污染。

分子不对称性，即手性是自然界最重要的属性之一，分子手性识别在生命活动中起着极为重要的作用。同一化合物的两个对映体之间不仅具有不同的光学活性和物理化学性质，而且它们具有不同的生物活性，比如在药理上，药物作用包括酶的抑制、膜的传递、受体结合等，均与药物的立体化学有关。从利用水解酶进行手性化合物拆分，发展到今天，利用各种生物催化剂从潜手性化合物直接合成手性化合物，进一步简化了手性化合物的生产，使之具有更大的工业价值，见表5-7、表5-8。

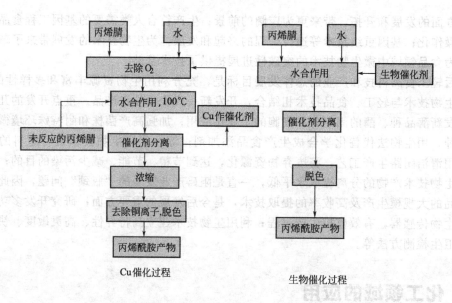

图 5-2　化学催化法和生物催化法生产丙烯酰胺的工艺比较

表 5-7　工业生产的手性药物和手性中间体产品

产　品	底　物	酶	方　法
L-氨基酸	N-酰基-DL-氨基酸	氨基酰化酶	固定化酶
L-天冬氨酸	富马酸	天冬氨酸酶	固定化细胞
L-苯丙氨酸	肉桂酸	苯丙氨酸氨解酶	细胞、批式
L-多巴	丙酮酸＋氨	酪氨酸酚解酶	细胞、批式
L-苹果酸	富马酸	富马酸酶	固定化酶
L-丙氨酸	L-天冬氨酸	天冬脱羧酶	固定化细胞
D-苯甘氨酸	苯海因	海因酶	细胞、批式
D-β-羟基丁酸	异丁酸	烯酰基水合酶	细胞、批式
R-苯乙酰基甲醇	苯甲醛＋甲醛	丙酮酸脱羧酶	细胞、批式
γ-氨基丁酸衍生物	N-苯乙酰基-γ-氨基丁酸衍生物	青霉素酰化酶	固定化酶
S-奈普森	RS-酯	脂肪酶	固定化酶
L-薄荷醇	DL-薄荷醇琥珀酸单酯	脂肪酶	固定化细胞
S-1,2-戊二醇	消旋体	醇脱氢酶	细胞、批式

表 5-8　酶促不对称合成的氨基酸

酶	微生物	底物	产物
天冬氨酸酶	E.coli	丁烯二酸	L-天冬氨酸
天冬氨酸脱羧酶	E.coli	天冬氨酸	L-色氨酸
色氨酸酶	E.coli	吲哚,丙酮酸,氨	L-色氨酸
色氨酸合成酶	E.coli	吲哚,L-丝氨酸-5-羟吲哚	L-色氨酸
		L-丝氨酸	L-5-羟色氨酸
β-氯-D-丙氨酸裂合酶	Pseudomonas putida	氯化 D-丙氨酸,硫氢化钠	D-半胱氨酸
苏氨酸醛缩酶		羟基苏氨酸	L-丝氨酸
L-丝氨酸巯基化酶		丝氨酸,硫氢化钠	L-半胱氨酸
ACL-消旋酶和 ACL-水解酶		氨基环戊内酰胺	L-赖氨酸

5.3.2　新型生物降解塑料的开发

塑料大都属石油化工产品,多不具备降解性。越来越多的塑料废弃物造成严重的"白色污染"，促使人们开发和利用可自然降解的塑料。20世纪90年代后期，完全生物降解塑料和所谓全淀粉塑料得到大力发展，使用发酵和合成方法制备能真正降解的塑料及用微生物生产可降解的塑料受到重视。聚乳酸属新型可完全生物降解性塑料，是世界上近年来开发研究最活跃的降解塑料之一。聚乳酸塑料在土壤掩埋3～6个月就会破碎，在微生物分解酶作用下6～12个月变成乳酸，最终变成CO_2和H_2O。罗纳-普朗克（Rhone-Poulenc）公司发现了聚酰胺水解酶，可水解聚酰胺低聚物，可消化尼龙废料，为生物法回收尼龙废料打开了大门。

5.3.3 生物工程技术在化工领域应用的发展趋势

传统的以石油为原料的化学工业发生变化，向条件温和、以可再生资源为原料的生物加工过程转移；利用生物技术生产有特殊功能、性能、用途或环境友好的化工新材料，特别是利用生物技术可生产一些用化学方法无法生产或生产成本高以及对环境产生不良影响的新型材料，如丙烯酰胺、壳聚糖等；利用生物生产工艺取代传统工艺，如生物可降解高分子的生产；传统的发酵工业已由基因重组菌种取代或改良；生物催化成为化工产品合成的支柱，生物化工产业化步伐正在加快，生物工程技术在化工领域将拥有广阔的前景。

5.4 日用化工领域的应用

21世纪生物技术发展日新月异，特别注重生物技术与其他学科的联系，生物技术与日用化工技术相结合形成日用生物化工技术，目前已研究开发出一些突破传统的新型日用化工产品。

5.4.1 在化妆品生产中的应用

近20年来，人们对化妆品的要求从以美容为主要目的转向美容与护理并重，进一步发展到科学护理为主，同时兼顾美容的效果，所以21世纪的化妆品的基础研究已经从化妆品科学逐渐扩展到细胞生物学、分子生物学、近代药物化学、药理学、毒理学、免疫学等生命科学的领域。现代化妆品已经突破以精细化工为背景的日化行业的概念，生物技术以其自身的优势和强大的生命力介入到化妆品工业的发展中，现代化妆品离不开现代生物技术。

随着技术进步和多学科在化妆品中的应用渗透，化妆品被赋予许多新概念，"高科技生物化妆品"成为当前化妆品发展的一大趋势，即强调化妆品的功能性、天然性和安全性，生物技术自然介入到化妆品领域中，可以说现代化妆品离不开现代生物技术。生物技术给化妆品的发展带来了革命性的改革和飞跃，利用现代生物技术可以为化妆品开发提供高效、安全和价优的原材料或添加剂。生物技术在化妆品领域中主要用于三方面。

5.4.1.1 高科技生物化妆品原料和活性添加剂的生产

（1）生物肽原料

生物肽原料包括生化合成肽和重组肽。生化合成肽即应用蛋白质酶的歧化作用等合成的肽，重组肽是基因工程的产物，另外还有应用组合化学的合成方法获得的肽。10年前在抗衰老护肤品中使用脱氧核糖核酸（DNA）、核糖核酸（RAN）和天然蛋白质曾经颇受欢迎。后来研究表明，这种高分子量的组分无法足量吸收到皮肤里而达到真正的效果。之后，引入蛋白质碎片，即肽。谷胱甘肽和肌肽这两种天然肽已经在防晒霜的遮光剂、皮肤增亮和防皱产品里采用。Argireline是Liptech公司在2000年推出的一种生化合成肽——六肽，它在降低笑纹和眼睛四周的皱纹深度方面很有效，因为它能抑制儿茶酚的释放。Biopeptide-EL 和 Matrixyl 都是生化合成肽（Sedermal 公司研制）。Biopeptide-EL 可促进皮肤弹性蛋白合成，特别是有助皮肤的柔软性。Matrixyl 刺激胶原蛋白的合成，能够在皱纹护理中代替胶原蛋白注射和仪器治疗等。Bio-BUSTYL（Sedermal 公司专利）是把微生物工程和肽合成技术结合在一起的产品，包含刺激生长因子、三肽、六肽，用于化妆品可以改善妇女的胸部美。

（2）基因原料

基因原料是采用基因工程研究的原料，可以是重组肽或重组蛋白质。基因原料是当前基因工程研究中最具潜力、同时也是最成熟的应用领域。过去的 10 余年，美国、欧洲、韩国等广泛研究了人表皮生长因子（human Epidermal Growth Factor，hEGF）及其在化妆品中的应用，生产出含重组 hEGF（rhEGF）的美容化妆品，掀起了一股 rhEGF 生物美容的国际热潮。我国也生产出了 rhEGF 并成功应用于化妆品。rhEGF 是利用基因重组技术表达在大肠杆菌上的人表皮生长因子，由 53 个氨基酸构成的小分子多肽，是一种重组肽。rhEGF 加入到化妆品中的浓度仅为 1×10^{-6}，却有多种功能：使皮肤光泽、滋润、柔软、防皱、祛斑、美白等。因此美容化妆品业称它为美容因子。类似 rhEGF 这样的美容因子还有白介素（inter leaking）、碱性成纤维细胞生长因子（bFGF）等。另外还有许多基因药物有待在化妆品中应用，例如干扰素（INF）、酸性成纤维细胞生长因子（aFGF）、胰岛素生长因子（IGF）、角质形成细胞生长因子（KGF）等。利用基因重组技术生产出类似 rhEGF 这样的基因原料，作为化妆品功能性添加剂，势必将极大推动化妆品业向生物化、高功能性发展。

（3）微生物工程原料

运用发酵工程技术研究生产的化妆品原料，种类很多。包括有透明质酸（HA）、曲酸、γ-亚麻酸、乳酸、柠檬酸、乙醇、黄原胶、氨基酸［如 DPHP(4-二棕榈酰脯氨酸)］、微生物多糖、壳聚糖、溶角蛋白酶、碱性弹性蛋白酶等。其中微生物多糖如 β-1，3-葡聚糖是一种酵母菌的细胞壁中的成分，这种葡聚糖不溶于水，但通过化学修饰成羧甲基 β-1,3-葡聚糖便可溶于水。将它应用于化妆品中，可抗皱（促进胶原蛋白合成）、抗衰老（防止自由基产生）、抗光老化（抑制 UV 诱导下皮肤细胞中角质层的氧化）、抗过敏、保湿、美肤等，受到消费者的青睐。

目前，北京昂立达技术有限公司也已生产出这种产品，商品名为 CM-Glucan。另外国内开发出了发酵法生产壳聚糖的新生产工艺，特别是利用废菌丝体提取壳聚糖已达到国际领先水平，即采用青霉素柠檬酸发酵的废菌丝体为原料生产壳聚糖，大大降低了利用甲壳素生产壳聚糖的成本。号称"国际生化科技活性物领跑者"的瑞士 Pentapharm 公司，研究开发出性质独特的酵母菌，从其发酵产物中或细胞液中提纯活性物，生产出商品名为 IMMU-CELLREVITALIN-BT（缩写为 IMMUCELL）、PREREGEN 的产品。其中 IMMUCELL 是从面包酵母（*Scocharcmyces cerevisiae*）的细胞液中获得的糖蛋白，具有增强皮肤免疫细胞的吞噬作用、促进细胞繁殖再生的功能。PREREGEN 含氧化还原酶，具有抑制蛋白分解酶活性、捕捉自由基、抗刺激的功能，故又称抗污染因子。

（4）细胞工程原料

利用植物细胞培养技术研究开发的化妆品原料，也屡见不鲜。紫草宁、熊果苷、人参、甘草等的体外培养都已获得成功，并成功用作化妆品原料。1983 年日本三井石油化学公司在采用两步法培养紫草细胞成功的基础上正式宣布紫草宁实现工业化和商业化生产。1984年该公司和钟纺公司利用生物工程技术生产的紫草宁色素研制出了世界第一支生物化妆品——天然紫草唇膏，这成果具有重大的意义，使生物化妆品在日本及世界上受到极大的重视，后来日本将紫草宁色素应用到其他化妆品中。熊果苷是酪氨酸酶抑制剂，可抑制黑素的生成。Inormata 等通过长春花（*Catharanthus roesues*）植物细胞悬浮培养获得熊果苷。20世纪 90 年代初，日本资生堂公司率先开发出添加熊果苷的美白生物化妆品，在国际市场上引起巨大的轰动。人参提取液在化妆品中已广泛用作营养添加剂，日本的日东电工公司自 20 世纪 80 年代末一直在进行人参细胞大规模商业化生产。1993 年 Increate 等报道人参的毛状根培养，其总人参皂苷的含量相当于田间栽培 5 年生人参根中的皂苷含量水平。中国药科大学也开发了人参愈伤组织培养技术并成功应用于化妆品。利用植物细胞培养技术获得的甘草提取物也已应用于化妆品中。

5.4.1.2 功能性化妆品新原料的筛选

细胞和组织体外培养技术，是进行功能性化妆品新原料预筛选的有效方法之一。许多功能性化妆品大多采用了天然动、植物提取物和生物技术原料，以达到美白、抗衰老、祛斑、抗皱等功效，这就需要对活性原料进行预筛选。动物细胞培养技术可模拟人体内的生理环境，为皮肤生理学、病毒学、免疫学等提供了技术基础，它可以为特定目标区域提供有效指示，如胶原蛋白的生成、黑素的产生等。这一技术在化妆品功能性新原料的研究开发中应用较多。

5.4.1.3 生物工程技术作为化妆品评估的手段

生物技术特别是体外细胞培养技术在化妆品安全性评价方面得以广泛的应用，例如，利用体外人工皮肤（拟表皮）和三维多细胞培养成的皮肤组织进行刺激性、经皮吸收、光毒性等评价方面具有稳定、快速和可以消除人体实验中由于个体差异所带来的不确定性等诸多优点。目前体外细胞培养技术进行安全性评估主要有两种方法。

① 乳酸脱氢酶（LDH）渗出法。当细胞被表面活性剂损伤时会有 LDH 从破坏的细胞渗出，根据测出的 LDH 含量判断细胞受刺激破坏的程度，其结果与皮肤所受刺激性有关。

② MIT 分析法。它可以测试线粒体的完整性和细胞活性，其数据与由表面活性剂所引起的刺激相关。

总的来讲主要有 5 种细胞用于体外培养：角蛋白细胞（keratinocytes），黑素细胞（melanocytes），朗氏细胞（Langerhans cells），成纤维细胞（fibrobalsts）及皮脂细胞（sebocytes）。根据评估的不同目的可选用不同的细胞模型和评估指标，见表 5-9。虽然体外培养模型目前还不能完全代替动物实验，但它具有巨大的发展潜力。

表 5-9　细胞培养评估方法及指标

评估项目	细胞模型	评估指标
毒性	2-D 和 3-D 细胞培养	细胞形态,细胞活性(中性红、噻唑蓝)
美白功效	黑素细胞培养,黑素细胞和角蛋白细胞共培养,3-D 细胞培养	黑素的生成,酪氨酸酶活性
抗衰老	成纤维细胞培养,角蛋白细胞共培养,3-D 细胞培养	细胞增殖,胶原蛋白、弹性蛋白、黏多糖等的生成

5.4.2　在香精香料生产中的应用

目前天然香料香精的价格高于普通合成香料，但是合成香料的生产过程会造成环境污染。随着人们对环境和健康的重视，天然香料香精的需求越来越大。生物技术的发展为生物法生产香料提供有力的技术和经济支持。为了提高天然香原料的利用率及综合利用，人们开始转入生物提取技术提取香精，生物模拟天然植物代谢过程生产香料。

（1）生物提取及发酵技术

应用生物工程及微波辐射诱导等新技术，再根据原料及产品的要求选择合适的工艺路线，可以提高精油的提取率，有效利用宝贵的天然资源。

采用生物技术方法模拟天然植物代谢过程生产出的化合物，已被欧洲和美国食品法认定为"天然的"产品，因此可以采用生物合成技术生产一些用量较大的香料，用以替代化学合成香料。发酵工程制备天然香料具有以下特点：①条件温和；②高度专一和选择性；③环境友好；④发酵设备具有通用性；⑤无菌生产；⑥克服了长期以来以动植物作为天然香料唯一来源而存在的有效成分含量低、分离困难、受气候和动植物病害影响等缺陷。目前能运用微生物发酵工程制备的天然香料主要有天然乙偶姻、天然香兰素、天然苯乙醇等。

（2）酶生物转化

主要通过不同的酶促反应，如氧化、还原、水解、脱水反应，形成新的C-C键，并进一步转化为天然香料。酶生物转化合成香料优于化学合成主要在于：①手性的引入；②化学惰性碳原子的功能转化；③在多功能分子中选择性修饰特定的基团；④手性香料化合物的拆分。

在香料开发和提取中应用最多的酶是水解酶和裂合酶，主要的反应工艺过程包括：将醇进行生物转化以获得异丁酸之类的酸类；使用脂肪酶以生产酯类与内酯类；不饱和脂肪酸经酶转化成低分子量的醛类与醇类物等。在这些反应中采用酶法合成的最广泛的是酯类香料，目前有50多种的酯可以由酶法合成。在香料开发中通常用脂肪酶催化不对称合成出具有光学活性的醇、脂肪酸及其酯、内酯类化合物。

当前世界很多香料公司开发自己专用的酶，使其产品更具特色，不易被模仿，尽管这些酶没有商品化，但使酶制备、酶应用的整体技术得到提高。利用酶促反应可以生成许多香精香料的前体物质，如以稀奶油、牛奶等为主要原料，通过脂肪酶的作用将乳脂肪分解，得到增强 $150\sim200$ 倍的乳香原料；采用还原糖与氨基酸、肽类、蛋白质等物质通过美拉德反应，产生肉类风味化合物，并且可通过改变原料、温度等工艺条件制备出风味不同的香味物质。

（3）组织培养和基因工程

欧盟目前的一个研究课题主要是应用基因工程来将单萜转化为具有强烈香味活性的功能氧化产品。一个野生假单胞菌作为宿主，向其引入一个编码单萜转化酶的基因，从而使之成为具有特殊催化功能的基因工程菌。国外对丁子香酚降解菌假单胞菌中的丁子香酚羟化酶基因进行了研究。还有人研究了能将阿魏酸转化为香兰素的 *Amycolatopsis* sp. HR167 的基因。不仅如此，有研究者通过破坏香兰素脱氢酶基因构建的假单胞菌，用于将丁子香酚转化为香兰素。

1984 年，钟纺株式会社以组织培养法获得了香天竺葵批量生产技术的成功。香荚兰是世界上用得最广的香料。在利用植物细胞培养技术生产香兰素时，通过在培养基中添加一些植物激素，如 2，4-二氯苯氧乙苄基腺嘌呤和萘乙酸等，愈伤组织发生率大大提高，而且所形成的愈伤组织的继代培养生长较好。

5.4.3 在生物表面活性剂生产中的应用

生物表面活性剂是一类具有优良表面性能的大分子物质，与化学合成表面活性剂相比，生物表面活性剂具有活性高、功能特殊、环境友好等特点。生物表面活性剂的特性决定其具有广泛的应用，尤其适合于石油工业，如石油的生物降黏、提高原油采收率、重油污染土壤的生物修复等。另外，生物表面活性剂作为绿色天然添加剂，在食品工业、精细化工、医药、农业和环境工程等工业方面也越来越受到人们的青睐。表面活性剂的种类见表 5-10。

表 5-10 表面活性剂的种类

种　　类	典型产物	典型生产菌
糖脂	海藻糖脂、鼠李糖脂	*Arthrobacter*，*Pseudomonas*
中性脂/脂肪酸	甘油脂、脂肪酸、脂肪醇	*Acinetobacter*，*Clastridia*
含氨基酸脂	脂蛋白、脂肽	*Nocardia*，*Bacillus*
磷脂	磷脂酰乙醇胺	*Rhodococcus*
聚合型	糖-多糖复合物	*Candida*
细菌表面本身	生物破乳剂	*Nocardia*

（1）微生物发酵法

生物表面活性剂多数由细菌、酵母菌、真菌等微生物产生。通过微生物发酵生产生物表面活性剂，微生物在不同的条件下产生各种类型的生物表面活性剂。其中，以微生物制备糖脂类生物表面活性剂为例，发酵法生产生物表面活性剂的具体方法一般分为 3 步，即培养发酵、分离提取和产品纯化。生物表面活性剂是一类结构多样的化合物，其发酵过程也随具体产物而不同，但大多数微生物发酵产生的表面活性剂的分离、提取和纯化都有一些类似的方法，如萃取、盐析、离心沉淀、结晶以及冷冻干燥等，在技术和经济上非常适合大量生产。

（2）酶合成法

与微生物发酵方法相比较，酶合成法起步较晚，但发展迅速。由于酶在非极性溶剂中或微水条件下仍然能很好地发挥其催化功能，极大地拓宽了酶作为催化剂催化合成生物表面活性剂的应用范围。另外酶法的生产条件不十分苛刻，反应具有专一性，可获得高含量的目标产物，且产物易回收。目前研究的外源多酶联合催化技术，在体外将多酶串联或共同作用，模拟内源多酶联合催化过程并使其处于可控状态，再将整胞微生物代谢法的优点嫁接到外源酶催化法上来，使得酶法合成生物表面活性剂具有更大的发展潜力。所以酶合成法也是生物表面活性剂生产和制备的主要方法之一。例如单甘酯、糖脂、磷脂、烷基糖苷和氨基酸等生物表面活性剂都是用酶法合成。近几年，酶合成法与微生物发酵法相结合成为了发展方向。

（3）其他制备法

天然生物提取法，例如磷脂、卵磷脂类等生物表面活性剂存在于蛋黄或大豆天然生物原料中，现早已被提取出应用到人们的生活与生产当中。从天然生物原料中提取有效的生物表面活性剂，分离提取相对较易，天然含量丰富，制备简单，成本低廉，但是受到原料的限制难以大量生产。

5.4.4　在洗涤剂用酶生产中的应用

洗涤剂用酶主要分为：①蛋白质分解酶（protease），蛋白质酶是利用得最早、用量最大的洗涤剂用酶制剂；②脂肪分解酶（lipase）；③淀粉分解酶（amylase）；④纤维分解酶（cellulase）等。

最近新开发的酶制剂有：甘露聚糖酶（mannase）、过氧化物酶（peroxidase）、虫漆酶（laccase）和虫胶酶（pectinase）等。但是，这些酶中除了甘露聚糖酶已应用在部分的洗涤剂中外，其他品种尚未在洗涤剂中推广应用。如今洗涤剂的发展日新月异，由原来的清除污斑到增加其护色、保持白度的性能上来，酶在这方面起到很关键的作用。主要有以下两种酶系。

（1）洗涤剂中抑制串色的酶系

为了抑制在洗涤中的串色，可以在洗涤剂的组成中加入使染料氧化成为无色的物质——过氧化酶。从灰色鬼伞蕈中分离的一种名叫 Guardzymc 的过氧化氢酶能够有效地抑制洗涤过程中染料的串色现象，而且 Guardzymc/酚噻嗪-10-丙酸（简称为 PPT）在低温下也能够工作良好。

（2）低温型脂肪酶

在第一代脂肪酶——Lipolase 引入到洗涤剂中导致在洗涤衣服时甘油三酯清除的改善，脂肪酶除了除去污斑外还能使被洗涤的衣服在整个生命周期内，其纤维表面的脂质含量保持在较低的水平下，从而能够防止衣服在穿着和洗涤过程中吸附污垢。为了适应低温洗涤的需要，在第一代脂肪酶——Lipolase 上面进行蛋白质工程，对脂肪酶上的个别氨基酸进行修饰，合理设计出脂肪酶的新变体。

可以看出，以上洗涤剂的优势都是因有生物技术的应用，人们期待更多的生物技术如DNA 重组技术、蛋白质工程以及仍在进展中的各种酶的结构与功能之间关系的研究，能使新的具有改善性能特性的洗涤剂酶的开发和利用更快和更为有效。

5.5　纺织领域的应用

将生物工程技术应用到纺织加工中有节能降耗、减少污染、安全性高、可赋予纤维及纺织品一些全新的性能等优点。不仅提高了附加值和产品档次，加工出符合消费者和环境要求的生态纺织品，而且在纺织品的贸易竞争中占得先机。随着生物工程技术在纺织工业各个领域的深入，它将对生态纺织产生巨大的促进作用。利用生物工程技术一定会使纺织品在新的层次上实施"绿色纤维"、"绿色设计"、"绿色制造"的"绿色纺织"，这种"绿色纺织"可在污水治理、环境保护中起到重要作用。

5.5.1　在新型纺织材料开发上的应用

随着纺织技术的不断发展和人们对纺织品的质量要求不断提高，必须对棉纤维的品质进行改善，尤其是强力和颜色，以满足现代加工、环保、舒适的要求。将生物技术应用到纺织工业中为纤维材料的研发开辟了新的途径，且在该技术的应用下可以改进现有纺织材料的不足，提高其服用性能，还可以根据需要开发出适合纺织生产的新型纤维，扩大了原料范围。

5.5.1.1　天然彩色棉纤维及其他新型棉纤维

天然彩色棉纤维是利用基因改良技术开发出的一种新型棉花品种。彩棉在纺织应用过程中无需化学漂染，可以减少产品加工过程对环境的污染和能源的消耗，且产品不会有偶氮染料等有害物质的残留，因而被普遍认为是理想的生态纺织品。关键是要通过基因重组将发色基因整合到棉花的基因组中，进而表达出目的基因的色泽，从而获得天然彩棉纤维。我国目前已经成功培育出多种彩棉品种，其中棕色和绿色两种性能稳定且可纺性强的彩棉纤维已被大量投入到纺织生产中，并基于这两种纤维开发出了品种丰富的彩棉系列产品。基于彩棉纤维与生俱来的生态环保特性，其产品一问世便受到消费者的普遍青睐。

利用生物工程技术与基因工程技术还可向棉纤维中引入其他成分，形成天然多成分棉，从而改善棉纤维的性能。如利用生物工程技术将可生物降解的聚酯内芯添加到棉纤维中腔内，生产出天然的涤棉混合纤维；利用转基因技术从大肠杆菌中分离出一种对草甘膦有抗性的基因将其植入棉花基因组中用以获得具有抗草甘膦性能的转基因棉花；向棉纤维中引入动物纤维蛋白，从而形成含动物纤维的天然多成分棉，以改善棉纤维自身的不足，提高棉纤维的各种服用性能等。

5.5.1.2　天然彩色蚕丝

天然彩色蚕丝是应用生物基因重组技术，导入家蚕彩色茧基因，采用现代育种技术，结合杂交组合、定向选择等传统育种技术，选育出天然彩色蚕茧实用蚕品种。2007 年，在我国西南大学生物技术学院成果展示会上，展示出新研制成功的六彩蚕茧——橙色、粉红、浅黄、浅绿、锈色和白色的蚕茧。据报道，西南大学蚕桑学重点实验室运用基因改性技术，让家蚕吐出了彩丝。这种彩色蚕茧是通过转变蚕的基因等技术来改变蚕茧的颜色。天然蚕丝制成的衣物等用品，像天然彩棉一样健康、环保，不脱色。

5.5.1.3　改性羊毛

随着基因工程技术的进步，已可从遗传学的角度对绵羊做出全面鉴定，鉴别出优质绵羊，从而更加科学准确地选择良种绵羊，以便大批繁殖。澳大利亚研发了一种改变羊毛纤维性能的新方法，是利用转基因技术，在羊毛的囊细胞中转入一个或多个外来基因，在毛囊中改变羊毛或纤维蛋白的基因表达方式来改变纤维的性能。这样不用大幅度改变纤维的结构整体就可改变羊毛的性能。如果将丝蛋白转入羊毛纤维的皮质中，可以改变羊毛纤维的细度、柔软性等性能。为生产高档轻薄型毛织物提供了原料。这正符合当下毛纺织品向轻薄型发展的世界潮流。另外，人们正在试图将彩色基因导入绵羊体内，培育出具有天然色彩的羊毛。

5.5.1.4　蜘蛛丝

蜘蛛丝是一种线状蛋白质，因具有超高强力成为开发高强织物的理想原料。由于蜘蛛不是群居动物，要从自然界获得大量的蜘蛛丝非常困难，如何获得大量的蜘蛛丝来满足纺织生产的需要成为产品开发过程的一大难题。利用生物技术便可解决这一难题。目前，根据研究，生产仿造蜘蛛丝的方法如下。

（1）利用动物生产

利用生物工程技术将产蜘蛛丝的基因植入桑蚕的基因组内，通过培养使桑蚕吐出具有蜘蛛丝性能的丝蛋白，其抗断裂强度是蚕丝的 10 倍，尼龙的 6 倍，伸长率高达 35％，远远超过尼龙丝。因为人类有丰富且成熟的养蚕经验，因此可以大规模饲养；又因为桑蚕生长速度快，合成蛋白质的效率高，因此可以为人类生产许多宝贵的天然丝。加拿大 NeXia 生物公司利用生物技术把蜘蛛丝的基因移植到奶牛和山羊的乳腺细胞中，然后从奶牛和山羊分泌的乳汁中提取出与蜘蛛丝性能类似的丝蛋白纤维。

（2）微生物合成蜘蛛丝的方法

可利用微生物发酵技术将表达蜘蛛丝蛋白的有关基因重组到可以用发酵法大量生产蛋白质的诸如大肠杆菌或酵母菌等这一类微生物的基因组中，通过发酵培养使其产生大量的蜘蛛丝蛋白。由于微生物的繁殖速度极快，可廉价地大批量生产，故称为"微生物加工厂"。

（3）利用植物生产

采用转基因方法将蜘蛛丝蛋白基因移植到花生、烟草、谷物等植物上，使植物大量生产出类似蜘蛛丝蛋白的蛋白质，然后通过提取加工，便可用作纺纱原料，同时降低了成本。

5.5.1.5　具有生物特性的纺织纤维

（1）甲壳素和壳聚糖在纺织上的应用

甲壳素广泛存在于昆虫、蜘蛛等节肢动物以及虾、蟹等水产品的外壳中，也存在于藻类、菌类的细胞壁中。而壳聚糖是甲壳素在浓碱溶液中脱去乙酰基的衍生物，将其溶于适当的溶剂中可制得甲壳素纤维。这种纤维有生物可降解性和生物活性，从而具有良好的黏结性、吸附性、抗菌性和治伤性能，所以适合制造特殊的医用功能纤维产品。

（2）抗微生物技术在纺织品中的应用

美国 MICROBAN 公司已将抗微生物技术应用于纤维生产中，把抗微生物物质渗透到聚合物的分子结构间隙中去，制成耐洗的医疗保健和家庭护理用品。

（3）天丝（Lyocell）纤维

Lyocell 纤维是一种具有生态环保意义的"绿色纤维"，它是一种不经化学反应生产出、可以生物降解的纤维素纤维，它具有其他纤维所没有的特殊风格和性能，可以开发高附加值的产品。

（4）聚乳酸纤维

聚乳酸纤维是利用可再生的玉米、小麦等淀粉原料经发酵转化成乳酸，再经聚合达到纺丝级，纺丝而制成的纤维。这种纤维在微生物的作用下可降解，有利于生态平衡。同时用聚乳酸纤维制成的面料，触摸时有舒适的肌肤接触感和手感，还具有真丝般的光泽。

（5）大豆蛋白纤维

大豆蛋白纤维是利用从大豆粕中提取的蛋白高聚物，制成一定浓度的蛋白纺丝液，经特殊工艺将大豆蛋白接枝到聚乙烯醇基上，纺成具有优越性能的高档的再生植物蛋白纤维，有"人造羊绒"的美誉。大豆蛋白纤维在纺织生产中的特点有：①原料是来自于自然界的大豆粕，数量大且可再生，不会对资源造成掠夺性开发；②生产过程中也不会对环境造成污染；③使用的辅料、助剂均无毒，提纯蛋白后留下的残渣还可作为饲料。因此它是一种经济环保的纺织材料，被称为 21 世纪的"生态纺织纤维"。

大豆蛋白纤维及其纺织品的优点有：①可部分替代羊绒和真丝，不仅能大幅度提高大豆的利用价值，而且可减轻羊绒生产对草原生态环境的破坏；②含有多种人体所必需的氨基酸和微量元素，并可在保湿因子的作用下，对肌肤起到永久的滋润与呵护，同时它又具有很强的杀菌抑菌作用，且保健作用持久；③有着很好的物理机械性能，它的断裂强度比羊毛、棉、蚕丝的强度都高，且常规洗涤不会收缩，抗皱性也非常出色；④用它织成的面料，具有羊绒般的手感、蚕丝般的柔和光泽、羊毛的保暖性、棉纤维的吸湿透气性及化学纤维的导湿快干性及强力；⑤具有独特的润肤、保健抗菌以及柔滑、悬垂飘逸等性能。它的出现满足了人们对穿着保健性、舒适性、美观性的追求。

（6）竹纤维

竹纤维是以竹子为原料经特殊的高科技工艺处理，把竹子中的纤维素提取出来，再经制胶、纺丝等工序制造的一种天然环保型绿色纤维。它具有良好的较强的耐磨性、瞬间吸水性、透气性、良好的染色性等优良的性能。同时因为竹子的生长不需施用各类化肥，其自身也能产生负离子和防虫抗菌作用，因而具有了天然抗菌、抑菌、防螨、防臭和抗紫外线等作用。专家指出，它是一种可降解的纤维，并在泥土中能完全分解，对周围环境不造成损害，是一种真正意义上的天然环保型绿色纤维。

（7）牛奶蛋白纤维

牛奶蛋白纤维是在聚丙烯腈基上接上牛奶蛋白，制成具有丝般顺滑的合成纤维。由于牛奶蛋白具有蚕丝般的柔滑手感以及柔和的光泽，因此被用作蚕丝的替代品，广泛用于各种纺织品的生产中。

5.5.2 在化纤研发中的应用

新型聚酯纤维 PTT 兼有涤纶和锦纶的特性，防污性能好，易于染色，手感柔软，富有弹性等，成为一种适用性很强的新型纺织材料，但是 PTT 工业化的关键原料 1,3-丙二醇成本较高。研究表明，采用生物发酵技术生产 1,3-丙二醇，可降低 PTT 的生产成本。

聚乳酸纤维是一种可完全生物降解的合成纤维，其制品废弃后经微生物作用可分解为二氧化碳和水，燃烧时不会散发有毒气体，具有可持续发展的优点，是一种绿色纤维。利用生物发酵工程可生产 PLA 纤维，即聚乳酸纤维。该纤维以玉米淀粉为原料，先将其发酵制得乳酸，然后经缩合、聚合反应制成聚乳酸，再利用偶合剂制成具有良好机械性能的高分子量聚乳酸，然后纺丝得到纤维。

5.5.3 在纺织物染整工艺前处理的应用

（1）退浆

酶退浆是应用生物酶催化水解织物上的浆料。浆料有淀粉、改性淀粉、聚乙烯醇（PVA）、羧甲基纤维素（CMC）等。淀粉酶是常用于织物退浆的生物酶，它可以催化水解淀粉浆料，具有高效性及专一性且反应条件温和，因此酶退浆的退浆率高、退浆快、污染少，退浆后的织物比酸退浆或碱退浆更柔软且纤维损伤小。此外，淀粉酶作为一种生物蛋白质对环境友好，无任何毒性，还可回收利用，退浆产生的废水可生物降解，解决了退浆废液对环境的污染问题。常用的酶为枯草杆菌 α-淀粉酶 BF-7658 和胰酶两种。BF-7658 的最适温度为 $55\sim60℃$；胰酶的最适温度为 $40\sim55℃$。近年来国内还在开发耐高温型淀粉酶，使用温度可在 90℃ 以上，可实现高温连续化退浆处理。

（2）精练

棉精练的目的是去除果胶质、蜡质、蛋白质等非纤维素杂质，提高棉的吸湿性以利于后一道工序的漂白和印染加工。传统的棉精练是在高温和烧碱的作用下完成，处理后需要用大量的酸中和及大量的水清洗，对棉的损伤较严重，污染大、能耗高。采用果胶酶对棉织物进行精练能有效分解去除伴生杂质，其润湿性可能不及传统的碱精练织物，但强力损伤小、织物表面光洁、手感柔软，有利于提高产品的附加值，同时生物方法对环境、操作人员及设备都不会造成伤害。另外，还可以采用果胶酶、纤维素酶和蛋白酶共同对棉织物精练，即复合酶精练，在分解棉纤维中果胶的同时也使得初生胞壁中的纤维素分解，去除纤维表皮杂质，处理后织物变得光洁、柔软，润湿性比单独用果胶酶的效果好。复合酶精练必须解决各种酶制剂最适作用条件一致性的问题，否则难以用于棉精练加工，实用性不强。采用果胶酶可对麻纤维及其织物进行脱胶处理。

（3）漂白

过氧化氢（H_2O_2）是漂白织物常用的氧化剂，由于一些染料对氧化剂非常敏感，尤其是活性染料，因此氧漂后织物上残留的过氧化氢必须去除，以免影响染色效果。传统的方法是经过若干次大量的水洗或用还原剂如重硫酸盐去除过氧化氢。这两种方法都不可靠且会造成污染，使用过氧化氢酶可以避免这些问题。过氧化氢酶是一种氧化还原酶，可以快速去除过氧化氢，而对染料没有作用，不影响染色。因此可以将脱氧和染色同时进行，也适用于纱线染色机、喷射溢流染色机、绞染机和卷染机等氧漂生物净化处理。过氧化氢酶去除过氧化氢工艺被称为生物净化工艺。

如果能利用生物酶对织物进行漂白，那么织物的前处理如退浆、精练、漂白都可以利用酶来完成，在适宜的工艺条件下还可实现织物"退浆-精练-漂白"联合法处理，完全获得纺织品前处理的绿色加工。从目前的研究结果看，可采用葡萄糖氧化酶进行漂白。其作用机理是漂白时先加入葡萄糖淀粉酶和淀粉，将淀粉转化成葡萄糖。然后加入葡萄糖氧化酶，用氧化酶处理产生过氧化氢，通过过氧化氢的作用达到漂白的目的。目前该工艺的关键问题是生产葡萄糖氧化酶的成本高，使其在纺织加工中难实用和推广。随着生化技术的进步，大量生产廉价的氧化酶是完全可能的，因此氧化酶作为织物漂白剂完全有可能得到广泛应用。

（4）抛光

生物抛光是用纤维素酶去除织物表面的绒毛，使织物达到表面光洁，抗起毛起球，手感柔软、蓬松等独特性能的整理。酶的作用是弱化微纤的末端，但没有把它们和纱线分开，还要靠机械作用来完成。与其他相应的加工方法相比，生物抛光有以下优点：织物表面更光洁更均匀，整理效果更持久；增加了悬垂性，并具有爽滑的手感；与柔软剂组合可获得独特的柔软性；更具环保性。生物抛光的抗起毛起球效果是持久的，因为纤维的末端被去除而不是像柔软剂那样在原处覆盖。实验证明，经生物酶抛光的纯棉织物能耐60次家庭水洗。

　　(5) 皂洗

　　为了促使纤维内部未固着的水解染料扩散到纤维表面，同时解吸到洗涤液中，棉织物经活性染料染色后往往要进行皂洗。传统的皂洗剂如丙烯酸聚合物类皂洗剂，主要通过水解染料络合作用来清除浮色，并防止回粘，虽然提高了织物的水洗牢度，但对深色染色织物的湿摩擦牢度作用不明显。国外已经开发了用于染色或印花后去除浮色的皂洗酶，通过将未反应固着染料及水解产物中的分子发色团破坏清除来提高染色织物的色牢度，同时降低水洗成本和时间。这种皂洗酶实际上是一种漆酶，漆酶是一种氧化还原酶，可以催化绝大部分染料的氧化反应，使染料脱色。漆酶对靛蓝染料的分解效率很高，因而还可用于牛仔布的脱色返旧整理。用漆酶处理后织物强度损伤小，表面光洁，手感厚实。

5.5.4　在纺织物整理中的应用

　　随着人类环境保护和安全健康意识的不断提高，世界各国对纺织品及环境无害的要求越来越高，要求纺织染整加工实现"清洁化生产"。传统的染整加工都或多或少涉及有害的化学制剂。而生物酶是天然蛋白质，它们安全无毒，易生物降解，不会污染环境和纺织品。另外，采用酶处理纺织品，可以使纺织品获得一些特殊的视觉效果和性能，从而提高纺织品的附加值。

　　(1) 织物风格的整理

　　纤维素酶作用于天然或再生纤维素纤维，对织物进行减量处理，可去掉织物表面茸毛，使织物光洁、柔软，减少起毛起球现象。对普通天丝（Lyocell）织物处理后，可赋予织物特殊的表面视觉效果，即仿桃皮绒整理。牛仔服装的返旧整理最常用的工艺是石磨水洗，该工艺对织物损伤大，易造成断纱破洞现象，同时也易损伤洗涤设备，对环境也有影响。采用纤维素酶进行返旧整理，可解决浮石水洗整理中存在的问题。纤维素酶处理后，织物各项性能的改善是全方位的，可改善织物光泽、手感，对织物损伤小，环境污染少。

　　(2) 蛋白质纤维的酶处理

　　蛋白酶主要用来处理毛、丝等蛋白质纤维。羊毛酶处理用于防毡缩、柔软丝光处理和降低染色温度等，是羊毛制品高档化、高附加值有效途径之一。另外，酶处理可明显地减少污水中可吸附有机卤化物（AOX）的含量。蛋白酶用于蚕丝的脱胶，代替传统的皂碱精炼工艺。采用酶解结合皂碱法或酶解结合洗涤剂法对丝绸织物进行精练后织物上茸毛少、手感柔软，采用该类工艺可节能降耗、减少污染。由于酶作用的专一性及丝素的水解仅可能集中在表面，因此采用酶制剂对丝绸织物进行砂洗处理，可获得较好的砂洗效果，且对织物的损伤小。

　　(3) 麻纤维的脱胶处理

　　麻纤维属于韧皮纤维，其表面的韧皮组织必须在纺纱前去除，称为脱胶。传统方法是用强酸或强碱在高温条件下进行，效果虽然理想，但存在成本高、污染严重、耗能高、纤维损伤严重等缺点。因此近年来发展的用生物酶对麻纤维进行脱胶备受关注。用生物酶对麻纤维进行脱胶具有纤维强力损失小，纤维光洁柔软，成纱性能好，且生产效率高，能耗小等优点，酶法脱胶具有非常好的发展前景。

5.6 新材料领域的应用

新材料是指新出现的或正在发展中的，具有传统材料所不具备的优异性能和特殊功能的材料；或采用新技术（工艺、装备），使传统材料性能有明显提高或产生新功能的材料。一般认为满足高技术产业发展需要的一些关键材料也属于新材料的范畴。当前，美国、欧洲、日本等发达国家和地区十分重视新材料技术的发展，都把发展新材料作为科技发展战略的重要组成部分，在制定国家科技与产业发展计划时，将新材料技术列为 21 世纪优先发展的关键技术之一，予以重点发展，以保持其经济和科技的领先地位。中国的新材料科技及产业的发展，在政府的大力关心和支持下，也取得了重大的进展和成绩，为国民经济和社会发展提供了强有力的支撑。新材料技术的发展不仅促进了信息技术和生物技术的革命，而且对制造业、物资供应以及个人生活方式产生重大的影响。

生物工程技术作为一门发展迅速的技术，在新材料领域的应用已非常广泛。根据人们的需要，利用生物技术来改变新材料的各种性能，使得新材料领域获得了快速的发展。

5.6.1 在军事材料方面的应用

新材料在国防建设上作用重大。例如，超纯硅、砷化镓研制成功，导致大规模和超大规模集成电路的诞生，使计算机运算速度从每秒几十万次提高到现在的每秒百亿次以上；航空发动机材料的工作温度每提高 $100℃$，推力可增大 24%；隐身材料能吸收电磁波或降低武器装备的红外辐射，使敌方探测系统难以发现等。

利用先进的生物技术来研制军事材料，是国防建设今后发展的趋势。如美国国防部在遗传工程方面的研究投入了大量的资金，并利用微生物制造出有军事用途的新材料。如美国海军研制一种新的胶黏剂，它能够像藤壶（一种能黏附在船底的海洋生物）一样把噪声发生器黏在潜艇上。这样，美国海军就能在全球海域内有效地跟踪该潜艇的活动。

美军还打算利用生物技术研制能够发现敌军活动的传感器。这些传感器能探测光、噪声和"外来物"（如内燃机的排气），以及能证明部队调动的其他化学物质。此外，还要利用生物工程技术研制类似人脑的"生物计算机"。

5.6.2 在生物环境材料方面的应用

现代环境生物技术是现代生物技术和环境工程技术相结合的产物，它是 20 世纪 80 年代才诞生的一种崭新的技术，是对传统的生物技术的强化和创新。作为一门新兴的边缘学科，环境生物技术主要涉及生物技术、工程学、环境学和生态学等学科。不仅包含了生物技术所有的特点，而且还融合了环境污染防治及其他工程技术。

传统的生化处理技术，如沉淀池、化学还原法、活性污泥法以及在新的理论和技术下产生的强化处理技术和工艺，如生物滤池、生物转盘、生物流化池等，是当今生物处理废水中应用较广泛的技术，尤以生物膜法最为突出。

生物膜法是一种通过附着在某种物体上的生物膜来处理废水的好氧生物处理法。其主要优点是对水质、水量变化的适应性强，其主要特点是微生物附着在介质滤料表面上，形成生物膜，污水同生物膜接触后，溶解性的有机物被微生物吸收转化为 CO_2、H_2O、NH_3。污水得到净化，同时繁殖更多的微生物，所需的氧气一般直接来自大气。在该方法中，生物膜承担了很重要的角色，是最重要的生物材料。

当前白色污染已成为重要的环境问题之一，目前世界上许多国家，如美国、西欧各国、日本、中国都在积极研制开发生物可降解材料。目前所报道的体内可吸收线性高分子生物材料已超过 20 多种。为减少塑料所造成的白色污染,国外在生物降解方面做了大量的研究并取得良好的成果。

5.6.3 在生物医用材料方面的应用

生物医用材料(biomedical materials)又称生物材料,用以和生物系统结合,以诊断、治疗或替换机体的组织、器官或增进其功能。生物医用材料不同于药物,它的主要治疗目的不是必须通过新陈代谢或免疫作用等来实现,但可以结合药理作用,甚至起药理活性物质的作用。随着新材料、新技术、新应用的不断涌现,生物医用材料吸引了许多科学家投入这一领域的研究,成为当今材料学研究最活跃的领域之一。常用的生物医用材料分类见表 5-11。

表 5-11 常用的生物医用材料分类

类别	示例
生物纳米材料	药物控释材料及基因治疗载体材料
生物惰性材料	氧化铝、氧化锆、碳复合材料等
生物活性材料	羟基磷灰石和生物活性玻璃等
介入治疗器具材料	血管内支架、脏器支架、介入封堵器械、造影导管、引导导管、引导钢丝等
外科用新型生物材料	人工血管,人工心脏瓣膜
组织工程材料	骨科内置物、组织支架
口腔材料	复合树脂充填材料、金属烤瓷
基因治疗载体材料	内皮细胞(BOEC)、腺相关病毒载体、腺病毒载体
血液净化材料	免疫吸附柱、球形活性炭等
仿生智能材料	变色玻璃、形状记忆合金等
药物控释材料	聚天冬酰胺材料

20 世纪中后期,高分子工业的迅猛发展推动了生物医用材料的开发,并于 20 世纪 80 年代中期开始将生物技术应用于研制生物医用材料,在材料的结构及功能设计中引入活性细胞,利用生物要素和功能去构建理想的材料,提出了"组织工程"的概念。组织工程研究的核心是建立由细胞和生物材料构成的三维结构物。因此,大力研究和开发新一代生物医用材料,即生物相容性良好并可被人体逐步降解吸收的高性能生物医用材料是 21 世纪生物医用材料发展的重要方向。

近年来由于组织工程的发展对生物材料的表面性质提出更多的要求,新的修饰技术也随着发展起来,如辐射接枝法、表面固定化、低温等离子体法、离子注入法等。

生物材料的表面修饰是一项复杂的系统工程,需要兼顾材料学和生物科学的需要,实现理想的表面修饰应该设计表面拓扑结构、特异性识别、亲水疏水平衡、蛋白质吸附等各个方面。更重要的是力图趋近调控细胞在材料表面生长和凋亡这一动态双项平衡,模拟天然组织的结构(即生物仿生)是进行生物材料表面修饰的一个发展方向,也是一个难点。在以后的发展中,以生物材料表面的生物仿生和材料表面的自组装修饰为两大重点。

利用生物技术研究生物医用材料的重点是在保证安全性的前提下寻找组织相容性更好、耐腐蚀、降解性好、性能稳定、多用途的生物医药材料,具体体现在以下几个方面。

(1) 提高生物医用材料的组织相容性

改进的途径主要有两种:一是使用天然高分子材料,例如利用基因工程技术将产生蛛丝的基因导入酵母细菌并使其表达；二是在材料表面固定有生理功能的物质，如多肽、酶和细胞生长因子等，这些物质充当邻近细胞、基质的配基或受体，使材料表面形成一个能与生物活体相适应的过渡层。

（2）生物医用材料的可降解化

组织工程领域研究中，通常应用生物相容性的可降解聚合物去诱导周围组织的生长或作为植入细胞的黏附、生长分化的临时支架。其中组织工程材料除了具备一定的机械性能外，还需具有生物相容性和可降解性。英国科学家发明了一种可降解淀粉基聚合物支架。以玉米淀粉为基本材料分别加入乙烯基乙烯醇和醋酸纤维素再分别对应加入不同比例的发泡剂（主要为羧酸），注塑成型后就可以获得支撑组织再生的可降解支架。

（3）生物医用材料的生物功能化和生物智能化

利用细胞学和分子生物学方法将蛋白质、细胞生长因子、酶及多肽等固定在现有材料的表面，通过表面修饰构建新一代的分子生物材料，来引发人们所需的特异生物反应，抑制非特异性反应。例如，将一种名叫玻璃粘连蛋白（VN）的物质固定到钛表面，发现固定 VN 的骨结合界面上有相对多的蛋白存在。

（4）纳米生物材料

目前取得实质性进展的是纳米控释技术和纳米颗粒基因转移技术。这种技术是以纳米颗粒作为药物和基因转移载体，将药物、DNA 和 RNA 等基因治疗分子包裹在纳米颗粒之中或吸附在其表面，同时也在颗粒表面偶联特异性的靶向分子，如特异性配体、单克隆抗体等，通过靶向分子与细胞表面特异性受体结合，在细胞摄取作用下进入细胞内，实现安全有效的靶向性药物和基因治疗。

（5）开发新型医用合金材料

生物适应性优良的 Zr、Nb、Ta、Pd、Sn 合金化元素被用于取代钛合金中有毒性的 Al、V 等，如 Ti-15Zr-4Nb-2Ta 和 Ti-12Mo-6Zr-2Fe 等合金的生物亲和性显著提高，耐腐蚀及机械性也有比较大的改善；Ti-Ni 和 Cu、Zn、Al 等形状记忆合金由于具有形状记忆和超弹性双重功能，在脊椎校正、断骨固定等方面有特殊的应用。

（6）研制具有多种特殊功能的生物材料

如膜式人工肺中使用的透氧气和二氧化碳的材料；用于植入体内降解缓蚀性材料和经过皮肤吸收的液晶缓蚀膜材料；用于口腔医学临床的金属和陶瓷与用碳纤维增强的复合材料等。

5.7 新能源领域的应用

能源安全是国家战略安全保障基础之一。有限储量的化石燃料的减少、能源需求的不断增长以及化石燃料燃烧造成的环境污染和温室效应，使 21 世纪的能源面临巨大挑战，为解决能源危机，世界各国均已投入到研究开发新能源的热潮中，可再生能源将成为未来可持续发展能源系统的主体。

5.7.1 在能源开发中的应用

（1）生物质能源的开发

能源专家们认为生物质能源的开发利用，是目前世界能源结构进行战略性改变的一个重要方面。随着煤炭、石油、天然气的日益枯竭和地球环境的不断恶化，人们希望用新的洁净的可再生能源来取代。生物质能源是比较理想的一种。所谓生物质，就是生物体及其活动而生成的有机物质的总和。生物有机质是太阳能固定存在的形式。地球上的绿色植物吸收太阳能，一年中积累的生物质，就相当于2000亿吨煤，是一种极为丰富的可再生能源。

生物工程技术用于生物质能开发，一是增加生物质的产量，固定更多太阳能；二是充分利用生物质，提高能源的利用率；三是培育出能直接产生能源的植物新品种。在增加生物质的产量方面，科学家们运用生物技术培育和大面积种植"高光效植物"，如玉米、甘蔗、高粱，以及一些繁殖能力强的速生丰产林木等。在充分利用生物质方面，生物技术开辟了高效节能污染少的较佳途径。如通过微生物或酶的作用，将植物中的淀粉、糖分、纤维素和木质素转化为可以燃烧的液体燃料（酒精、甲醇）或气体燃料（沼气）。选用的微生物和工业酶，对提高能源转化率关系很大。在能源植物的培育方面，加利福尼亚大学的科学家卡尔文教授，在1978年首次成功地培育出直接生产能源的植物——"石油章"。这种植物茎秆被割开后能流出一种白色乳状的碳氢化合物液体，经提炼就得到石油。澳大利亚的科学家还发现了一种可生产能源的藻类，它的含油量高达其干重总量的70%，所含油的结构与原油结构相似。

（2）废矿井中矿物能源的开采

石油工业采用常规开采工艺开采地下原油，在原石油气压下，一次采油只能采出存油的10%～20%，二次采油加水或蒸气加压，只采出30%，一般还有60%左右的原油未开采出来。过去常将这种矿井宣布报废。现在采用生物工程技术新工艺，实现微生物三次采油，可以较彻底地将地下这部分宝贵能源开采出来。如美国在得克萨斯州一口40年井龄的油井中，加入糖蜜和微生物混合物，然后封闭，经细菌发酵后，井内压力增加，出油量提高了4倍。

（3）废弃物中的能源开发

被人们称为"未利用资源"的城乡垃圾、工农业废弃物与日俱增。如何将这些危及环境的污染物变害为利，是各国科学家们共同研究的重要课题。据记载，人类用沼气已有一个多世纪，现在科学家们又在研究用新的技术，培养各种人工混合菌种和采用新的发酵工艺，以求提高沼气发酵罐的产气率。除此之外，科学家还在开发利用其他微生物从工业垃圾中获取新能源的技术。如1991年美国一家能源技术公司用一种微生物对已切成碎片的废轮胎进行生物分解，使之转变为可燃气体，然后再用这种气体作燃料来发电。

（4）"生物氢"和"生物电池"的开发

氢是理想的能源之一，它无色、无味、无毒，燃烧后只生成水，燃烧发热量相当于汽油的3倍。过去，氢的制取多采用化学和物理方法。现在科学家们又开发了太阳能生物制氢技术。利用一些低等藻类（几种蓝绿藻）在太阳光的照射下能产生出氢的特性，通过大量培养这类藻类，并用泡沫塑料固相化制成藻光合器来产氢。如日本理化学研究所就是用"蓝藻光合器"生产氢的。另外，也有人研究固化的酪酸梭状芽孢杆菌，制成光合器生产出氢。还有的用固化的氢化酶生产氢。科研人员还在研究生物燃料电池。现在的生物燃料电池有两种，一种是直接利用氧化还原传递连锁反应，构建生物燃料电池；一种是间接利用微生物产出氢气，在远离发酵的地方用氢-氧燃料电池进行氧化，产生电流。另外，日本东京农工大学等单位合作研制成功的一种以 CO_2 为原料的微生物电池，这种电池所用的燃料就是 CO_2、水和光线，利用它们合成碳水化合物，使微生物成功地产生电流。

5.7.2　生物质新能源的开发

（1）沼气

沼气是有机物质在厌氧条件下，经过微生物发酵作用而生成的以甲烷为主的可燃气体。

由葡萄糖厌氧消化产甲烷的能量转换效率可高达 87％，是其他加工技术所难以达到的。沼气发酵可以综合利用有机废物和农作物秸秆，对水资源和土壤等再生和资源化有促进作用。许多国家已把沼气开发列入国家能源战略。我国是世界上沼气利用开展得最好的国家，沼气技术相当成熟，目前已进入商业化应用阶段。主要有农村家用沼气池、大中型沼气工程和生活污水净化沼气池等。沼气技术将是我国农村发展节约型社会和循环经济的一大发展方向。

（2）燃料酒精

燃料酒精又称变性燃料乙醇。根据燃油中酒精含量的多少，燃料酒精的市场可分为替代燃料（添加高比例乙醇的汽油醇）和燃料添加剂两种。其中燃料酒精作添加剂可起到增氧和抗爆的作用，以替代有致癌作用的甲基叔丁基醚（MTBE）。目前正处于类似当年石油化工工业准备蓬勃发展和石油取代煤成为主要能源的阶段。许多农业资源丰富的国家如巴西、美国、英国、荷兰、德国等国的政府均已制定规划，积极发展燃料酒精工业。我国酒精年产总量仅次于巴西和美国，排世界第 3 位。

目前，发酵法生产燃料酒精占绝对优势，80％左右的酒精是用谷物淀粉原料，10％的酒精用废糖蜜生产，以纤维素原料生产的酒精仅占 2％左右。乙醇生产的原料根据其加工的难易可依次分为：糖类——来自甘蔗、甜菜等；淀粉——来自玉米、谷子等；木质纤维——来自秸秆、蔗渣等。表 5-12 分别列出了利用 3 种典型的生物质资源制取燃料酒精的背景问题及工艺对策。

表 5-12　以玉米、糖蜜和秸秆生产酒精的相关关键技术

原料	背景（问题）	对策（工艺）
玉米	①玉米胚芽是重要的脂肪和蛋白质资源 ②带渣发酵工艺废糟液处理负荷大，能耗大 ③浓醪发酵的酒糟醪液含有丰富营养物 ④降低连续发酵的平均时间，提高设备的生产强度，减少污染	①超临界萃取工艺 ②研究浓醪发酵、高比例废糟液直接循环技术或采用固体发酵 ③用于化工医药产品、酶制剂等的生产 ④酵母细胞自絮凝的清液发酵
糖蜜	①提高产酒率 ②提高糖蜜预处理的质量 ③减少排放污染 ④缩短发酵周期，提高发酵率	①絮凝酵母连续发酵技术 ②Biostil 生产工艺 ③Biostil ④Biostil；固定化酵母生产技术
秸秆	①秸秆的降解 ②纤维素酶价格昂贵 ③纤维素酶性质的改进 ④自然界中只有部分微生物能利用戊糖进行发酵或产生乙醇 ⑤解除酶的产物抑制	①建议使用稀酸预处理＋纤维素酶水解 ②建议采用液体发酵法 ③酶的推理性设计与定向进化技术 ④构建出具有多种优点的基因工程菌 ⑤同时糖化和发酵工艺（SSF）
共同问题	酒精脱水是耗能大户；分子筛（国产）技术在中国存在能耗高、寿命短的问题	建议使用盐溶精馏法或膜技术或开发有效的吸附剂进行脱水处理

表 5-12 中 Biostil 生产工艺为瑞典 Alfa-Laval 实验室的专利技术，具有以下特点：①采用特殊的增殖酵母，该菌株可在高渗透压下发酵，无需进行糖蜜预处理；②酵母分离回用，使罐内酵母保持很高的浓度，加快发酵速度，提高发酵率；③废液量少，为国内传统工艺的 $1/2 \sim 1/3$。该技术值得好好研究，加以借鉴。

（3）生物制氢

氢气是目前最理想的清洁燃料之一。氢气的制备方法有太阳能制氢、水电解法制氢、天然气或工业尾气分离制氢和生物制氢等。从目前世界氢产量来看，96％是由天然的碳氢化合物如天然气、煤和石油产品中提取的，4％是采用水电解法制取的。化学方法制氢要消耗大量的矿物资源，而且在生产过程中产生的污染物对地球环境造成破坏。利用生物方法进行氢

气生产，受到世人关注。

生物制氢是利用某些微生物代谢过程来生产氢气的一项生物工程技术，包括生物质气化制氢和微生物发酵制氢。所用原料是阳光和水，也可以是有机废水、秸秆等。生物制氢过程可以在常温常压下进行，且不需要消耗很多能量。生物制氢过程不仅对环境友好，而且开辟了一条利用可再生资源的新道路。此外，生物制氢过程可以和废物回收利用过程耦合。生物制氢过程有利用藻类或者青蓝菌的生物光解水法；有机化合物的光合细菌（PSB）光分解法；有机化合物的发酵制氢；光合细菌和发酵细菌的耦合法；酶法制氢等。不同微生物产氢的优缺点见表5-13。

表 5-13　不同微生物产氢的优缺点比较

产氢体系	优点	缺点	主要研究的问题
光合细菌	可利用不同的废料；可利用的光谱范围较宽；能量利用率高	需要光；发酵液会引起水污染	PSB与叶绿体的耦合，并应用反微团技术提高产氢速率；提高光的穿透能力与反应器设计；基因操作，通过控制光合蛋白的表达来提高光吸收的效率
绿藻	可由水产生氢气；转化的太阳能是树和农作物的10倍	需要光；体系存在氧气威胁；产氢速度慢	对于两步光合反应，使产生的氢气和氧气分开；对于单步反应，通过遗传改造使可逆氢化酶对氧气的耐受力增强
发酵细菌	不需要光；可利用的碳源非常多；可产生有价值的代谢产物如丁酸等；为无氧发酵，不存在供氧；产氢速率相对最高	发酵废液在排放前需进行处理，否则会引起水污染	为减小液相中氢气的分压，使得反应向有利于氢气生成的方向进行，采用向反应器中喷射氮气的方法，因此存在一个优化氮气喷射速度的问题
青蓝菌	可由水产生氢气；固氮酶主要产生氢气；具有从大气中固氮的能力	需要阳光；氢气中混有30%的氧气；氧气对固氮酶有抑制作用	反应器设计；去掉氢酶以阻止氢气的降解；及时去氧

（4）生物柴油

生物柴油原料来自于植物油或动物脂肪，是脂肪酸与低碳醇在催化剂的存在下，发生酯化反应，形成脂肪酸甲酯或乙酯，可代替柴油燃烧。生物柴油环境友好，大气污染小，尤其是硫含量低，是一种优良的清洁可再生燃料。使用生物柴油无需对现有柴油发动机进行任何改造即可使用，且对发动机有保护作用。目前国外开始大规模生产生物柴油以适应日益严格的环保要求。我国政府已将生物柴油研究开发工作列入有关国家计划，立足于本国原料大规模生产替代液体燃料——生物柴油，对增强我国石油安全具有重要的战略意义。

生物柴油的制造方法有以下4种：①直接使用和混合；②微乳法；③热解；④酯交换。不同柴油生产方法的比较见表5-14。

表 5-14　柴油的生产方法比较

原　料	生产方法	优缺点
原油	催化裂化	传统方法，精制过程涉及脱硫和脱氮，较复杂
废塑料	裂解	利用废弃资源
植物油和动物脂肪	热解	高温下进行，需要常规的化学催化剂，反应产物难以控制，设备昂贵
植物油	直接使用或与常规柴油混合	优点：液态、轻便；简单；可再生；热值高。缺点：高黏度、易变质、不完全燃烧
	微乳	有助于充分燃烧，可和其他方法结合使用
植物油或动物脂肪和醇类	酸催化的酯交换反应	酯中游离脂肪酸和水的含量高时催化效果比碱好
	碱催化的酯交换反应	高附加值副产物甘油，反应速率比酸催化快；剩余碱时生成皂，堵塞管道
	脂肪酶催化的酯交换反应	游离脂肪酸和水的含量对反应无影响，相对清洁；酶价格偏高，反应时间长

生物柴油大规模生产的挑战性在于脂肪和油的来源有限，且原料成本占生物柴油成本的60%～75%。以使用过的食用油为原料可大大降低成本，但使用过的食用油质量可能较差。从技术上讲，生物柴油的生产比生物制氢简单。目前在中国对于生物柴油的需求不如燃料酒精和氢气那么迫切，但有必要对废食用油生产生物柴油的工艺进行研究，在消除废物的同时开发了清洁能源。

5.7.3 面向未来的生物能源开发战略

（1）可持续发展

实行清洁生产，实现综合利用、循环利用、尽量减少排放和能耗；将能源开发与废物处理结合起来，如在生物制氢中可以优先考虑以城市垃圾和工业废水为原料；在整体、协调、再生、循环的前提下合理建设以生物能源为纽带的生态产业园，如沼气工程。

（2）因地制宜

中国人多地广，各区域间无论从生物资源（农业）、工业条件（如供电、水）、经济水平或是知识水平（技术）上都存在较大差异。因此选择或开发生物能源一定要因地制宜，不可盲目上马。

（3）前瞻性

能源产品的形式是有限的，但生物质原料可随着人们认识的不断加深而改进。如有报道微藻繁殖迅速、热解简单易行，因而引起世界各国能源专家的关注，认为微藻热解是解决能源紧张的非常有效的方法。此外水葫芦被公认为世界上生长最迅速的植物，可用于水污染治理，并能被用于有机肥料、沼气和造纸原料，也值得好好研究。可见生物能源的开发是一个具有前瞻性的系统工程。

5.8 环境领域方面的应用

21世纪科学技术进入了高速发展的时期，为人类创造了巨大财富。但是，传统的思维方式和目标单一的决策手段，使人类尝到了只追求效益而不顾资源、环境的掠夺式生产的苦果，人类正面临着有史以来最严重的环境与资源危机。生物工程技术的发展为人类解决当今世界所面临的资源和环境保护等诸多重大问题提供了有力的手段，显示出难以估计的巨大潜力。

5.8.1 在环境保护领域中的应用

目前我国约1/5的耕地受重金属污染，工业"三废"污染耕地面积达1000万公顷，污水灌溉的农田面积已达330多万公顷，农药污染面积达1300万～1600万公顷。由于工业污染、城市化进程的加快等原因，使耕地大量减少。近10年来每年减少耕地约54万亩[1]，水土流失严重。近年来，我国每年大约排放工业废水30Gt（长吨，英吨，大吨，国际通行的船舶计量单位之一），且其中70%左右未经任何除污处理直接排入江河水域，水体污染面积达80%以上。

5.8.1.1 环保领域中的生物监测技术

（1）生物传感器和生物晶片

生物传感器和生物晶片是利用DNA或是固定化的生物分子作为辨认元件来监测目标，

---

[1] 1亩=666.67m²。

通过信号系统将生物分子的在监测过程中的物理或化学性能变化转化为生物电信号，再通过电子信号放大器输出被监测的变化量，从而得到环境物质监测结果，这种监测方法具有高特异性、选择性、高灵敏度，而且可以实现即时监测功能。目前已经开发成功且在环境监测和环境工程被广泛应用的有 BOD 生物传感器、压电电晶体生物传感器（piezoelectric quartz crystal biosensor）等。

（2）DNA 分析技术

目前在一些环境污染源分析中，采用辨认微生物 DNA 分子结构的方式，取代以往采用生物染色或是原子示踪技术，分析和辨认污染源的构成和污染物的来源。如利用特定菌种 DNA 序列设计特定性的核酸荧光探针，分析环境中存在的特异性污染物。DNA 分析方法常在多种环境污染物联合作用分析中得到应用，用来判断环境中污染物的种群、数量（浓度）和来源。

（3）生物免疫检验

利用特定的生物通过抗原或抗体存在方式检验监测分析环境物质的生物毒性。如生物晶片检测空气污染物质、空气污染风险评估等。通过生物抗原体在环境中的特种变异来监测环境物质对环境的毒性影响和预测等，并建立防治的一般性方法；利用免疫分析的效感性、特异性、快速及应用的实效性、经济性等特点，逐步取代传统的环境化学分析方法和技术。

（4）Ames 试验

Ames 试验为微生物致突变试验，不仅可以测定环境中化学污染物的致突变，而且可以推测该环境污染物潜在的致癌性。Ames 试验方法具有试验周期短、灵敏度高且待测物需量少、一次试验可以同时作用于千万计的细菌个体、试验易于操作且结果明确、直接反映环境中多种污染物的联合效应等优点，是一种良好的环境潜在突变的初筛警报手段。

5.8.1.2　水污染的综合治理

人类生存、生活和生产离不开水，但同时又带来了大量的工业废水和生活污水。我国的水污染十分严重，高浓度有机物废水的处理是我国水污染治理的重点和难题。污水中有毒物质的成分十分复杂，包括各种酚类、氰化物、重金属、有机磷、有机汞、有机酸、醛、醇及蛋白质等。微生物通过自身的生命活动可以解除污水的毒害作用，从而使污水中的有毒物质转化为有益的无毒物质，使污水得到净化。应用遗传工程技术构建符合人们需要的微生物高效菌以及具有降解多种污染物功能的超级菌，可以提高对污染物的降解能力、加快降解速度，以增强净化污水的效力。如微生物高效菌能够将氰化物（氰化钾、氰氢酸、氰化亚铜等）分解成二氧化碳和氨；利用专门分解硫化物的微生物可以从废水中回收硫黄；利用能够降解石油烃的超级菌以清除油对水质的污染等。还可以将大量的微生物高效菌凝聚在泥粒上形成活性污泥，用来分解和吸附废水中的有毒物质，污水净化后沉积的污泥中存在丰富的氮、磷、钾等元素，是很好的有机肥料。

5.8.1.3　大气污染综合治理

随着现代工、农业的发展，大量有毒、有害气体被排出，严重污染环境。微生物对污染物能较快地适应，并可使废物、废气得到降解和转化。同传统空气污染控制技术如活性炭吸附、湿法洗涤和燃烧等相比，微生物法以其处理效果好、投资及运行费用低、易于管理等优点，逐渐应用于空气污染控制中。近年来，采用把煤的物理选煤技术之一的浮选法和微生物处理相结合的方法而把煤和黄铁矿分开，进而达到脱硫。

5.8.1.4　固体废物的生物降解

在众多的处理方法中（如堆肥、焚烧、热处理等），生物处理具有成本低、运行费用低、操作简单、易管理等优点。城市垃圾的"生物反应堆"理论就是其中的一种，它与传统的卫生填埋相反，允许适量的水分进入填埋场，增加湿度，为微生物的生长和繁殖提供有利的条件，从而加速固体废物的降解和稳定。

（1）好氧生物处理

好氧生物处理是利用好氧微生物在有氧条件下的代谢作用，将废物中复杂的有机物分解成二氧化碳和水，其重要条件是保证充足的氧气供应、稳定的温度和水。实际工程中就是在填埋场中注入空气或氧气，使微生物处于好氧代谢状态。

（2）厌氧生物处理

厌氧生物处理是利用在无氧条件下生长的厌氧或兼性微生物的代谢作用处理废物，其主要降解产物是甲烷和二氧化碳等，一般需要保证温度、无氧或低溶解氧浓度。

（3）准好氧处理

准好氧填埋场的主要设计与运行思想是使渗滤液集水沟水位低于渗滤液集水干管管底高程，使大气可以通过集水干管上部空间和排气通道，使填埋场具有某种好氧条件。准好氧处理靠垃圾分解产生的发酵热造成内外温差，使空气流自然通过填埋体，促进垃圾的分解和稳定。准好氧填埋有如下优点：第一，它不需要强制通风，节省能量；第二，渗滤液产生后被迅速收集，减少了对地下水的污染；第三，相对于厌氧处理，垃圾稳定得更快，危险气体，如 CH_4、H_2S 等的产量降低。

（4）混合生物处理

混合生物处理是既有好氧又有厌氧的生物处理方法，是在填埋下一层垃圾之前好氧处理30～60d，其目的是让垃圾尽快经过产酸阶段为进入厌氧产甲烷阶段做准备。其主要优点在于把厌氧的操作简单和好氧的高效率有机地结合起来，增加了对挥发性有机酸、对空气具危害性的污染物的降解，其主要特点是降解速率快。

5.8.1.5　土壤污染的生物修复

生物修复技术主要是利用生物独特的分解有机物质的能力，除去土壤中的污染物。生物修复主要包括植物修复和微生物修复。植物吸收可以作为各种污染物的生存介质，包括土壤等的净化技术开发。而微生物的修复工作更是显得多种多样，可以被广泛用来去除土壤等介质中的石油、有机氯化物、聚合物和重金属等多种污染物，具有处理速度快、经济、无二级污染等特点。

5.8.1.6　白色污染的消除

废弃塑料和农用地膜经久不化解，是形成环境污染的重要成分。据估计我国土壤、沟河中塑料垃圾有百万吨左右。塑料在土壤中残存会引起农作物减产，若不采取措施再继续使用，十几年后不少耕地将颗粒无收。利用生物工程技术一方面可以广泛地分离筛选能够降解塑料和农膜的优势微生物，构建高效降解菌；另一方面可以分离克隆降解基因并将其导入某一土壤微生物（如根瘤菌）中，使两者同时发挥各自作用，将塑料和农膜迅速降解。

5.8.1.7　农林废弃物及畜禽排泄物的利用

农林废弃物中以植物纤维素（主要含于农作物秸秆、糠麸、饼粕等之中）的量最大，利用纤维素酶可以将其转化为葡萄糖，后者通过微生物发酵可以产生醇、酸等工业基础原料。利用纤维素、醇等作为原料可以生产单细胞蛋白（SCP），它可以作为动物蛋白的替代品用以补充人们对蛋白质食物的需求，还可以用于食品添加剂来改善食品的风味。此外，单细胞蛋白还是很好的饲料，尤其适于水产养殖的需要。

利用生物工程技术，选择或构建能够对畜禽粪便进行有效发酵分解的微生物（乳酸菌、酵母菌等），以及能够利用分解过程中产生的有害物质（氨气、硫化氢等）及其他分解产物进行再合成的微生物组成高效微生物群，通过这种微生物群对畜禽粪便进行一系列处理来生产有机肥料。植物纤维素、畜禽粪便通过微生物发酵还可以生产沼气，其主要成分是甲烷，可用作燃料或化工原料。植物纤维素在微生物的作用下，能够产生可用于制造农膜的原料。这种农膜易降解，符合未来农膜的发展方向。

5.8.2　在预防环境污染上的应用

利用分子遗传技术筛选特定菌种将产品生产过程的废弃物直接转化为能源或副产品，如微生物化肥；利用 DNA 重组及蛋白质工程技术快速生成特定的酶，应用于生产环节，减少无机化学品用量，从而达到清洁生产的目的。

利用分子微生物族群、基因技术、DNA 修复改变某些物质的分子结构使其具有可降解性或加速自然降解的速度。例如生物农药、生物肥料、生物可降解塑料薄膜等生物产品将会大量应用到生产实际当中，逐步取代对环境存在污染或者污染威胁的环境物质的使用（如化学制成品的农药、化肥等）。

5.8.3　生物工程技术处理污染物的优越性

生物工程技术是在环境与资源保护利用中极具潜力及应用前景的技术。应用生物工程技术处理污染物时，最终产物一般都是无毒、无害、比较稳定的物质，如水、二氧化碳等，或经过生物工程技术处理的物质往往可以快速生物降解，并且可作为营养源加以利用，同时考虑到其特殊的生物修复技术，还可使受污染的资源（如水资源、土壤资源等）得以重新利用。

5.9　生物工程技术在农、林业领域的应用

近年来生物工程技术的发展取得了世人瞩目的成就，在农业和林业生产领域展现了广阔的发展前景。目前，世界正面临着人口剧增和食品短缺的严重危机，农林业生产受到的压力也是日益增强，发展和应用现代生物工程技术，是解决当今世界所面临的粮食、人口、污染等重大问题，发展现代化农林业的必由之路。

5.9.1　在植物育种和繁殖中的应用

5.9.1.1　种子资源的保存和开发

应用生物工程技术可以对生物资源进行有效的保护和合理利用。我国的种子资源非常丰富，这将为挖掘新基因、创建新种子提供更为广泛和有效的选择，可从中分离各类具有抗逆功能的基因，如抗盐、抗旱、抗寒、抗缺氧等功能的基因，将这些基因导入植物以增强其对环境的适应性，用以改造中低产田和解决水土流失、干旱等问题，也可为防治土地荒漠化提供新的途径。为了防止生物多样性的减少，需要建立和发展种子资源库，可以采用生物技术方法如组织培养、基因工程等，保存遗传资源，创造新种子资源。

5.9.1.2　良种选育，品质改良

随着生物工程技术的发展，人们已经可以把一个品种、品系的理想遗传性状转入另一品种、品系，以提高植物的价值、产量和质量。Calgene 公司的科学家分离到一种控制植物纤维素形成的酶的基因，将其转入特定的树种可培育出纤维素含量高的对造纸业更有利的植物。在番茄中导入编码乙烯合成酶（EFE）的反义基因，可以限制乙烯的生成，酶活性降至正常的 5% 以下，果实生理成熟可长期保持坚硬，仓储 1 个月以上不软化、不腐烂，很大程

度上提高了番茄的耐储藏性能和经济效益。

5.9.1.3 提高植物的抗性

(1) 抗虫

长期以来人们普遍采用化学杀虫剂来控制害虫，全世界每年用于化学杀虫剂的总金额在200亿美元以上。但化学杀虫剂的长期使用造成农药的残留、害虫的耐受性、环境污染等严重的问题，而利用基因工程的手段培育抗虫植物新品种除可以克服以上缺点外，还具有成本低、特异性强等优点，从而备受关注，成为当前研究的热点。目前人们已获得多种抗虫基因，其中有蛋白酶抑制剂基因，淀粉酶抑制剂基因、植物凝集素基因、昆虫特异性神经毒素基因、几丁质酶基因等，它们已被导入烟草、棉花、水稻、白云杉、欧洲黑杨等多种植物，在抗虫方面得到了广泛的应用，有的已进入了商品化生产。

(2) 抗病毒

植物病毒常常造成农林业作物大幅减产，几乎所有作物都会受到不同程度的病害。传统的抗病毒作物，是将植物天生的抗病毒基因从一个植物品种转移到另一个植物品种，然而抗病植株常会转变为感病植株，而且作用范围较窄。研究人员采用基因工程的技术培育有别于传统方法的转基因抗病毒植物，目前最有效的是将病毒外壳蛋白基因导入植株获得抗病毒的工程植物。

(3) 抗寒

低温对细胞造成损伤的主要原因是造成细胞内膜结构中的脂质双层流动性降低，导致膜结构损伤，影响植物正常的生长。生物膜中双层脂分子保持流动性，主要依靠其中不饱和脂肪酸的含量，不饱和脂肪酸多能抗冻。通过分离能催化形成高不饱和脂肪酸的甘油-3-磷脂酰转移酶的基因，并将其转入植物而获得具有抗寒能力的转基因作物。同时，人们从一些生活在高寒水域的鱼类中分离出一些特殊的血清蛋白，即鱼抗冻蛋白及其基因，可以降低在低温下细胞内冰晶的形成速度，从而保护细胞免受低温损伤。

(4) 抗除草剂

抗除草剂转基因植物可帮助作物在使用化学除草剂的时候不受伤害。抗除草剂转基因植物主要有2种类型：一是修饰除草剂作用的靶蛋白，使其对除草剂不敏感，或使其过量表达以使植株受到除草剂作用后仍能进行正常代谢；二是引入酶或酶系统，在除草剂发生作用前将其降解或解毒。采用将靶酶基因导入作物细胞，1987年美国科学家成功从矮牵牛中克隆出5-烯醇丙酮莽草酸-3-磷酸（EPSP）合酶基因转入油菜细胞的叶绿体中，使油菜能有效地抵抗草甘膦的毒杀作用。另外，有人把降解除草剂的蛋白质编码基因导入宿主植物，从而保证宿主植物免受其害，该方法已成功地用于选育抗磷酸麦黄酮的工程植物。

(5) 抗重金属

由于人类活动、矿山的开采、工业化进程的加剧，空气、土壤、水体面临着越来越严重的重金污染，不但严重影响作物的产量和品质，更重要的是通过植物食物链危害人类的健康。20世纪80年代，提出植物修复、超富集植物。但由于自然界中已发现的绝大多数重金属富集或超富集植物往往生长周期长、生物量低、植株矮小，因而限制了其对污染土壤重金属的移除效率。通过基因工程技术改良植物对重金属的抗性，增加或减少重金属在植物体内的累积量被认为是进行污染土壤的生态恢复以及减少食物链重金属污染的一条切实可行的有效途径。富集重金属的相关基因不断克隆，应用转基因技术提高植物对重金属的耐性已取得一些重要进展，一些转基因植物地上部分表现了较高的重金属离子富集量，并在污染土壤的生态恢复中进行了初步应用。

5.9.1.4　现代生物农药

随着人们对化学农药危害性、局限性的逐步认识，生物农药在植物生产中地位逐渐凸现出来，成为绿色农林业的重要组成部分，受到各国的高度重视，有了较为广泛的应用。微生物农药具有对人畜安全、不破坏生态平衡、害虫不易产生抗性等优点，但也存在着药效速度慢、专一性强、受自然条件影响大的缺点。目前可通过利用基因工程改造微生物菌种来克服这些缺点。

5.9.2　在动物育种繁殖和疫苗研制中的应用

（1）育种和繁殖

现代生物技术在动物养殖业中的应用主要包括动物分子育种、动物繁殖和畜禽基因工程疫苗等方面。动物分子育种是指动物基因技术、胚胎工程技术、动物克隆技术及其他以DNA重组技术为基础的各种技术。近年来通过有关各种现代生物技术的综合运用，结合传统的育种方法，科学家们可以把单个有功能的基因簇插入到高等生物的基因组中去，并使其表达，再通过有关的分子生物技术、DNA试剂盒诊断和检测加以选择。目前已有转基因鱼、鸡、牛、马等多种动物。人工授精也成为现代畜牧产业的重要技术之一，近年来已逐步扩展到特种动物、鱼类及昆虫等养殖业中，显示了其发展潜力。它能很大限度地发挥公畜的种用价值，提高公畜的配种效能，加速育种步伐，降低生产成本和提高受胚率，为开展远缘种的杂交试验工作提供了有效的技术手段。此外，胚胎移植可以迅速提高家畜的遗传素质，加强防疫和克服不孕，还可以在世界范围内运输种质、保种，同时运输胚胎代替运输活畜还可以降低成本。野生动物资源也可以利用这种方式长期保存，以防某些物种灭绝。

（2）畜禽基因工程疫苗

常规疫苗制备工艺简单，价格低廉，且对大多数畜禽传染病的防治是安全有效的，但也有一些病毒需要基因工程技术开发新型疫苗，有的病毒不能或很难以常规方法培养，有的常规疫苗效果差或反应大，还有些病毒有潜在致癌性或免疫病理作用。基因工程可以生产无致病性的、稳定的细菌疫苗或病毒疫苗，同时还能生产与自然型病原相区分的疫苗，它提供了一个研制疫苗的更加合理的途径。研制畜禽用疫苗的首要原则就是要获得巨大的经济效益和社会效益。通过将不同血清型病毒或多种病毒的免疫原性基因偶联于同一载体，可以制成多价疫苗或多联疫苗。多联或多价疫苗能降低生产成本、简化免疫程序，并且多联疫苗还可克服不同病毒弱毒苗间产生的干扰现象，因此将是畜禽基因工程疫苗的主要发展方向。

5.9.3　在制浆造纸工业中的应用

生物工程技术应用于制浆造纸工业是一个新兴边缘学科，它的研究开发和利用已引起世界性的关注。目前生物技术应用于制浆造纸工艺主要有生物制浆、生物漂白、废液生物处理等，有些研究成果已用于工业生产。

（1）生物制浆

生物制浆的纸浆得率高，纸张着墨性能好，节省原料、能源，环境污染程度低。生物漂白是利用微生物、木素水解酶或半纤维素酶处理纸浆，以分解除去残余木素，达到漂白的目的。用微生物直接漂白的最大障碍是处理时间过长，最短的处理时间需72h。用酶漂白技术，即利用半纤维素酶（主要是木聚糖酶和甘露糖酶）选择性地降解掉浆中部分半纤维素，使残余木素在后续的化学漂白中易于脱除。

（2）废纸生物脱墨

废纸再利用的关键是脱墨技术。传统脱墨技术要消耗大量的碱、表面活性剂、漂白剂等化学药品，造成环境污染。用纤维素酶、半纤维素酶或脂肪酶来代替化学药品进行脱墨处理，则可减少脱墨剂的用量，同时可降低废水对环境的污染，从而增强了脱墨效果，提高了白度和浆料强度。

（3）树脂生物去除

树脂是制浆造纸厂长期不能解决的问题，在化学制浆造纸工艺上引起的主要障碍是纸张发生断头，纸张强度下降，增加废水毒性，影响废液回收及工艺设备堵塞。对机械浆而言树脂的存在使磨浆困难，浆料难漂白，白度低，纸中留有树脂斑点。因此在制浆前利用子囊菌和半知菌纲的长喙壳菌直接处理，或用脂肪酶处理除去木片中树脂，以减少树脂障碍。

此外，生物工程技术还应用于造纸废液的生物处理。

5.9.4　农林业中的生物工程技术展望

（1）提高光合作用

提高植物光合作用效率有助于增加植物产品的产量，有效利用能源。光合作用包括光反应和暗反应，通过这一过程将光能转化为化学能并固定 CO_2，叶绿体的二磷酸核酮糖羧化酶（Rubisco）既可通过羧化反应固定 CO_2 还可催化底物加氧反应。为提高固定 CO_2 的速度，可提高 Rubisco 的酶活性，降低加氧酶活性。现在许多科学家对 Rubisco 的大小、结构、功能及调控做了许多工作，为提高植物光合作用的效果找到了一些思路。

（2）生物固氮

氮肥是肥料的重要部分，要维持全球的粮食产量，每年至少需要 1.0×10^8 t 以上的氮肥，其中一半来自化学肥料，而另一半则由固氮细菌完成。随着化学肥料生产成本的逐渐提高及对土壤的破坏，越来越多的科学家将目光集中在生物固氮。一方面人们试图通过研究生物固氮的分子学基础，以提高微生物的固氮水平；另一方面通过 DNA 重组技术改造共生细菌，提高其竞争力，使之能超过天然共生细菌，促进根瘤的形成。

（3）植物生物反应器

重组细菌、细胞生物反应器生产过程需要训练有素的专业人员，且设备昂贵，而植物却易于生长且管理方便，对工人的要求也不是很高。针对这一特点，人们就是否可用转基因植物来生产具有商业价值的蛋白质及其他特殊化学性质的物质进行了一些尝试，并取得了一些进展。

（4）基因组学

21 世纪基因组的研究将由"结构基因组"向"功能基因组"转变。目前许多国家纷纷投入巨资针对主要的农林作物（如水稻）构建突变体库，然后利用转座子标签、T-DNA 标签或图位克隆技术分离和克隆基因，完成对基因功能的认识。

5.10　生物工程技术在国防领域中的应用

生物工程技术具有鲜明的军、民两用性，随着生物工程技术在国防领域的深入发展和广泛应用，必将使得武器装备、军队指挥、作战方法、军事后勤等方面发生质的变化。

5.10.1　在军事领域中的应用

美国调查委员会的军队科学技术理事会提出到 2025 年时，生物技术将可能会带来巨大发展，如由基因工程生产的蛋白质制造的计算机储存器、生物伪装材料、便携式太阳能系、可用于敌我识别的生物标志物、可检测出生物或化学因子的腕表式传感器等，报告还提出尽可能研制新型疫苗和药物以及创伤修复技术。不难想象，生物技术对加强部队完成各时期任务具有各种潜在影响，大幅度提高部队作战效能和生存能力，提高战斗力，解决后勤保障和战场救护等方面发生质的变化。通过使用蛋白质工程技术和基因工程技术，也将在军用材料、军事进程和军事系统等很多方面大显身手，并将随着生物技术的进一步发展而有新的更大的突破。

5.10.1.1　信息探测领域

信息探测方面主要是应用军事生物传感器技术和军用仿真导航技术。军用生物传感器是把生物活性物质，如受体、酶、细胞等与信号转换电子装置结合成生物传感器，能准确识别各种生化剂，探测速度快，判断准确，与计算机配合可及时提出最佳防护和治疗方案。生物传感器还可通过测定炸药、火箭推进剂的降解情况来发现敌人库存的地雷、炮弹、炸弹、导弹等的数量和位置，成为实施战场侦察的有效手段。军事导航系统是利用生物工程技术手段模拟动物的导航系统，以提高精度，缩小体积，减轻重量，降低成本，增强在复杂条件下的导航能力。

5.10.1.2　军事指挥领域

生物工程技术的发展为提高军事指挥系统的灵敏度提供了可能，这主要是利用生物工程技术领域的仿生技术。如科学家研究海豚能以超声准确定位的特殊功能后，对现有的军事声呐系统进行了改进；科学家研究水母灵敏的听觉功能后，成功研制"水母风暴预测仪"，能提前15h预报风暴强度和方向。

以分子蛋白为原料，用生物工程技术制造的生物计算机是生物工程技术在军事指挥领域的特殊贡献。生物计算机超强的抗电磁干扰能力、高智能化和快速处理信息的能力、适应各种复杂环境的能力，可以帮助指挥员实现实时指挥、运筹帷幄、决胜千里。

5.10.1.3　军事医学领域

在军事医学领域，运用生物工程技术可为部队提供战伤救治用的人工血、人工骨、皮肤代用品以及促进战伤愈合的生物工程技术产品等。利用生物工程技术手段可以提高疫苗的效力和延长作用时间，生产只包含病原体主要抗原部分的亚单位疫苗，能可靠地防止传染病流行或生物战剂侵害。将亚单位疫苗的基因移入另一种疫苗中，还可以制成多价疫苗，达到用一种疫苗预防多种传染病的目的，以减少接种次数。基因工程方法还可以大量生产干扰素，以有效地治疗生物战剂引起的病毒病。

5.10.1.4　军用生物材料领域

军用生物材料是利用现代生物工程技术对传统材料进行改进或加工而生产出的具有特殊性能的军用材料，其军事应用价值极高。如新型生物聚合物和复合物、生物黏合剂、生物润滑剂、生物表面活化剂及生物芯片等。

利用生物工程技术可为军用生物装备提供轻质高性能、高能量的军需物品，如美国已经从织网蜘蛛中分离出合成蜘蛛丝的基因，还将基因转移到细菌中生产可溶性丝蛋白，经浓缩后纺成一种特殊的纤维，强度超过钢，可用于制造航空航天设备用的轻质复合材料和装甲防护材料。采用仿生设计可显著提高作战平台的性能和生存能力。如模仿海豚轮廓比例建造的新式核潜艇，航速可提高20%～25%；B-2A战略轰炸机外形像一只大蝙蝠；用人造海豚皮包裹鱼雷，水的阻力可减少一半。

5.10.1.5　武器装备领域

（1）生物武器

在未来战场上，生物武器比原子弹更可怕，具有重要的威慑力量。众所周知，早在第一次世界大战期间，德国就开始使用一种杀人不见血的武器——生物武器。常见的可被用作武器的病菌有：埃博拉（Ebola）、天花（smallpox）、炭疽热（Anthrax）等。如就炭疽杆菌生物制剂而言，所造成的危害不仅仅是造成无数人口的死亡，而且生物战剂一旦释放后，可在该地区存活数十年，并且极难根除。

（2）基因武器

随着高技术不断在军事领域的应用，很多国家又在生物武器的基础上，利用基因工程技术制造杀人病毒，即人们常说的基因武器。基因武器可谓"绵里藏针"，运用遗传工程技术，用类似工程设计的办法，按照作战需要，通过基因重组而制造出来的新型生物武器。基因武器主要分两大类，一类是利用基因工程制造某种微生物战剂，用以破坏人的免疫系统；另一类是针对某人种的基因密码特征，去杀伤某特定人种的人种基因。

（3）动物武器

运用生物工程技术，创造一些"智商"高、体力强、动作敏捷和繁殖速度快、饲养简单的动物，去充当"战斗动物兵"。1992年，世界上第一头带有人类遗传特征的短嘴、小眼睛、大耳朵，被称为"阿斯特里德"的猪在伦敦降生。第二年，英国就有37头猪带上了人类基因。随着基因技术的发展，用这一技术"杂交"出一些怪物，甚至"人造人"，完全是有可能的。

（4）生物炸药

利用生物工程技术制造炸药，生产过程简单，成本低，燃烧充分，爆炸力强，威力比常规炸药大3～6倍，并使武器的战术、技术性能提高了一个数量级。

5.10.1.6 后勤保障领域

（1）燃料

目前机动装备大都以汽油、柴油为燃料，后勤补给任务重、要求高。生物工程技术可利用红极毛杆菌和淀粉制成氢。氢和少量燃料混合即可替代汽油、柴油。这样，机动装备只需要带少量的淀粉，就能进行长时间远距离的机动作战。日本、加拿大等国把细菌和真菌引入酵母，酶解纤维生产酒精，或用基因工程方法使大肠杆菌把葡萄糖转化为酒精，代替汽油或柴油，可随时为军队的机动装备提供大量的生物燃料。

（2）治理军事环境

生化战剂洗消技术主要有：酶制剂、疫苗、抗基因武器药物、新型防护服以及放射性废物和化学毒剂的生物处理技术。用生物酶清洗生化战剂，速度快，对人体和设备无损伤。利用微生物处理放射性废物和有毒物质，效率高，二次污染轻，投资少。

（3）战场急救

运用生物技术设计促进创伤快速愈合、器官和组织再生、神经细胞修复、人工血液、人造骨以及保护士兵免遭核辐射之害的生物药剂和药物控释材料等。这些东西有的已经在用，有的即将问世。

（4）食品

利用现代生物基因技术，通过改变既有物种的基因结构，增加农作物的营养成分，将这些富含蛋白质、淀粉和各种人体必需的维生素转基因产品用作原料来制作军用食品，能为作战人员提供惊人的热量，抗寒抗暑能力显著增强。科学家已研制出能在军用食品中添加的添加剂，不仅可以充分吸收营养，还可以提高消化能力，治疗消化不良；研制出的含有疫苗的食品，具有预防各种疾病的能力；研制出的防核辐射食品，作战人员吃后，自然产生抗辐射能力。

5.10.2　在军事武器上的研究前景

目前，生物技术在上述领域正蓬勃发展，方兴未艾，以期满足军事上对许多先进能力的需要。其中生物技术与军事武器的融合和渗透，正成为各国研究的热点，这是因为除了生物技术已逐渐具备了武器的基本要素外，更重要的是改变了传统战争的模式。

（1）非致命性生物武器

非致命性生物武器是运用生物技术研制的不伤害人员生命但可以使其失却或暂时失却战斗力，以及专门攻击武器装备的武器。包括反人员非致命性生物武器和反武器装备生物武器。如在利用军事生物技术攻击特定目标时，其损伤效应十分精确，可以根据作战目的精确到基因调控的功能性状单元，只对目标的某种生理功能如学习记忆、计算能力、嗜睡、平衡协调功能、精细动作等造成损伤，不同于传统武器以致死、致残等难以控制的方式造成损伤。

（2）纳米技术

虽然目前纳米技术尚不成熟，但具有明显的军事潜力。可以将现阶段纳米技术的研究成果应用于军事领域，特别是军事渗透打击武器方面。一是使装备微型化，小尺寸、多用途、高集成度和高比表面积是纳米技术区别于其他技术的显著特征之一；二是增加巡航速度、潜航速度和飞行速度，增加隐身攻击性能，从而提高渗透性打击武器的突防能力。

利用纳米技术研制的特殊纳米隐身材料，对雷达波的吸收率可高达99％，同时具备防可见光和红外线等多功能综合性能，使得雷达只能吸收极其微弱的反射信号，远距离根本无法探测出目标的存在。若装备在硬摧毁武器上，如超低空和高超音速巡航导弹上，将成为隐身巡航导弹；装备到战斗机上，即使雷达近距离有所发现，也无法在极短时间内组织拦截，提高了隐身攻击目标的突防能力。

国外利用 LIGA（德文 Lithographie、Galanoformung 和 Abformung 三个词，即光刻、电铸和注塑的缩写）技术已制造出纳米级微型电机；合肥国家同步实验室已研制出传感器上的纳米级机械元件，最小尺寸可达 $35\mu m \times 50\mu m$，如果把上述成果应用到传感方面，将使小型纳米传感器在军事上的应用成为可能，不仅可对敌方的兵力部署、武器装备进行监控，还可以及时反馈信息，增加了战场的透明度。

（3）生物标记追踪

通过对敌方作战区域人群（主要为参战人员）事先进行生物标记，在获得攻击目标（个人、族群、人种）的基因组信息和蛋白质组信息基础上，然后再用可以追踪生物标志物的致伤生物因子，对标记的目标人群进行攻击。靠已存生物体发挥载体作用或以纳米技术与生物技术结合，设计生产出更微小更精细的携带致伤生物因子的"人工蚂蚁"、"聪明苍蝇"，可以定向攻击指定目标。如可针对海上的航母群展开此类生物技术攻击。

思考题

5-1　生物工程技术在药物生产中的应用有哪些？各自有何特点？

5-2　食品领域中应用基因工程和酶工程技术具体表现在哪些方面？

5-3　生物技术在环境治理及资源利用和保护方面的应用有哪些？

5-4　基因工程技术在日化及纺织领域中的应用有哪些方面？

5-5　生物工程技术在生物能源方面有哪些应用？未来的发展趋势是什么？

5-6　生物工程技术在新材料、国防军事领域方面的应用和发展趋势会有哪些？

5-7 就你所感兴趣的方向或领域，畅想生物工程技术在未来会有怎样的发展及应用？

5-8 通过本章的学习，谈谈你对现代生物工程与技术的新认识。

参考文献

[1] 季静，王罡等. 生命科学与生物技术. 北京：科学出版社，2005：164-193.

[2] 周珮. 生物技术制药. 北京：人民卫生出版社，2007.

[3] 马瑞丽. 动物细胞工程制药的研究进展. 科技资讯，2007，(14)：28-29.

[4] 孙祖玥，赵勇. 基因工程在克服移植免疫排斥反应及诱导免疫耐受中的应用. 中国生物工程杂志，2005，25 (1)：6-9.

[5] 滑静，杨柳，张淑萍等. 生物工程制药研究进展. 中国畜牧兽医，2006，33 (10)：25-29.

[6] 彭珍荣. 微生物资源与氨基酸的生产和应用. 化学与生物工程，2003，20 (6)：7-8.

[7] 李刚，刘鹏，刘诚迅等. 我国细胞工程制药的研究现状和发展前景. 中国现代应用药学杂志，2002，19 (4)：278-280.

[8] 胡显文，肖成祖. 细胞工程在生物制药工业中的地位. 生物技术通讯，2001，12 (2)：117-122.

[9] 沈子龙，廖建民，徐寒梅. 转基因动物技术与转基因动物制药. 中国药科大学学报，2002，33 (2)：81-86.

[10] 邵安波. 转基因植物药物的开发研究评述. 广西科学，2002，9 (1)：60-63.

[11] 史先振. 现代生物技术在食品领域的应用研究进展. 食品研究与开发，2004，25 (4)：40-42.

[12] 华宝珍，马成杰，罗玲泉. 现代生物技术在食品工业中的应用研究进展. 江西农业学报，2009，21 (5)：134-136.

[13] 孙远. 生物工程技术在食品工业领域中的应用. 生物技术通报，2009，(11)：48-51.

[14] 莫湘筠. 现代生物技术在食品领域中的应用. 全国发酵行业新产品、新工艺、新设备、新技术展示论文集. 2003：22-26.

[15] 王弘. 国内外食品生物技术发展概况. 广州化工，2005，33 (5)：36-37.

[16] 王嘉祥. 生物技术在食品工业中的应用现状与前景展望. 食品科学，2006，27 (11)：605-608.

[17] 邵学良，刘志伟. 基因工程在食品工业中的应用. 生物技术通报，2009，(7)：1-4.

[18] 李志军，薛长湖，李八方等. 基因工程技术在食品工业中的应用. 食品科技，2002，(6)：1-7.

[19] 童海宝. 工业生物技术在化工领域的应用. 第十四届全国化肥——甲醇技术年会，2005：64-66.

[20] 朱跃钊，卢定强，万红贵等. 工业生物技术的研究现状与发展趋势. 化工学报，2004，55 (12)：1950-1956.

[21] 刑雪荣，刘斌. 工业生物技术发展现状及未来趋势. 中国科学院院刊，2007，22 (3)：216-222.

[22] 钱伯章，夏磊. 国外生物化工的新进展. 现代化工，2002，22 (9)：53-57.

[23] 王冉冉. 简述生物技术在纺织工业中的应用. 第九届功能性纺织品及纳米技术研讨会论文集，2009：460-465.

[24] 岳新霞. 现代生物技术在纺织业中的应用. 纺织科技进展，2008，(5)：47-49.

[25] 陈剑锋，陈浩，郭养浩. 工业生物技术在生物能源领域的研究现状及展望，2005：54-59.

[26] 杨艳，卢滇楠，李春等. 面向21世纪的生物能源. 化工进展，2002，21 (5)：299-302.

[27] 黄华强. 现代生物技术与能源开发. 生物学教学，2003，28 (1)：50.

[28] 李学静. 生物技术在环境保护上的应用及发展前景. 农业环境与发展，2002，19 (4)：13-14.

[29] 王丹. 环境生物技术与环境保护. 安徽农学通报，2007，13 (3)：46-48.

[30] 戎志梅. 生物技术在资源与环境保护领域中的应用. 化工科技市场，2002，25 (7)：5-10.

[31] 徐蕾. 环境生物技术的发展及应用. 江苏环境科技，2008，20：154-156.

[32] 林梅，宋璐璐，毛国军. 现代生物技术在农业中的应用. 中国高新技术企业，2007，(12)：76-77.

[33] 王朝文. 生物技术在农业中的应用. 黑龙江科技信息，2010，(30)：232.

[34] 王锋. 生物技术在农业生产中的应用研究. 中小企业管理与科技，2008，(21)：133-134.

[35] 施季森，王晓燕. 现代生物技术与21世纪林业可持续发展. 林业科技开发，2001，15 (1)：3-6.

[36] 马金宇，王海兰. 生物技术在军事领域的应用前景分析. 口岸卫生控制，2006，11 (5)：52-54.

[37] 刘尚文，顾海燕，余志平. 生物技术的进展及应用. 广州化工，2010，38 (9)：35-36.

[38] 袁佐平. 生物医用材料的研究进展. 新经济导刊，2003，(17)：56-57.

[39] 姚康德，毛津淑，尹玉姬. 要大力开发高性能生物医用材料. 国际学术动态，2002，5：31-32.

[40] 钱卫平，汪俭. 生物技术与化妆品开发. 日用化学品科学. 1996，(6)：230-232.

[41] 赵华，何聪芬，董银卯等. 生物技术在化妆品行业的应用. 日用化学工业，2010，40 (5)：377-380.

[42] 姚慧. 细胞培养技术在化妆品工业中的应用. 日用化学工业，2001，(3)：44-47.

[43] 刘彩娟. 表面活性剂的应用与发展. 河北化工，2007，30 (4)：20-21.

[44] 徐良. 现代生物技术与化妆品. 医学美学美容，1998，(69)：38-39.

[45] 战佩英，委琦，吴吴. 表面活性剂的应用. 通化师范学院学报，2003，24 (4)：47-50.

[46] 和田恭尚. 酶在洗涤剂中的应用现状及展望. 日用化学工业，2005，35 (1)：30-35.

[47] 王兰洁. 洗涤剂关键技术研究进展. 内蒙古石油化工，2008，(20)：53-55.

[48] 埃里克，戈尔蒙森. 以生物技术为基础的新型洗涤剂酶. 华章熙译. 日用化学品科学，2000，23 (4)：138-140.

[49] 郑毅，施巧琴，吴松刚. 新型洗涤剂用酶——碱性脂肪酶的研究开发. 精细与专用化学品，2002，(15)：21-23.

[50] 姚汝华，邱树毅. 利用生物技术生产香精香料物质. 广州食品工业科技. 1995，11（4）：7.

[51] 欧仕益，李炎，陈丽云. 生物催化法生产香料展望. 广州食品工业科技，2011，15（3）：53-59.

[52] 朱林瑶，涂茂兵，姚家顺. 生物技术在香精香料生产中的应用. 香料香精化妆品，2002，(3)：25-28.

[53] 夏志国，孙家跃，杜海燕. 生物技术在香料工业中的应用研究进展，2003，(12)：73-78.

[54] 杜世强. 食品香料安全性评价. 香料香精化妆品，2001，(5)：34-35.

[55] 秦青译. 以生物技术开发天然香料植物. 最近技术情报志，1987，9：33-34.

[56] 辛羚，俞苓，齐凤兰. 天然香精香料与生物技术. 食品科技，2004，(11)：49-51.